赵敦华 著

人性与伦理

江苏人民出版社

图书在版编目(CIP)数据

人性与伦理 / 赵敦华著. -- 南京：江苏人民出版社，2024.1
ISBN 978-7-214-28463-1

Ⅰ.①人… Ⅱ.①赵… Ⅲ.①人性论②伦理学 Ⅳ.
①B82-061

中国国家版本馆 CIP 数据核字(2023)第 205032 号

书　　　名	人性与伦理
著　　　者	赵敦华
责 任 编 辑	汪意云　胡天阳
装 帧 设 计	刘葶葶
责 任 监 制	王　娟
出 版 发 行	江苏人民出版社
地　　　址	南京市湖南路 1 号 A 楼,邮编:210009
照　　　排	江苏凤凰制版有限公司
印　　　刷	苏州市越洋印刷有限公司
开　　　本	718 毫米×1 000 毫米　1/16
印　　　张	16.5　插页 4
字　　　数	250 千字
版　　　次	2024 年 1 月第 1 版
印　　　次	2024 年 1 月第 1 次印刷
标 准 书 号	ISBN 978-7-214-28463-1
定　　　价	68.00 元(精装)

(江苏人民出版社图书凡印装错误可向承印厂调换)

总　序

我是学哲学的,只能写一点哲学方面的东西。在人们眼里,我属于西方哲学专业,如果写西方哲学方面的书,可能有一些阅读的价值。但我也写其他方面的书,谈马克思,谈中国哲学,谈宗教学、谈进化论,等等,那些都不是我专攻的领域。我为什么要冒着"外行"评说"内行"的风险,涉足西方哲学以外的那些领域呢?我曾经沿着自己所从事的专业方向,鸟瞰二千多年的西方哲学的历史,并对其中的几个胜境做了透视。但是,写得越多,我越感到自己的无知。庄子说:"吾生也有涯,而知也无涯。以有涯随无涯,殆已!"孔子也说:"学而不思则罔,思而不学则殆。"我今年已有七十四岁,却既不殆也不罔,因为我相信,人的有限生命是融入无限的过程,人类知识由世世代代的人的思想积累而成。每个人在有限生命中能吸吮到思想海洋中的一滴,那是何等甘美!人们所写的文字能为知识的"通天塔"增添一砖一瓦,那是何等幸福!

这套文集的每一本书,即使有些篇章涉及哲学以外领域,都缘于我对哲学的研究。一种哲学言谈不管多么纯粹,不管看起来与现实多么遥远,都有它的"文化母体"(cultural matrix)。在广阔的历史视野里,不同历史时期的哲学有不同的文化母体。比如,古希腊哲学所依附的文化母体是希腊人的世界观,它最早表现于希腊神话和宗教,但那仅仅是一幅拟人化的世界图画,当人们进一步用思想去理解它,找出构成它的要素,分析这些要素的关系,又从这些要素构造世界的等级结构和统摄它的最高原则,这时哲学就诞生了。希腊哲学的文化母体不但是神话世界观,还包括与它同时生成的戏剧、艺术、几何学、经验性的科学、医学和历史学体现出来的观察世界的"视域"(horizon)和"焦点"(focus)。这样的文化母体中孕育出来的哲学是理性化的世界观,它当然也关心人。至少从苏格拉底开始,"人"成为哲学的中心,但希腊哲学家并不认为人是世界的中心,他们把"人"定位在世界的一个合适位置,人的本质(不管是灵魂还是理智)和目的(不管是德性还是幸福)都是由人在世界中的地位所规定的。世界观对于希腊哲学的重要性一直保留在以后的哲学里,以至于现在人们常把"哲学"定义为世界观(Weltanschauung)。当我们听到这样的定义时,要注意它的定义域。希腊哲学以后的哲学虽然与世界观有密切关系,但不能像希腊哲学那样被简单地等同为理性化的世界观,因为它们的文化母体不是世界观。比如,继希腊哲学之后出现的中世纪的各种哲学就不是世界观。在中世纪,哲学的文化母体是基督教,中世纪哲学是基督教哲学。基督教义的中心是人和上帝的关系,世界观出现在人神关系的视域,而不是相反。据基督教义,上帝是世界的创造者,他超越世界;上帝把世界交托给人管理,人因对上帝负有义务而与世界打交道。基督教这一文化母体孕育出的哲学、神学、文学和科学有很大程度的相似性,中世纪文化是神学的一统天下。基督教哲学是神学的婢女,作为自然哲学的科学也属于神学,文学艺术则是神学观念的感性形式。

现代哲学摆脱了基督教和神学,但没有因此回归希腊的世界观哲学,因为它的文化母体不是希腊人的世界观,而是近代自然科学。但是从自然科学这一文化母体中产生出来的近代哲学并不囿于对自然界的研究,从培根、霍布斯、洛克到休谟,从笛卡尔、斯宾诺莎到莱布尼茨,从卢梭到康德等德国唯心论者,人的内心世界比外部世界更加重要,内在的自我意识和天上的星辰同样奥秘和神圣。但是从他们的著作中我们可以理解,他们对人的意识和社会行为的观点离不开自然科学设定的"参照系",这就是自然科学的理性标准和方法论。

哲学家也做实验,他们的大脑是实验室,思想实验是哲学的重要方法。所谓思想实验,就是利用自然科学技术提供的材料,想象出另一个自然。比如,对于人的理解,向来有"天性还是教养"(nature or nurture)的争论。早期基督教教父阿诺毕乌斯设计了一个"隔离的人"的实验,设想把一个刚出生的婴儿放在与世隔绝的房间里,由一个沉默的、无感情的人抚养成人,那么这个人将没有思维和语言,以及作为一个人所具备的一切;结论:人是后天教养的结果。中世纪阿拉伯哲学家伊本·西纳设计了一个"空中人"的实验,设想一个突然被创造出来的人悬浮在空中,眼睛被蒙蔽,身体被分离,此时他将没有任何知识,甚至连感觉也没有,但他不可能对他的存在没有意识;结论:人的存在是先天的自然本性。科幻小说和后现代的艺术也是这类思想实验或自由的游戏。

我的梦想是把哲学和现代知识、道德和艺术尽可能广泛与完满地结合在一起,不管这个学术梦会产生什么影响,对于我来说,它是在一个思想世界的漂泊。法国知名科学家联合写作的《最动人的人类史》一书中有一段令人印象深刻的描写:

> 我们直立的祖先带上他的小行囊,出发去征服世界了……
>
> 他们开始了征服地球的漫长历程,最早的移民为数不多,但却大无畏,踏上了冒险的旅程……
>
> 虽然有地理上的障碍,但他们毫不犹豫,越过沙漠,通过地峡,渡过海峡……
>
> 大约公元前五十万年前,在非洲、中国、印度尼西亚、欧洲,都有了直立人,旧大陆被征服了。[1]

最后,请允许我借用"小行囊"这个比喻:我所具有的知识储备与人类知识发展水平相比,好像是直立人的"小行囊"之于现代知识;即便如此,我仍愿意带上我的小行囊,出发到思想世界去漂泊。这本书记载的是我的漂泊经历。

2003年8月18日 于北京大学外国哲学研究所

---

[1] 安德烈·朗加内等:《最动人的人类史》,蒋梓骅、王岩译,太白文艺出版社1998年版,第27—29页。

目 录

前言 | 001

第一部分

"人"的故事 | 001

一、研究西方人性论的观念史叙事法 | 003
二、"人"的诞生 | 009
三、"宗教人"的观念 | 023
四、"文化人"的观念 | 036
五、"自然人"的观念 | 044
六、"理性人"的观念 | 057
七、"生物人"的观念 | 062
八、"文明人"的观念 | 074
九、"行为人"的观念 | 082
十、"心理人"的观念 | 087
十一、"存在人"的观念 | 098

第二部分

危机和转向 | 111

一、"人"的消解 | 113
二、研究人的新范式 | 128
三、哲学的"进化论转向" | 149
四、道德哲学的新范式 | 163

第三部分

比较与对话 | 175

一、"轴心时代"中西伦理比较的一个范例 | 177
二、中西伦理术语的双向格义的一个范例 | 190
三、基督教伦理的特征 | 202
四、基督教伦理与儒家伦理之比较 | 208
五、"全球伦理"和基督教价值的转换 | 220
六、三重对话的模式 | 241

前　言

本书是我最近几年在思想世界漫游的一些记录，它们好像是旅途中所做的一些风景素描，每一节好像是一幅画，每一部分好像是一个区域的组画，全书好像是一本风景画册。维特根斯坦在《哲学研究》的前言里也有类似的说法。我把自己的论文比做风景画，并不是东施效颦的做法，实在是因为找不到更好的比喻来表示本书的结构。本书的内容不是一个连贯的理论，而是一篇篇相对独立的论文的有序编排。

第一部分用观念史的叙事方法，构造了西方人性论的发展史，采取了西方人叙说"人的故事"的方式。这个故事开始于希腊神话的"斯芬克司之谜"，结束于后现代主义的解构。

第二部分用范式转变的方法应付了人性论的危机，强调达尔文的进化论对于研究人性论、哲学和伦理学的范式作用。我承认，这里对达尔文范式的论述是一种"宏大叙事"，但这对范式的确立是完全必要的，细致的分析和例证要在范式被确立之后才能被发展起来，那将是我下一本书的任务。

第三部分是关于中西伦理的比较和对话。其中包括"轴心时代"的共时性案例分析和儒家与基督教伦理的历时性比较。任何不带主观随意性的跨文化比较都要有对话理论为基础。这里涉及的对话理论,先以"全球伦理"为案例,而后提出了模式比较的理论。

需要说明的是,第一部分是我主编的《西方人学观念史》的提要。那本书是一个集体项目,除了我本人之外,课题组的成员还有:李晓南、韩震、王成兵、严春友、朱红文、张晓梅和高新民等。本书第一部分的初稿是他们提供的,在此表示感谢。

第一部分

"人"的故事

一、研究西方人性论的观念史叙事法

任何民族的伦理传统的根源都是一种关于人性的看法,一个民族对人性的反思越久远、越全面,他的伦理传统就越丰富、越成熟。伦理与人性的这种联系在中国表现得最为明显。"伦理"是现代汉语的词汇,来源于日文,是对现代西文 ethic(来源于希腊文 ethos)一词的翻译。但古汉语中的"人伦"与"伦理"一词的意义相对应。"人伦"就是现在所说的"人性"与"伦理"的结合,两者相互依存,没有人性,也就没有伦理;而没有伦理,人类就不能生存,任何人性(包括人的恶性)也都不能维持。因此,中国古代思想家特别关注对人性的思考。在长达 2000 多年的时间里,人性论是中国思想家的不朽论题,而与此相适应的是中国源远流长的伦理传统。据东汉初期王充在《论衡·本性篇》中列举的已经存在的人性论,计七种:性善,性恶,性有善有恶,性无善恶,性善情恶,性情相应,察己顺性。后世的思想家基本上也是沿着这些方向阐述人性论的。

在西方,西方的思想家也提出了"性善"和"性恶"两种对立的观点,以及介于两者之间的各种调和观点。但是就理论的系统性和连续性而言,中国古代的人性论比西方各家人性论更胜一筹。特别是儒家,对善恶的不同层次进行了辨析,对人性的善恶加以辩说,对各种观点加以比较、综合,建立起与形而上学相通,涵盖认识论、伦理观、政治历史观等各领域的性命心性之学,形成了关注人性问题的学术传统。相比而言,西方关于人性的观点分散在各家各派理论之中,很少自成体系,各种观点也缺乏横向交流和纵向承袭。在大多数情况下,只是对人性的一个方面,如灵魂、理智、意志、幸福等,进行深入探讨,没有把人性作为中心问题和关注焦点加以研究,也没有一个关于人的整体理论。

卡恩(Theodore C. Kahn)在《人学导论:关于人的整体的研究》一书中列举了

14门与人学有关的学科,包括哲学、伦理学、人类学、心理学、社会学、政治学、经济学、历史学、语言学、宗教学、考古学,还有地理学、生态学、控制论和仿生学等自然科学方面的学科。卡恩说,所有这些学科都和人学有关,但又不是人学本身。人学本身是"非学科"(non-disciplinany)和"非专业"(non-specialized)。他解释说,人学不是一门单独的学科和专业,因为它具有相对于其他任何专业和学科的中立性(即不以任何一门学科专业为基础和前提)和普遍性(即研究人的整体,而不是人的一个方面或一个部分)。[1]

卡恩把人学说成"非学科"和"非专业"的观点是可以商榷的。但他对人学性质的这一描述至少反映了这样一个事实,即大多数西方和中国的学者还没有把人性当做一门学问的研究对象,也没有把对人的研究作为一门学科,但是"人性"的观念在各门学科中又可以说是无所不在的。

为了了解西方人性论的全貌,我们需要进行理论上的重构,这就是,把各种相关的思想观念从各门学科关于人的论述中概括、抽取出来,把这些思想的原材料组织在一个理论框架中,重新进行组织。我花了很长时间思考如何进行这方面的理论重构。我思考的部分结论发表在《作为文化学的哲学》(载《哲学研究》1995年第5期)、《作为人学的文化学》(载《学术月刊》1996年第4期)和《大哲学的观念和比较哲学的方法》(载《哲学动态》1999年第1期)等文章之中。

对于西方人性论的对象和范围的问题,我想可以从三方面加以解决:一是结构,二是选材,三是方法。这三个方面是相互联系的,解决其中一个方面便可以解决其他方面。比如,首先确定了结构,就可以根据结构来选材,根据结构决定如何组织材料的方法;再如,首先确定了材料的范围,就可以决定选材和概括的方法,根据材料和方法概括出一个合适的结构。我分别尝试了这两种方案,但成效甚微;于是从方法入手,来解决结构和选材的问题,取得了自己尚感满意的结果。我首先必须承认,所叙述的"人"的故事得益于观念史的方法和叙事法。以下分别对这两种方法做一说明。

---

[1] T. C. Kahn, *An Introduction to Hominology : The Study of The Whole Man*, Thomas, Springfield, 1969, p. 5.

"观念史"的概念首先由德国哲学家狄尔泰(Dilthey)在《劳萨克尔的观念史成就》("E. Rothacker's archiv für Begriffsgeschüchte")一文中提出,后经美国哲学家洛夫伊乔(A. O. Lovejoy)大力倡导,逐渐形成一家之言,《观念史杂志》(*Journal of the History of Ideas*)就是此派的阵地。观念史派是属于哲学史的一个派别,它主张哲学史是文化史、观念史,而不仅仅是哲学范畴和哲学家、哲学流派的历史。这实际上是反对把哲学史解释成少数哲学家的思想史、概念史,而要求根据文化背景和社会环境来确定哲学的对象、范围和内容。可以说,观念史是扩大了的哲学史,它不仅包括现有哲学史的内容,而且包括与哲学思想相关的政治、经济、科学等领域的思想,但又不是哲学史与政治思想史、经济思想史、社会思想史和科学史等的混合,而是以哲学史为核心的综合性的、跨学科的文化思想史。这就是他们称之为"观念史"的科学。

虽然观念史派在西方哲学界不是主流派别,绝大多数西方哲学史著作没有采用观念史的方法,但我倒是觉得,这一派的主张和方法对于克服哲学的危机、扩大哲学的领域和社会功能具有积极的意义。上面提到的我写的关于"文化学"和"大哲学"的那些文章,与他们所提倡的"文化史"和"观念史"的思想有不少一致的地方。我在那些文章中力图说明,现有的哲学史只是包括形而上学和认识论的纯哲学史,而掩盖了历史上纯哲学发生危机时期所涌现的、具有深远影响的丰富的文化思想,我们现在应该把历史上的哲学解释成文化学(meta-culture),而不仅仅是形而上学(meta-physics)。这样做的现实意义是走出20世纪初以来一直笼罩在哲学上的危机阴影。现代哲学(特别是现代西方哲学)的危机实际上是纯哲学的危机,如果我们跳出纯哲学画地为牢的狭隘性和专业技术特征,走进大哲学的广阔天地,哲学将再次恢复时代精神和民族精神的勃勃生机,向世人展现不朽的精神魅力和远大的发展前程。

在研究西方人性论的过程中,我越发感到,人学是对人的全面研究,人类文化的观念史实际上都是人对自身的反思。人对自身的反思不是镜像式的自我观照,人通过其他对象也可以认识自己。人固然可以通过人与人之间的关系(经济、政治等社会关系和语言交往)反思自己,但人的自我反思也可以是神的形象的折射;即使人以外界的自然物为对象,他可以通过人与自然、主观与客观的关系看到自己的形象。人对自身反思的对象既是人自身,也是人与物的关系,还可以是表面上与人无关的异己对象。因此,关于自身的观念不仅涉及哲学,还涉及宗教、政治、经济、科学、社会学等领域。

20世纪初的德国哲学家舍勒(M. F. Scheler)是哲学人类学的创始人,他把关于人的知识当做人类反思的最高级知识,包括三个部分:第一部分是哲学人类学,这是对个人和社会的本质的认识。个人的本质是人格,包括人的精神和价值等主题。人的共同价值和情感是社会结构的基础,也是社会学研究的基础。第二部分是人的实在知识,包括人的生理和心理构造,以及关于社会的自然环境和物质条件的知识,包括生物学、生理学、心理学、地理学、气象学、经济地理、人种地理等学科。第三部分是第一部分和第二部分的综合,从人的精神与人的物质环境的相互关系的角度,全面地理解人自身。舍勒称这部分知识为"知识社会学",它是人在一定的社会条件(包括个人的和物质的条件)下对人自身的概括。

舍勒把人对自身的概括称作人的"自我形象"(self image)。人对自身的形象不是消极的反映,而是人积极构造自身的活动。因为人不是像把握周围事物的本质那样来理解自身的,人总是按照一定的形象来塑造他自身的;在一定的意义上可以说,人自认是什么,他就是什么。舍勒在其知识社会学部分,按照时间顺序,概括出历史上人关于自身的五种形象。

最早出现的人的形象是"宗教人"(homo religious)。人自认是被神所造,把神作为崇拜对象,人类早期的宗教仪式和神话都表现了"宗教人"的自我形象。这一形象也是中世纪流行的宗教人学的来源。

其后出现的是"智慧人"(homo sapien)的形象。从古希腊哲学开始,人被看做理性动物。理性是人区别于其他事物的本质属性。受"智慧人"形象的支配,古希腊以降的西方文化传统的主流是理性主义,人学传统的主流是理性人学。

近代以来,新出现了"工艺人"(homo fabel)的形象。在自然科学特别是进化论的影响下,人被看做最高级的动物,人具有最高级的生理机能,能够使用工具改造和控制自然,使自然为自己的利益服务。"工艺人"的形象是自然主义人学的一个概括。

现代又出现了"本能人"的形象,这一形象的代表是尼采推崇的酒神狄奥尼索斯。这是一个按照本能冲动，朝向黑暗与死亡堕落的人的形象。舍勒因此称这种人的形象为"狄奥尼索斯人"(homo dionysiacus)。狄奥尼索斯式的本能代表了人的堕落本性，表现了一种悲观主义的文化历史观。

与此同时还出现了乐观主义的"创造人"(homo creator)的形象。这种形象表现了人性中积极进取的一面。

舍勒列举的五种人的形象是运用观念史方法的一个典型，对我很有启发，但我不能完全照搬舍勒的说法。第一，有必要区分"形象"与"观念"。舍勒所说的人的"自我形象"不等于人性的观念。人的"自我形象"发生在古希腊，是西方人对人性的早期认识。在以后的观念史中，希腊人的"自我形象"已经发展为自觉反思的观念。第二，舍勒把关于人的观念史归结为五种，未免太少，不足以概括历史上出现的形形色色的人性观念。我把在他之前和之后的种种关于人的观念概括为九类：宗教人、文化人、自然人、理性人、生物人、文明人、行为人、心理人和存在人。第三，需要说明，这些观念的出现虽然有一定的时间秩序，但它们之间是相互交叉、彼此渗透的。在一定的历史时期，某一类人学观念包含着过去已经存在的观念，以及同时代出现的观念，比如，中世纪的"宗教人"的观念在近现代依然存在；近代"自然人"的观念包含着"政治人""经济人""道德人"等观念；现代"文明人"的观念以"野蛮人"为参照，等等。

必须承认，西方历史上出现的这些人的观念，是我们现代人眼光观察、透视的结果；人学观念史不仅是历史，而且是现在的一种建构，这种建构历史观念的方法就是"叙事法"。"叙事"(narratives)是后现代主义的一个术语，它和后现代主义的其他术语，如"游戏""言谈""写作"等有着相同的指向，这就是要代替近代以来的"科学""学说""理论"的概念。这不仅是文字上的变换，更重要的是风格和意义的转换。在后现代主义者看来，近代以来的科学、理论和学说的特点是"宏大叙事"，他们的任务是解构"宏大叙事"。但解构本身也是叙事，不过不是把现象归结为本质、用一统摄多的理论构造，而是追溯细微事件、见微知著或谈言微中的历史叙事。福柯的"知识考古学"就是用历史叙事来解构近现代科学理论（如医学、心理学、政治学和人文科学等）的范例。但叙事法不只有解构之用，美国伦理学家麦金太尔(A. MacIntyre)的《谁的正义？何种理性？》(*Whose Justice? Which*

Rationality?）一书是用历史叙事建立了自己关于正义的看法。加拿大哲学家泰勒（C. Taylor）的《自我的来源：现代认同性的产生》(*Sources of the Self：The Making of the Modern Identity*)用同样的方法克服了认识论和伦理学的藩篱，建立认识主体和道德主体合一的理论。

虽然我对后现代主义的基本观点和结论不敢恭维，但对他们提出的叙事法却饶有兴趣，特别欣赏麦金太尔和泰勒等人所使用的建设性的历史叙事法。我认为这一方法的好处是把哲学史和哲学结合在一起，借历史上的学说来表达自己的观点。这正好可以克服做学问的两种弊病：一种是不用历史资料就声称自己建立了一个可以概括古今的理论，实则不过是历史上曾经出现过的某种理论的翻版，更糟的是拙劣的模仿；另一种是堆砌史料而提炼不出自己的观点，缺乏想象力、解释力和创造力，资料就失去了生命力。烦琐的引经据典，没有问题意识的复述，既没有理论上的价值，也没有历史存在的必要。历史叙事既不是就事论事，也不是以论代史，而是论从史出。叙事不是复述，而是创新，它既是思想的历史，又是活着的思想；既积累别人的思想资源，又不失时机地蓄发自己的观点。

历史叙事法特别适用于西方人性论的建构，因为人性论在西方不是一门成熟的学科，但西方观念史上又有丰富的论人性的观点，散见于各门学科之中。本书并没有发掘更多更新的资料，我只是用大家熟知的材料叙说一个故事，一个关于人的故事。这个故事从"人"的诞生开始。古希腊人发现了各种各样的人的形象，是后世的人学观念的萌芽；其后经历了中世纪"宗教人"的观念，近代"文化人""自然人""理性人"的观念而进入现代；现代人学观念繁多而深入，我们重点讲述"生物人""文明人""行为人""心理人""存在人"五类观念，后现代主义对历史上所有这些人学观念的解构标志着"人"的消解。我们的故事至此结束，但关于人的研究并没有消亡，也不可能消亡。只要人类继续存在，人就会不断地反思自身；只要人类还有普遍的道德准则，历史上的人性论的观念潜移默化地影响着我们，人类还会继续提出新的人性论。

二、"人"的诞生

希腊文明包含着后来所有形式的西方文明的萌芽。治西学"言必称希腊"是不可避免的,谈论西方人学也必须从古希腊开始。现存古希腊文献中人学思想比比皆是,举凡神话、戏剧、雕塑、历史、哲学、科学等,处处都有希腊人所发现的人的形象,这是人对自身的最早的观照和反思,西方人学思想正是从这棵萌芽开始茁壮成长起来的。

我们所说的"人"的诞生不是指人的生理上存在的开端。在希腊文明产生很久之前,人类业已存在。但是不管是数百万年前出现的古人类,还是数十万年前出现的智人,对于自身都没有一个观念;或者说,他们还不能自称为"人"。在个人成长史上,我们把能够使用第一人称代词"我"作为个人意识的标志;同样,在有文字记载的人类历史上,我们把"人"的观念的出现作为人类有意识的历史的开始,即"人"的诞生。

希腊神话里有一则标志着"人"的诞生的传说:斯芬克司是人面狮身的怪物,她守在海边一条通道的岩石上,问每一个过路行人一个问题:有一样东西最先用四条腿走路,然后用两条腿走路,最后用三条腿走路,这个东西是什么?回答不出这个问题的人都被她吃掉了。英雄俄狄浦斯为民除害,来到斯芬克司面前说:"那就是人。"斯芬克司于是坠海身亡。

"斯芬克司之谜"的谜底是"人",它提出的是"人"的问题。它留给人们的启示是:如果不知道"人是什么",人就会灭亡;只有回答这个问题,人才能存在。但是,"斯芬克司之谜"包含着一个循环:提出"人是什么"的问题,需要"人"的观念;而这一问题的答案恰恰又是"人"的观念。观念的循环对于古希腊人是一个困惑,因此,他们才把"人"的问题及其答案看做是一个"谜"。

那么，人的自我观念又是怎样形成的呢？希腊人的另一则神话与此问题有关。传说美少年那耳客索斯（Narcissus）是只爱自己、不爱别人的人，致使钟情于他的回声女神憔悴而死。其他女神为了报复他，让他爱上了自己在水里的影子，最后也使他得不到所爱的对象憔悴而死。"那耳客索斯之死"的神话说明，人不是孤芳自赏的"水仙花"，人的观念不是自我镜像，而是在自己追求的外在对象的身上看到自我的形象。

用现代人的观点来看，"人"的问题与"人"的观念之间的循环是从低到高、由表及里、从粗到精的"解释学循环"。人不能像认识外界事物那样，凭着感觉、记忆或想象，指着一个东西来回答"这是什么"的问题。人首先必须对他和别人的类别有一个初步的理解，形成"人"的整体印象，然后对这一印象加以反思，从各个侧面对最初的印象加以观照，得到"人"的清晰形象。这标志着西方人性观的开端。

我们把西方人性观的最初成果称为"人的自我形象"，而不称为"人"的观念。我们在此所说的"形象"（image）与"观念"（idea）相比，有两个特点。第一个特点是形象的轮廓性：一个形象是一个整体，它有部分，有结构。希腊人的自我形象如同他们的人体雕塑，每一个部分刻画细致，整体和谐。在思想领域，他们从各种不同的角度观察人、思考人，提出了各种不同的关于人的形象的整体观念。第二个特点是形象的直观性：如同希腊的其他学科一样，最初的人学也是哲学的一部分。但是，希腊人关于自然和世界的形而上学是高度抽象的，充满着概念思辨和逻辑推理。相比而言，他们对人的反思与他们的生活经验有着更加直接和密切的关系，因而能够在思想中呈现出生动具体的人的形象。

希腊人提出的人的形象是多种多样的，这些形象是以后西方人性论的源头。我们把最初的人的自我形象概括为：1."宗教人"的形象；2."自然人"的形象；3."文化人"的形象；4."智慧人"的形象；5."道德人"的形象。

1
"宗教人"的形象

宗教是远古文化的主要形式,每一个民族都有宗教,希腊民族也不例外。古希腊人的宗教主要是通过他们的神话表达的。希腊神话堪称人类各民族中最系统、最完整的神话。现在大家都承认,希腊神话表达了一种世界观,神是把自然拟人化的产物。这些无疑是正确的,但还不全面。需要补充和强调的是,希腊神话同时也表达了人对自身的认识和一种人生观;我们在希腊神话里所能看到的,不但是自然的拟人化形象,而且是一种"宗教人"的自我形象。

古希腊哲学家色诺芬尼(Xenophanes,鼎盛年约在公元前540—前537)首先发现了希腊神话的"人神同形同性论"(anthropomorphism)特征,并指出,这是希腊神话的实质。他精辟地论述道:"荷马和赫西俄德把人间认为是无耻丑行的一切都加在神灵身上:偷盗、奸淫、尔虞我诈。凡人们幻想着神是诞生出来的,穿着衣服,并且有着与他们同样的声音和形貌……埃塞俄比亚人说他们的神皮肤是黑的,鼻子是扁的;色雷斯人说他们的神是蓝眼睛、红头发的。"[1]总之,从道德、形体到生活方式,都与人相似,是人的模仿;希腊的神只是按照希腊人的形象和观念创造出来的。色诺芬尼对希腊神话的本质的看法是深刻的,但他所认为的那些"丑行",荷马时代的人却不一定这么看,因为从荷马史诗中对这些事情的描述来看,常常是一种欣赏的口吻。如果我们可以依据人们对神的认识来了解当时人们对于人的认识,那么神话中的神就是被理想化了的人的自我形象。

归于荷马(Homer)名下的神话由《伊利亚特》和《奥德赛》两部史诗构成。《伊利亚特》所描述的是一个神人共居的时代。神与人同形同性,由此,神可以与人结合,生出一些半人半神的人物,有些人也可以上升为神。《荷马史诗》中也涉及一些重要人物,他们大多具有半人半神的性质,是神与人结合的产物,他们的后人构成了希腊各部落和族群。由此,神的谱系是人类谱系的源头。

后起的赫西俄德神话用神谱的形式,试图对万物的起源和人类的起源等问题

---

[1] 北京大学哲学系外国哲学史教研室编译:《古希腊罗马哲学》,商务印书馆1982年版,第46页。

给予系统的解释。万物都产生于最初的一个神,它是终极的神,这就是"卡俄斯"(混沌),然后其他的神才产生出来。天、地、雷、风、海等一切自然现象无不具有相应的神,这也就意味着,所有自然现象都有它们产生的原因,自然现象是相互联系的。人的产生也是有原因的,也是神所创造的。至于人是如何被创造出来的,希腊神话中有两个不同的版本。

第一个版本说人是普罗米修斯创造的。普罗米修斯是地母该亚的后裔,他用泥土构成人形,"从动物的心里摄取善恶,将它们封闭在人的胸膛里";智慧女神雅典娜"把灵魂和神圣的呼吸送给这仅仅有着半生命的生物",最后完成了人生命的创造。这样创造出来的人是高贵的,具有"神祇——世界之支配者的形象"。[1]

第二个版本说的是人的重生。宙斯厌恶普罗米修斯所创造的人类,发大洪水毁灭人类。普罗米修斯指示一个名叫丢卡利翁的人和他的妻子皮拉准备了一条船,得以逃生。大洪水第九日时,这对夫妻按照先知忒弥斯告诉的使人类重生的办法,向身后扔石头。丢卡利翁扔的石头成为男人,皮拉扔的石头则成为女人。使人惊奇的是,这个造人的神话与《圣经·创世记》的记载十分相似。《圣经》也说,神按照自己的形象创造了人,"神用地上的尘土造人,将生气吹在他鼻孔里,他就成了有灵的活人"(《创世记》,2:7)。后来,神也是用大洪水毁灭人类,唯独挪亚在事先准备的方舟里保存下来,成为现在人类的祖先。《圣经》与希腊神话不同之处在于,人类是由一个至高无上的上帝创造的,而希腊神话中的普罗米修斯是"被宙斯所放逐的神祇的后裔",他违背最高神祇宙斯的意志创造和保存了人类。

赫西俄德在解释了自然和人类的起源之后,又描述了人类历史的倒退过程。神所创造的第一代人类是黄金种族。那时人与神灵相似,没有忧伤、劳累和忧愁。他们不会衰老、死亡,也无痛苦。肥沃的土地上有源源不断的果实供他们享用。他们和平地生活在大地上。他们是大地上的神灵。

第一代人类消亡以后,神又创造的第二代种族是白银种族。他们远不如第一代人类优秀。他们语言贫乏,愚昧无知,彼此伤害,不敬神。所以神抛弃了他们。

第三代人类是青铜种族。他们的特点是喜欢暴力和战争,因为他们粗壮而强

---

[1] 斯威布:《希腊的神话和传说》,楚图南译,人民文学出版社1978年版,第1页。

悍,心灵冷酷,令人望而生畏。他们使用的一切东西都是用青铜制造。他们最后死于黑死病。

第四代人类是英雄种族。这些半人半神的英雄之间除了战争就是厮杀,结果使许多人丧生。剩下的一些没有死的英雄,被天神安排在大地边缘的一个幸福岛上。

第五代人类就是目前的人类,他们是黑铁种族。这是最差的一种人类。在这种种族中,人类状况十分悲惨,他们生活在各种不幸之中,劳累不堪。他们已经堕落到了极点,"父亲和子女、子女和父亲关系不能融洽,主客之间不能以礼相待,朋友之间、兄弟之间也将不能如以前那样亲密友善。子女不尊敬年迈的父母,且常常恶语伤之,这些罪恶遍身的人根本不知道敬畏神灵"[1]。他们不信守诺言,他们只相信力量就是正义。他们也必将灭亡。赫西俄德对他那个时代的人充满了失望,说:"我但愿不是生活在属于第五代种族的人类中间,但愿或者在这之前已经死去,或者在这之后才降生。"[2]

赫西俄德这种历史倒退的观点在人类思想史中是普遍存在的,反映出人类对于人神关系的一种普遍感受:越是离自己近的时代,人们就越是觉得神的遥远,越是不能美化、理想化现实,因而他们把人神和谐的美好理想推溯到遥远的过去。

2
"自然人"的形象

公元前6世纪,希腊哲学取代神话世界观,成为希腊思想的主要成分。希腊文化中的人脱下了"神"的外衣,成为哲学家关注的话题。早期希腊哲学的主要形态是自然哲学。"自然"(physis)并非我们现在所说的作为自然事物总和的自然界,它的意义接近于现代西文中的"本性"(nature),特指事物运动变化的本性,这

---

[1] 赫西俄德:《工作与时日·神谱》,张竹明、蒋平译,商务印书馆1991年版,第6—7页。
[2] 同上书,第6页。

也是人类的本性。自然哲学家所理解的人是物质世界的一部分,他们关注的主要是人的自然起源和物质结构。

最早的哲学家提出了关于人类起源的猜测,在这些猜测中确立了人是变化的原则。他们普遍地认为人一开始并不是这个样子,而是经过一系列变化过程才成为今天这种状态。例如阿那克西曼德(Anaximander,约公元前611—前546)认为,生物是从太阳蒸发的湿气中产生的,而"人是从另一种动物产生的,实际上就是从鱼产生的,人在最初的时候很像鱼"[1]。这是人从另一种动物产生的一个依据;他提出的另一个依据是,人比其他动物有一个更长的幼儿期,其他动物一生下来很快就能够独立谋生,寻找食物,但人却不能。人有一个很长的哺乳期,如果人一开始就这样的话,他是不可能存活下来的,没有人喂养他就不能生存。他由此推断人一定是从另一种生物变来的。

令人惊奇的是,他的这两个猜想都与现代生物学的进化过程有一致之处。也许他观察过人的胚胎,因为人的胚胎在最初的确像鱼。人的哺乳期长,也的确是与人比其他动物有着更长的演化史有关。

恩培多克勒(Empedocles,鼎盛年约在公元前444—前441)提出了关于生物进化全过程的解释。他认为生物进化经历了逐步完善的过程:第一代生物是最初从土里生长出的许多各自独立的器官,如头、胳膊等。第二代生物是器官无目的的、杂乱的结合,合成了各种各样的怪物,如长着无数只手的动物,长着两个脸和两个胸膛的动物,半人半牛的动物,半男半女的人等。怪物由于身体各部分不相适应而灭绝,剩下各部分和谐的生物,这是第三代生物。这些生物的一些由于形体美丽而吸引异性,因而能够大量繁殖,而另一些则由于形体丑陋而没有后代,最后形成的第四代生物不但身体各部分协调一致,而且形体美丽。恩培多克勒依靠理性的思辨,猜测到生物进化、自然选择的道理,代表了当时生物学所能达到的最高成果。

人既然是自然的产物,就必须与自然保持和谐。比如,原子论者伊壁鸠鲁认为,神、命运和死亡都是自然现象,没有必要感到恐惧。按照他的解释,神也是原

---

[1] 北京大学哲学系外国哲学史教研室编译:《古希腊罗马哲学》,商务印书馆1982年版,第10页。

子构成的,神远离人事,不干涉自然。万事万物都按照原子规律运动,没有什么命运。死亡只是构成人的原子的消散;当我活着的时候,原子还没有消散;当原子消散的时候,我已经不知道了。总之,没有理由畏惧这些与我们的生活无关的东西。后来的伊壁鸠鲁据此开了一份医治心灵的"药方":"神不足惧,死不足忧,乐于行善,安于忍恶。"[1] 斯多亚派的口号是"按照自然生活"。在他们看来,人是自然的部分,人的生活服从自然必然性。一切都被命运严格地决定着,人的生活也不例外。

3
"文化人"的形象

在"自然人"形象伴随着自然哲学出现的同时,"文化人"的形象也随着希腊文化的其他形态而出现了。"自然人"和"文化人"都是神话中的"宗教人"的对立面,两者的差异在于,"自然人"在人与自然的关系中看待人,而"文化人"在人际关系以及人与社会的关系中看待人。

在公元前4、5世纪之交的时候,在雅典兴起了智者运动。智者在讨论人事问题时,坚持国家和法律、道德都是人为的约定,而"约定是非自然的社会属性"。从现在的观点来看,这种"约定说"反映了最早的"文化人"的观念。

大多数智者把自然的与人为的东西对立起来,把人看做是与自然相对立的一种存在。正是出于这样的立场,普罗泰戈拉(Protagoras,公元前481—前411)提出了这样一个著名的命题:"人是世间万物的尺度,是一切存在事物之所以存在、一切非存在事物之所以非存在的尺度。"[2] 这个重要命题强调人的主观能动性和人在世界的中心地位。

普罗泰戈拉著有《事物的性质》一书,用"约定说"观点解释了国家的起源。柏

---

[1] 引自 *The Hellenistic Philosophers*, ed. by A. Long, Cambridge. 1987. vol.1, p.156。
[2] 周辅成编:《西方伦理学名著选辑》上卷,商务印书馆1987年版,第27页。

拉图在《普罗泰戈拉篇》里复述了他的观点。据说，神在造出各种生物之后，又分配给它们适合其本性的生存手段，唯独人没有得到护身的工具。普罗米修斯于是从宙斯那里盗火，送给人类。人类由于分享了神圣的技艺，得到了生活必需品。但是，人类一开始分散居住，不能抵抗凶猛的野兽，他们之间也相互为敌。为了使人类不致灭绝，宙斯派赫尔墨斯把尊敬和正义带到人间，建立政治和社会秩序。他要求把这些德性分给每一个人，不要像分配技艺那样，只让少数人所有。普罗泰戈拉并不相信神的存在。柏拉图借他之口所说的故事应被理解为：人为了生存而在共同认可的道德原则之下组成国家，这些原则是人为的，需要通过人的共同努力，特别是通过传授和学习的过程，才能得以维持和延续。普罗泰戈拉的"约定说"代表了民主派的政治观点。

寡头派政治家克里底亚(Critias，卒于公元前 403 年)在《西叙福斯》的剧本中如此解释社会约定的过程：最初人生活在无序的野蛮状态，为了向恶人报复，人制定了法律，让正义统治，使暴力屈服。但法律不能阻止人们私下作恶，因此一些更聪明、赋有良好理智的人发明了对神的崇拜，用恐惧和神圣原则阻止人们邪恶的行为和思想。

4

"智慧人"的形象

任何学问都要思考所研究的对象的本质。希腊人对人的本质的思考非常广泛和深刻，经历了从神到人，从身体到灵魂，从人的感性到理性的转变和发展。"宗教人"的形象实际上是把人的本质投射在神的本质上；"自然人"的形象把人的本质归结为自然本质或合规律的自然过程，而"文化人"的形象则从人的自主创造和人的社会特性来规定人的本质。然而，在希腊各种关于人的自我形象中，"智慧人"的形象对西方人的观念影响最大、最深刻，以致现代人类学家把现在存在于地球上的人类用希腊文命名为 homo sapiens sapiens(意译为"现代智人"，但其字面意义是"智慧的智人")。希腊人所谓的"智慧"是"灵魂"本质，他们是通过对人的灵魂的认识来认识人的本质的,因此,"智慧人"的形象与希腊人的灵魂观是密不可分的。

苏格拉底首次明确地把人的本质归结为灵魂,他提出了"认识你自己"的命题,标志着西方思想的一个重大转折,他把人对自身的自然属性的认识转向了对人的内在精神的认识。苏格拉底主张:人的本质是灵魂,而灵魂的特点就是精神和理性,是能够自我认识的理性。人不是感性的、个别的存在物,而是普遍的、不变的理性灵魂,这才是人的本质之所在。这种理性是和肉体相对立的。真理不在自然中,也不在人的感官之中,而是在人的灵魂之中,因此认识自己就是认识真理。所以他把认识人自己看做是自己的主要任务。苏格拉底的思想经柏拉图和亚里士多德的提倡,发展为理智主义,从而能够对人的本质问题做出理性的、纯思辨的思考。

柏拉图认为人也有可见与不可见两部分。可见的人是人的形体,不可见的人则是寓存于人的形体之中的"内在的人"[1],这就是人的灵魂。柏拉图把人的本性归结为灵魂,在他看来,人不是灵魂与身体的复合,而是利用身体达到一定目的之灵魂。灵魂统摄身体,身体只是灵魂的工具和暂时的寓所。另一方面,他也看到身体对灵魂的反作用,这种作用或者有益于、或者有害于灵魂。

柏拉图在《理想国》中首次对灵魂做出理性、激情和欲望的三重区分,柏拉图称它们为灵魂的三个部分。[2] 但我们应该理解,"部分"仅仅是一个比喻的用法,比喻灵魂包含着人的行为必须服从的三个原则:理性控制着思想活动,激情控制着合乎理性的情感,欲望支配着肉体趋乐避苦的倾向。柏拉图认为,理性把人与动物区别开来,是人的灵魂的最高原则,它是不朽的,与神圣的理念相通。激情和欲望则是可朽的。激情高于欲望,因为激情虽然也被赋予动物,但只有人的激情才是理性的天然同盟。欲望专指肉体欲望,理性的欲望被称作爱欲,这是对善和真理的欲求。肉体的欲望或服从理性而成为德性,或背离理性而造成邪恶。

柏拉图所说的灵魂和身体的关系归根结底是灵魂内部理性和欲望的关系:当

---

[1] 柏拉图:《菲德罗篇》,279c。
[2] 柏拉图:《理想国》,444b。

理性原则支配着灵魂时,灵魂正当地统摄着身体;反之,当欲望原则支配着灵魂时,身体反常地毁坏着灵魂。不管在哪一种情况之下,起决定作用的总是灵魂自身的原则。《菲德罗篇》里有一个比喻,灵魂被比作两驾马车,理性是驭马者,激情是驯服的马,欲望是桀骜的马。[1] 灵魂的善恶取决于是驭马者驾驭着这辆马车,还是桀骜的马不受控制地拉着马车任意狂奔。凡此种种,说明了这样一个道理:灵魂始终支配着身体活动,即使身体对于灵魂的有害影响,也是通过灵魂中的欲望而起作用的。

柏拉图在《蒂迈欧篇》中说,理性存于头部,激情存于胸部,欲望存在于腹部。[2] 这种说法可追溯到荷马史诗。柏拉图运用这一传说是为了强调灵魂的每一部分都是支配身体的原则,因此与身体的各部分分别相对应。他还把灵魂的各部分与各种德性相对应:理性对应于智慧,激情对应于勇敢,欲望对应于节制。我们看到,灵魂与德性的对应关系是政治等级关系的基础。

按照人的本质是"内在的人"的说法,灵魂犹如身体内"小人",而"国家是大写的人"。国家、人和灵魂都以善为共同的本质,但又有各自的特殊性,人的目的是至善,是理智追求的善和快乐的调和,国家所追求的善也是某种调和。把国家的各个部分调和成一个符合善的理念的整体,这就是国家的本质。

对应于灵魂的理智、激情和欲望三个部分,国家分统治者、武士和生产者三个等级。每一等级有着各自的德性,即智慧、勇敢和节制。只有正义才能把这三个等级调和成符合善的理念的整体。所谓正义就是每一个人都只做适合其本性的事情,这就是,统治者以智慧治理国家,武士以勇敢保卫国家,生产者节制自己的欲望。反之,三个等级相互干预、彼此替代则是不正义,如天性应该当生产者的人企图跻身于武士行列,军人企图掌管治国的大权,这种僭越行为将毁灭国家。[3]

亚里士多德虽然是柏拉图的学生,但他以"我爱我师,我更爱真理"的精神,不同意柏拉图把人的本质归结为灵魂,而主张人的本质是灵魂与身体的统一。他认

---

[1] 参见柏拉图《菲德罗篇》,246a-b。
[2] 参见柏拉图《蒂迈欧篇》,69d。
[3] 参见柏拉图《理想国》,433a-434c。

为:"灵魂和身体是不能分离的"[1],就像直线和平面不可分离一样。但也不能把两者等同起来,因为身体相对于灵魂来说是一种质料和载体,而灵魂是它的形式,是使它成为现实的那种东西,两者的功用是不同的。质料是潜能,而形式是现实,灵魂是身体的统治者。他给人下了一个流传千古的定义:"人是有理性的动物。"

5

"道德人"的形象

苏格拉底说,德性是心灵中最高的原则。他解释说,"德性"指过好生活或做善事的艺术,是一种每一个人都能够学会或可以确定地知道的原则。他说:"德性就是知识。"一个人对他自己的认识,就是关于德性的知识。

他说明了两个道理:第一,德性是指导人生的原则,因为德性是唯一值得人们追求的目的。只有德性的生活才是有价值的,没有德性的生活是没有价值的,这样的生活根本不值得过。因此,苏格拉底说:"未经审视的生活是不值得过的。"这里所说的"审视"不是理论思考,而是对人生目的的价值评估。如果一个人对自己的生活目的茫然无知,他就是没有认识自己,他的生活与动物没有什么两样,这样的生活如行尸走肉,生不如死,没有价值。第二,如果一个人自称知道一件事是善,但又不去实现这件事,这恰恰说明,他实际上并未真正知道这件事的好处(善),他并没有关于这件事的知识。相反,一个人知道什么是善,必然会行善;知道善而又不实行善是自相矛盾的,因而是不可能的。苏格拉底相信,一切恶行都是在不知道善的情况之下做出的,"无人有意作恶"。

苏格拉底之后的哲学家都同意"善"是幸福的生活,但对于什么是幸福的问题,当时有两种解释:快乐主义说幸福是快乐,理智主义认为幸福是智慧。柏拉图在晚年写作的《菲布利篇》中调和了这两种立场,他说没有思想的快乐和没有快乐的思想都不是幸福。快乐如果没有思想的体验和鉴赏,将不会对心灵有任何影

---

[1] 苗力田主编:《亚里士多德全集》第三卷,秦典华译,中国人民大学出版社1997年版,第32页。

响；单纯的肉体快乐不是人的生活，而只是牡蛎般的生活。另一方面，缺乏快乐的心灵也不是人的幸福。虽然理智是灵魂的最高原则，但人的灵魂不是纯理性的，单纯的理智不是唯一的幸福，肯定不是大多数人向往的幸福。因此，人类的幸福必然是理智和快乐的混合状态，既是心灵的快乐，又是欲望的满足。柏拉图说，正如蜜和水的一定比例的混合产生可口的饮料一样，快乐的理智也按照一定的比例调和成人的幸福。[1]

这里的关键是快乐与理智混合的比例。这一比例首先是理智的主导地位。快乐和理智对于幸福的意义不是等同的，理智比快乐更接近于幸福；即使没有快乐，理智也可以在沉思中接近善。其次，这一比例也指和谐、美、适宜、对称等赏心悦目的性质和关系。总的来说，柏拉图对幸福的理解虽然承认情感的因素，但倾向仍然是理智主义。他看到了不能把人类现实生活的目标规定为善，他把灵魂所追求的善与感知的快乐结合起来，这才是完全意义上的善，或曰至善。

亚里士多德建立了完善的幸福主义。他认为，幸福是人的一切活动的最高目的，每一个人都有追求幸福的自然倾向，人的生命以幸福为目的，而理性则是达到幸福的自然能力。但德性却不是自然生成的，而是幸福生活的实践和习俗。他说："德性既不是以自然的方式，也不是以违反自然的方式移植在我们之中。我们自然地倾向于获得德性，但却通过习惯培养起德性。"[2] 人的理性虽然倾向于德性，却可能永远没有德性，甚至成为恶人。亚里士多德说："自然赋予人用于理智和德性进程的武器很容易用于相反的目的。没有德性的人是最邪恶、最野蛮、最淫荡和最贪食的动物。"[3] 只有把分辨是非、趋善避恶的理性能力充分发挥出来，理性才能自觉地遵循利他主义的道德准则。他说："善人为他的朋友和国家尽其所能，在必要时甚至献出生命。他抛弃财富、名誉和人们普遍争夺的利益，保持着自身的高尚。他宁可要短暂的强烈的快乐，也不要长期的平和的快乐，宁可高尚地生活一年，也不愿庸庸碌碌生活多年。"[4]

---

[1] 参见柏拉图《菲布利篇》，61b。
[2] 亚里士多德：《尼各马可伦理学》，1103a 23 – 26。
[3] 亚里士多德：《政治学》，1253a 35 – 37。
[4] 亚里士多德：《尼各马可伦理学》，1169a 19 – 24。

分辨是非、趋善避恶的理性能力即实践智慧。其特征是思虑和选择，而思虑得失并选择德性的标准被亚里士多德概括为"中道"。中道的对立面是两个极端："过分"和"不足"，过分是"主动的恶"，不足是"被动的恶"。以情感为例，自信是骄傲（过分）与自卑（不足）的中道，义愤是易怒（过分）与麻木（不足）的中道。以行动为例，勇敢是鲁莽与怯懦的中道，大方是奢侈与吝啬的中道。但相对于各种不同程度的恶而言，德性本身也是一个极端，是与一切邪恶相分离的善。如亚里士多德所说："怨毒、无耻、妒忌、通奸、盗窃、谋杀，这些活动的名称已经意味着它们本身的恶的性质，并非由于它们的过分或不足才是恶的。所以，要想在不义、卑怯、淫逸的行为中发现一种中道、一种过分和一种不足，同样是荒谬的。"[1]

斯多亚派把"自然人"与"智慧人"的形象结合起来，提出了"按照自然生活就是按照理性生活"的口号；相反，违反自然的生活是非理性的生活。非自然同时也是非理性的情感有四种：忧伤、恐惧、欲求和快乐。它们有如下定义："忧伤是非理性的压抑，恐惧是非理性的退缩，欲求是非理性的扩展，快乐是非理性的膨胀。"[2]"压抑""退缩""扩展""膨胀"指示不足和过度的心理状态。

与情感相反，理性的态度的特点是"不动心"。可以说，不动心是斯多亚派所追求的幸福目标。他们提倡"不动心"的理由是：幸福归根结底是一种心理感受；人们既然不能控制外界发生的事件，就应该排除外在事件对心灵的影响，以心灵的不变对付外界的万变。不管什么样的命运，不管外界发生了什么，有智慧的人都能保持平稳而又柔和的心情。爱比克泰德心目中理想的斯多亚人，"虽病而幸福，危险而幸福，被放逐而幸福，蒙受羞耻而幸福"[3]。

马可·奥勒留教导说，即使面对死亡，也要不动心。他说，我们每个人所能拥有的只是现在，我们的未来和过去是不会失去的，因为过去和未来是我们不能拥有的东西，我们没有拥有的东西是不会失去的。"虽然你打算活三千年，活数万年，但还是要记住：任何人失去的不是什么别的生活，而只是他现在所过的生活；任何人所过的也不是什么别的生活，而只是他现在所过的生活。最长和最短的生

---

[1] 亚里士多德：《尼各马可伦理学》，1107a 10 - 20。
[2] H. von Arnim, *Stoicorum veterum fragmenta*, Stuttgart, 1905. vol. 3 no. 391.
[3] 爱比克泰德：《言谈集》，第二卷，第十九章，第二十四节。

命就如此成为同一。"[1] 每个人拥有的都是现在,每个人丧失的都是片刻。生命最长的人和濒临死亡的人失去的是同样的东西,都是现在,都是一样的。"有理性的人不要以烦躁、厌恶和恐惧心情对待死亡,而要等待这一自然动作的来临。"[2] 应该"以一种欢乐的心情等待死亡"[3]。在《沉思录》的最后一段,马可·奥勒留说:人作为世界的一个公民,三年和五年有什么不同呢?你像一名演员,如果现在要让你离开舞台了,你可能会说:我只演了三幕,我的戏还没演完呢。可是三幕就是人生的全剧了,因为一出戏剧的长短,决定于形成这出戏的原因和现在来解散这出戏的人,而你两者都不是。"那么满意地退场吧,因为那解除你职责的人也是满意的。"[4]

---

[1] 马可·奥勒留:《沉思录》,第 11—12 页。
[2] 同上书,第三章。
[3] 同上书,第 13 页。
[4] 同上书,第 218 页。

三、"宗教人"的观念

希腊人关于人的各种形象,首先在基督教占统治地位的中世纪发展成为"宗教人"的观念。希腊人虽有"宗教人"的形象,却没有基督教关于人类的"原罪"和上帝的"恩典"的信念。正如罗素所说,"原罪"的观念是区别中世纪与希腊这两个时代的标记:"如果我们反问自己,希腊观点与中世纪观点之间的主要区别是什么?那我们就可以完全这样说:前者缺乏原罪意识。对于希腊人来说,人们似乎并不为遗传下来个人罪孽负担苦恼不堪。希腊人的心灵里是没有赎罪或灵魂获救一说的。"[1]

1

"原罪说"

"原罪说"是使徒保罗根据《圣经》精神所阐发的一个教义。这一教义的出现标志着基督教对其他宗教的和世俗的人性观的一个重大改变,它可以说是基督教的"宗教人"观念的一个核心内容。

《创世记》说,人类的祖先亚当和夏娃受蛇的诱惑因而有罪。这里的"罪"是希伯来文的 chata,这个词的原义是射箭偏离了目标,在这里的意思是人失去了崇拜的目标,这是不可饶恕的罪。按照犹太教和基督教的教义,上帝按照自己的形象创造了人,人无条件地追随上帝,服从上帝。但是人和神的这种密切的联系却因

---

[1] 罗素:《西方的智慧》,崔全醴译,文化艺术出版社1997年版,第358页。

人违反上帝的命令而破裂了。罪就是造成人神关系破裂的原因,因此圣经中有"你们的罪孽使你们与神隔绝,你们的罪恶使他掩面不听你们"(《以赛亚书》,59:2)这样的话。人神关系破裂的后果是人的堕落。

《圣经》的主题是神对人的拯救。即使在人神关系破裂之后,上帝也没有抛弃人类,仍然要拯救人类。上帝在用洪水毁灭了罪恶深重的人类之后,与新生人类的祖先挪亚立约,以后不再用洪水毁灭人类。后来上帝耶和华又与以色列人的祖先亚伯拉罕和雅各立约,以色列人崇拜耶和华为唯一的神,而上帝护佑以色列人昌盛强大。犹太教的创始人摩西制定十诫,把以色列人与耶和华的和约固定下来。十诫的第一条是:除了耶和华外,不许崇拜其他的神。摩西十诫标志着人神关系的修复。但是以色列人不断违反十诫。圣经中有关以色列人崇拜外族偶像,以及道德败坏的记载不绝如缕。耶和华不断惩罚以色列人的恶行,但又一再宽恕他们。以色列人在大卫和所罗门统治下曾一度强盛,但终因违反先知们所传达的上帝的意愿而国破家亡,陷入"巴比伦之囚"的灭顶之灾。上帝在以色列人绝望的时刻,仍然通过先知表达对他们的关爱。先知预言上帝将为他们派遣一个"弥赛亚"(救世主),拯救他们于水火之中。

这个弥赛亚就是新约记载的耶稣。新约以"天国近临了,你们应当悔改"(《马太福音》,3:2)的神谕,揭开了人神关系的新篇章。耶稣的登山宝训宣告了一个关爱人、拯救人的神的降临。但是犹太人的统治者却拒绝了耶稣。他们期待的弥赛亚是强有力的政治军事领袖,而不是像耶稣那样出身贫贱、"柔和谦卑"(《马太福音》,11:29)的人。他们嘲笑耶稣是"假先知""假基督",借罗马总督彼拉多之手,以冒充"犹太人的王"的罪名,把耶稣钉在十字架上。

耶稣之死并不意味着人神关系再次断裂。恰恰相反,按照基督教的教义,耶稣之死和复活,正表现出上帝的恩典。耶稣是上帝之子,上帝让他的儿子在十字架上遭受痛苦和羞辱,是为了给人类赎罪;耶稣的复活则在向世人昭示,只要跟从十字架上的耶稣,人就能够获救,就能够从罪恶的深渊中获得新生、永生。正是出自对基督耶稣赎罪和复活的这种信仰,基督教产生了。

虽然《旧约》指出亚当、夏娃的罪造成了人类生活必然遭受痛苦(死亡、劳累、生育之苦)的后果,但并没有肯定人性为恶。虽然耶和华不断谴责人的罪恶,但也没有肯定人的罪恶出自本性,或来自人类祖先的遗传,甚至《新约》的《福音书》也没有这样的意义。

使徒保罗首先把亚当、夏娃的罪解释为"原罪",即通过遗传代代相传的罪;就是说,罪是人堕落以后的本性。保罗说:"罪是从一人入了世界,死又是从罪来的;于是死就临到众人,因为众人都犯了罪。"(《罗马书》,5:12)保罗把人类的自然死亡与罪联系在一起。他的逻辑是,既然亚当的罪的后果(有朽)遗传给人类,罪也同时遗传下来。如果人类没有像亚当那样犯罪,他们何以会像亚当那样死呢?因此他说:"亚当乃是那以后要来之人的预象。"(《罗马书》,5:14)

保罗所说的通过遗传获得的原罪,主要指人类堕落之后,两种出自本性的罪恶。第一种原罪指人类不认得上帝的堕落本性。人类的历史和个人成长的经历都表明,人类没有信仰崇拜一个至高无上的上帝的本性,相反,人只崇拜那些能够满足他的欲望的人和事,把他(它)们作为偶像来崇拜。保罗把这种罪叫做"与神为仇"(《罗马书》,8:7)。这是遍及全人类的罪。他说:"就如经上所记:'没有义人,连一个也没有;没有明白的,没有寻求神的;都是偏离正路,一同变为无用;没有行善的,连一个也没有。'"(《罗马书》,3:10—12)这里虽然使用了道德谴责,如"没有义人""没有行善的",但所指的还不是一般意义上的非道德的缺陷,而是指"没有寻求神的""偏离正路"这样的非宗教的缺陷。第二种原罪指道德意义上的邪恶,包括:"不义、邪恶、贪婪、恶毒;满心是嫉妒、凶杀、争竞、诡诈、毒恨;又是谗毁的、背后说人的、怨恨神的、侮慢人的、狂傲的、自夸的、捏造恶事的、违背父母的、无知的、背约的、无亲情的、不怜悯人的。"(《罗马书》,1:29—31)保罗认为,这些罪恶出自人的肉体,随着肉体的遗传而遗传。保罗说:"我是属乎肉体的,是已经卖给罪了。"他把这种罪叫做"顺从肉体而活着,必要死"(《罗马书》,7:14,8:13)。

全面地理解保罗的意思:他并非谴责肉体的邪恶,而是谴责人不顺从神,却顺从肉体。确切地说,不顺从神和顺从肉体是同一种罪。"原来体贴肉体的,就是与神为仇";"他们既然故意不认识神,神就任凭他们存邪僻的心,行那些不合理的事"(《罗马书》,8:7,1:28)。他的意思是,只是由于背离了神,肉体才堕落为罪恶之源。如果顺从神,肉体也被拯救了,身体成为"圣灵的殿","所以要在你们的身子上荣耀神"(《哥林多前书》,6:19,20)。

2
因信称义

如何摆脱"原罪"呢？保罗的回答是，只有依靠上帝的恩典，人才能获救。这就是"因信称义说"。这里所说的"信"是来自上帝的恩典。保罗说："世人都犯了罪，亏缺了神的荣耀；如今却蒙神的恩典，因基督耶稣的救赎，就白白地称义。"(《罗马书》,3:23—24)"白白地称义"并不是消极地接受恩典，人需要对耶稣的救赎做出积极的回应，相信耶稣是基督，耶稣基督之死是为人类赎罪，耶稣基督的复活建立了新的人神关系。只有相信基督，才能认识神，已经断裂的人神关系才能恢复，才能从原罪中解脱。这就是保罗所说的"一切都是出于神，他藉着基督使我们与他和好"(《哥林多后书》,5:18)的意思。

出自神的恩典是白白的赐予，但不是赐予每一个人的。有些人始终不信，并不是因为他们生性愚顽，而是因为他们没有获得恩典。保罗把信徒称为"神所拣选的人"(《罗马书》,8:33)，同时告诫他们不要为此骄傲。因为"你们得救是本乎恩，也因着信；这并不是出于自己，乃是神所赐的；也不是出于行为，免得有人自夸"(《以弗所书》,2:8)。就是说，信仰不是人的自我发现，也不是主动寻求的结果；"称义"不是自义，不是对主观努力的报酬。"因信称义"的实质是因恩典而信，因恩典而称义，这被公认为基督宗教的核心之一。

3
"爱"的律法

"因信称义"是针对"由律法称义"而言的。顺从律法是犹太教的一个特点。祭司们把摩西十诫繁衍为系统的、深入一切生活细节的繁缛礼节。耶稣反对用条分缕析的戒律约束信仰，但同时宣称不废除任何戒律。保罗把信仰和戒律的冲突尖锐地提了出来。在保罗看来，靠戒律得救，还是因信称义，这是一个依靠自己还是依靠恩典获救的问题。

保罗指出人不能依靠律法得救。他的理由是,沉溺于罪之中的人无力遵守律法。他通过自身的体验,指出了一个人所共知的心理规律,这就是不能摆脱肉欲控制的意志力薄弱规律。他说:"我是喜欢神的律,但我觉得肢体中另有个律和我心中的律交战,把我掳去,叫我附从那肢体中犯罪的律。我真是苦啊!"正是因为这个"肢体中犯罪的律",一切道德律都显得苍白无力。"我里头,就是我肉体之中,没有良善;因为立志为善由得我,只是行出来由不得我。故此,我所愿意的善,我反不作;我所不愿意的恶,我倒去作。"人只能依靠恩典获救,这就是靠着凭着恩典的信仰,摆脱那凭自身不可避免的肉欲的控制。"谁能救我脱离这取死的身体呢?感谢神,靠着我们的主耶稣基督就能脱离了。"(《罗马书》,7:22—25)

保罗也不要废除律法,他承认律法有一定用途。律法不是强制,只有"爱"才能使人产生全身心的爱。耶稣说:"你要尽心、尽性、尽意,爱主你的神,这是诫命中的第一,且是最大的。其次也相仿,就是要爱人如己。这两条诫命是律法和先知的一切道理的总纲。"(《马太福音》,22:37—40)"爱人如己"又作"爱邻居如同自己"。耶稣在回答"谁是我的邻居"问题时,用了一个撒马利亚妇人的事例暗示,他所说的"邻居"没有性别、种族、年龄、宗教、国家和社会等级的区别(《路加福音》,10:30—37)。"爱"的戒律首先适用于对穷人、弱者的爱。耶稣强调,对弱者的爱就是对上帝的爱,对弱者的漠视就是对上帝的漠视。神以弱者的身份对义人说:"我饿了,你们给我吃;我渴了,你们给我喝;我做客旅,你们留我住;我赤身裸体,你们给我穿;我病了,你们看顾我;我在监里,你们来看我……我实在告诉你们:这些事你们既做在我这弟兄中一个最小的身上,就是做在我身上了……这些事你们既不做在我这弟兄中一个最小的身上,就是不做在我身上。"(《马太福音》,25:35—45)耶稣还提出一些德目把爱的戒律具体化,基督教把这些德目归结为谦恭、仁慈、宽恕、信仰和忍受。

4 自由意志

基督教传播初期，一些教父坚持认为，人有自由意志，这就是上帝赋予人类的选择善恶的能力；既然是上帝赐予的，当然是善的本性。但是上帝却不能为人的选择负责。上帝给了人选择的能力，却没有规定选择的结果。人既可以用这种能力做善事，也可以做恶事，人要为自己自由意志所选择的结果负责。比如，奥古斯丁把罪恶解释为"人的意志的反面，无视责任，沉湎于有害的东西"[1]。"意志的反面"是说意志的悖逆活动，不去追求比灵魂更高的神，反倒追求比它低级的肉体。

佩拉纠(Pelagius)根据奥古斯丁的早期著作，合乎逻辑地否认人类的原罪和上帝的恩典。他认为，既然上帝赋予人类的自由意志是善良的本性，即使自由意志的误用可以导致罪恶，但基督徒受洗之后，就可以恢复自由意志的正当用途，按照它就会趋善避恶。除了自由意志这一上帝赋予人类的恩典之外，人不需要"救赎"的恩典。佩拉纠的追随者否认原罪，否认恩典的必要性，被教会谴责为异端。

奥古斯丁在与佩拉纠派的争论中，修改了早期的"意志自由说"。奥古斯丁认识到他的早期观点可能被佩拉纠派所利用，他在逝世前几年写的《更正》一书中说，早期著作主要讨论恶的起源问题，"这些著作没有谈及上帝的恩典"，但是佩拉纠派"别想得到我们的支持"[2]。他在后期反佩拉纠派著作中强调，没有上帝的恩典，人的意志不可能选择善，只能在罪恶的奴役之下丧失了选择的自由。罪恶的原因与其说是人类的意志自由的误用，不如说是人类的原罪。他说，上帝在造人时曾赋予人自由意志，但自亚当犯下原罪之后，人类意志已经被罪恶所污染，失去自由选择的能力。他说："人们能够依靠自己的善功获救吗？自然不能，人既已死亡，那么除了从死亡中被解救出来之外，他还能行什么善呢？他的意志能够自行决定行善？我再次说不能。事实上，正因为人用自由意志作恶，才使自己和自由意志一起毁灭。一个人自然只是在活着的时候自杀，当他自杀身亡，自然不能

---

[1] 奥古斯丁：《论摩尼教之路》，第二章，第二节。
[2] 奥古斯丁：《更正》，第一卷，第九章，第二至三节。

自行恢复生命。同样，一个人既已用自由意志犯罪，被罪恶所证明，就已丧失了意志的自由。"[1]

丧失了自由意志，人类处在罪的统治下，但人还以为自己是自由的、自主的，这本身就是罪。"傲慢是一切罪恶的开始。"[2]傲慢自大使人远离上帝，是人性堕落的开始根源。堕落的人性主要有三种：物质占有欲、权力欲和性欲。第一种，人总是具有无止境地占有物质财富的欲望，所以尘世的人永远不会有幸福；第二种，人由于其傲慢自大，想模仿上帝，于是就追求权力；第三种，就是性欲，原罪正是通过性活动而被传给后一代的。因而人是在罪中孕育而成的，他天生是有罪的；婴儿都是自私的，以自我为中心的。[3]

奥古斯丁继承了保罗"因信称义"的教义，强调只有依靠上帝的恩典，人才能恢复意志自由，在非奴役的条件下做出善的选择，除此别无拯救之路。上帝的恩典首先表现在为人类赎罪。上帝之子耶稣基督牺牲自己，为全人类赎了罪，换取全人类复生。相信耶稣为人类赎罪，是救世主，这是摆脱罪恶、获得恩典的前提条件。

中世纪教会虽然谴责佩拉纠主义为异端，尊崇奥古斯丁为圣徒，却没有完全采纳奥古斯丁后期对原罪的解释。因为照此解释，现实中的人完全受罪的奴役，没有行善的自由；在获得上帝的恩典之前，人也不会做出任何道德努力。这显然与基督教的伦理精神不相符合。中世纪的正统学说修正了奥古斯丁的"原罪说"和"恩典说"，吸收了佩拉纠主义对意志自由的看法。很多思想家认为，人类即使在堕落的状态中，也没有完全丧失选择善恶的能力，仍然可以择善行善。人的善功和德行是对恩典的回应和配合，也是获得拯救不可缺少的条件。

安瑟尔谟在《论选择的自由》中调和人的意志自由与上帝的恩典。他说，自由意志是上帝赋予人的不可更改与剥夺的能力，人在"原罪"之后并没有丧失自由意志的能力，所丧失的只是自由意志的运用。好比一个自由人在他选择做他人的奴

---

[1] 奥古斯丁：《教义手册》，第三十章。
[2] Peter Langford, *Modern Philosophies of Human Nature*, Martinus Nijhoff Publishers, Dordrecht, 1986, p. 26.
[3] 参见上书。

仆之时，他并没有放弃他的自由权，他的选择是和他的自由权相抵触的。"原罪"是人类由于亚当没有运用自由意志而承担的罪责，耶稣在十字架上的赎罪使人类摆脱了这一罪责，使意志仍然有着向善或向恶两种选择倾向，他们选择何种倾向将决定他们自己能否得救。

中世纪伟大的思想家托马斯·阿奎那也肯定了人的自由意志的崇高价值。他说："人性并不因为罪而完全腐败到全然没有本然之善的地步，因而人有可能在本性遭腐败的状态也能依其本性做一些具体的善事。"[1] 人之所以能够在堕落状态行善，那是因为人性中仍然保有自由意志（libero arbitio）、良心（synderesis）和理性（ratio）的善的本性。

人的意志属于意欲范畴。托马斯·阿奎那把意欲分为感性的和理性的两种。理性意欲与感性意欲的差别就如理智与感觉的差别一样。感性意欲是动物意欲。托马斯·阿奎那承认，动物意欲，如食欲、性欲也是人的自然意欲。人的感性欲望本身既不善，也不恶，正如没有理性的动物没有善恶之分一样。感性意欲和理性意欲共同支配人的行为，如果它成为决定性的因素，完全支配和改变了人的行为，那它就是罪恶的原因了。

5

基督徒的自由

16世纪宗教改革运动的领袖马丁·路德思想的主要来源是保罗"因信称义"的教义。他强调人的堕落和罪的奴役，要求信徒单凭恩典获救。如同奥古斯丁，他否定了人在堕落状态的自由，又肯定了人获得恩典时的真正的自由。

路德对人的本性持完全否定的态度："人在肉体里和灵魂里全都有一个搅乱了的、败坏了的和受到毒害的本性，人类没有一点东西是好的。"[2] 人处在堕落的

---

[1] 托马斯·阿奎那：《神学大全》，第一集，第一部，第九十八题，第二条。
[2] 周辅成编：《西方伦理学名著选辑》上卷，商务印书馆1987年版，第485页。

状态,完全被罪所奴役。人靠自身无力拯救自己。因为在他看来,人的拯救主要是灵魂的拯救,原罪意味着人的灵魂已经堕落,失去了行善的能力;人不但没有能力净化自己的灵魂,用灵魂来控制肉欲,而且不能指望通过宗教仪式和道德行为可以使人摆脱罪的奴役而获得拯救。

路德不但否认了人类堕落之后有任何善性,而且否认了人有自我完善的可能,更主要的是,否认了"事功"对于人的拯救的作用。"事功"指人的宗教行为和道德行为,相当于日常意义上的"好事"。路德指出:"人只有在成为好人以后,才能做好事。"[1] 人的本性既然已经堕落为罪恶,哪里还能够做好事呢?即使人做了一些被社会、教会或个人所认可的好事,那也只是堕落灵魂的自我肯定。路德否认事功对于拯救作用的另外一个主要理由是,拯救是灵魂的根本转变,而不是罪恶程度的改变。人所谓的"好事"与"坏事"都是相对的,是表示罪恶的大小不同程度。拯救不是不断地减少罪恶的程度,直至摆脱原罪的渐进过程。拯救是上帝的恩赐,表现为灵魂的根本的同时又是突然的、一次性的飞跃。

路德否认事功的目的主要是反对天主教会的理论和制度。天主教会采纳的是中世纪主流思想,认为事功对于恩典的获得是必要的,上帝不会拯救那些无所作为的人。路德把这一立场谴责为"半佩拉纠主义"。他还认为天主教复杂的教阶制度、繁琐的仪式是为了实施事功而设立的,是毫无用处的,甚至还会造成更大的罪恶,如兜售"赎罪券"那样的腐败行为。

路德反对事功不是要人们无所作为或不做好事,而是强调信仰是心灵的转变。路德说,人具有双重本性,"一个心灵的本性和一个肉体的本性"[2]。这两者是对立的,但不是善和恶的对立。两者的对立指主从关系,表现为心灵对肉体的支配,肉体对心灵的依附。在本性堕落状态,心灵为罪所奴役,心灵指挥身体作恶。当人获救之后,身体成为心灵行善的工具。心灵转变之后,人就完全变成了新人,但身体却没有改变,也不需要改变。身体仍然是旧人,但他完全受新人的支配,由此也就不会像从前那样犯罪了。饮食男女是身体的自然欲望,这在拯救之

---

[1] 转引自 J. Atkinson, *Great Light*, Paternoster, Exeter, 1968, p. 23.
[2] 周辅成编:《西方伦理学名著选辑》上卷,商务印书馆 1987 年版,第 440 页。

前是罪,在拯救之后却是正常的功能,甚至有神圣性在其中。

路德强调获救的标志是获救感的确信。他说,"因信称义"表现在对上帝全能和公正的畏惧,以及人在上帝面前的渺小感、犯罪感和内疚感。他把谦卑看做虔诚的基础,人只有抛弃自我,把自我看成非存在,一切都由上帝完成。很明显,堕落的人自己是不会把一切交给上帝的绝对依赖感的,只是上帝的恩典降临于他的心灵,他才会产生出对上帝恩典的信任和挚爱。上帝恩典的降临和因信称义是同时发生的心灵的转变。路德把拯救的心灵与上帝相通称为"凭信仰活在基督之中",而把获救的心灵之间的相互沟通称为"凭爱而活在邻人之中"。[1]

保罗提出了"基督徒自由"的说法。他说:"基督释放了我们,叫我们得以自由,所以要站立得稳,不要再被奴仆的轭挟制。"(《加拉太书》,5:1)根据这样的信念,路德把基督徒的自由理解为依靠恩典而获得的解放,这是摆脱了罪的奴役的自由。他说:"这就是那种基督徒的自由,也就是我们的信仰,它的功效,并不在于让我们偷闲安逸,或者过一种邪恶的生活,而是在于让人们都无需律法和'事功'而获得释罪和拯救。"[2] 自由既然是恩典的赐予,自由是被动的,"即只能是接受,而不能是创作。因为它(自由)并不存在于我们的能力之中"[3]。自由是上帝赋予我们的,上帝已经规定了我们能否自由以及自由的限度,我们的意志只能是上帝意志的体现,并没有选择善恶的自由。

路德提出了这样一个命题:"一个基督徒是一切人的最自由的主人,不受任何人的管辖;一个基督徒是一切人最忠顺的奴仆,受每一个人管辖。"[4] 路德的意思是说,一个获得了恩典的人只服从上帝,不服从任何人;但同时他又是众人最谦逊的奴仆,因为他爱每一个人,而爱的本性就是顺从于所爱的对象。

服从上帝的命令就是爱,不但爱上帝,而且爱众人,为他人服务。人并非为自己活着,"他也是为尘世上一切人而活着;不仅如此,他活着,只是为了别人,并非为了他自己。因为正是为了这个目的,他才要压服他的肉体,以使他能够更为诚

---

[1] 周辅成编:《西方伦理学名著选辑》上卷,商务印书馆1987年版,第474页。
[2] 同上书,第447页。
[3] 同上书,第482页。
[4] 同上书,第439页。

笃地、更自由地为他人服务"[1]。对于一个基督徒来说,"在他眼前除了他邻人的需要和利益之外,就不应该有别的什么了"[2]。人们之间应当相互友爱,彼此关心,分担彼此的负担。从这个意义上说,他是一切人最忠顺的奴仆。

他这样做并非被迫的,而是自愿的,所以这是一种自由的服役,他是为爱而工作、为爱而活着的。基督徒在人间的使命就是为他人效劳,对他人有用,他为他人效劳并非为了回报,他从不计较得与失,也不计较是得到责备还是赞赏。他行善的目的并不是施恩于人,也不分敌人还是朋友,都一视同仁。所以他是自由的。他这样做只有一个理由,就是上帝也是这样做的。

同时,一个基督徒还应该自觉自愿地为他的邻人承受罪恶,把他人的罪放在自己身上,并为此而忍受劳苦和奴役,因为基督已经这样做过,他把全人类的罪孽都承受下来,为人类而受苦受难,这才是真正的、纯粹的信仰。

路德说,做所有人的奴仆是极其高尚的事功。他虽然否认事功对于获得拯救有所帮助,却肯定获救的人必有事功。看来,恩典是最主要的,没有恩典,就没有自由,也没有真正意义上的事功;有了恩典,就有了自由,也有了事功。从恩典到自由,再到事功,这是一个因果系列,因果关系不能颠倒。

6

人的新生

新教的另一个领袖加尔文与路德一样,坚持人不能自救,必须依靠上帝的恩典才能获救。但他比路德更强调获救的"选民"。在他看来,人在罪恶中被上帝所抛弃,在精神上被奴役,在历史上被动地被天意所驱使。只有获得上帝恩典的人才能在精神上和事业上获得自由和成功。

加尔文认为,人的本性已经整个地堕落了,而不只是局部的堕落。"原罪是祖

---

[1] 周辅成编:《西方伦理学名著选辑》上卷,商务印书馆1987年版,第465页。
[2] 同上书,第466页。

先传下来的我们本性的堕落与邪恶,它浸透入灵魂的一切部分","人是生而败坏的"[1]。本性中既然"富有着一切的恶"[2],那么这恶就一定会表现出来,在人的身上不断地产生那些圣经上叫做"情欲的事"[3]。情欲只是罪恶的一种表现而已,而不是罪的根源。由此,人不能指望通过克服情欲而摆脱罪恶。

正因为人整个地变坏了,所以就需要彻底革新自我,使自己变成一个完全的新人。加尔文不像路德把人的拯救主要认作精神上的转变,他要求转变为从灵魂到肉体都是新的新人。这样,基督徒的目标就不只是改正灵魂中的低劣部分和人的感性部分了,而是一种整体的改善。这或许就是他进行宗教改革的一个重要目标。

加尔文和保罗、路德一样强调上帝的恩典,但他看到了以前的"恩典说"的一个矛盾:既然全人类具有被拯救的可能性,既然上帝是全善的,他为什么不拯救每一个可能被拯救的人呢?加尔文回答是,如果上帝的拯救工作只是使得一切可能性成为现实,那么他只是在实施一种必然性,而不是施舍恩典。恩典对人而言是幸运。幸运不是出现了不可能发生的事情,也不是所有可能发生的事情都出现;而是有些可能发生的事情出现了,有些则没有出现,而且永远也不会出现。加尔文说,被上帝拯救的"选民"和不被上帝拯救的"弃民"是上帝的前定。上帝的决定正显示出他的恩典。

加尔文所说的上帝的前定比路德强调的人对上帝的依赖更能显出上帝的恩典。如果说,上帝把恩典赐予那些依赖、服从他的人,那么获得恩典的人还有理由为他们对上帝的依赖而感到骄傲。但上帝的前定却是没有理由、没有原因"白白地赐予",这种无条件的恩典才是最为可贵、最值得感恩的恩典。

人不能因为上帝抛弃另一部分人而责怪上帝的不善和不公。上帝的意志是最高的善和公正,上帝的前定是绝对自由的。人不能在上帝之外寻求善和公正,以此来指责上帝。弃民无权抱怨上帝为什么没有选择他们,正如动物无权抱怨上

---

[1] 加尔文:《基督教要义》上册,徐庆誉、谢秉德译,台湾基督教文艺出版社1991年版,第163页。
[2] 周辅成编:《西方伦理学名著选辑》上卷,商务印书馆1987年版,第489页。
[3] 同上书,第487页。

帝为什么给予人类更多,陶器没有权利抱怨工匠为什么不能把它造得更好。

加尔文也使用和提出了"基督徒的自由"这一概念。他更强调"自由"与"律法"的联系。两者的关系有三层含义:第一,基督徒的良心已经完全超越了律法,他不是被迫不行不义之事,而是自觉不行不义之事。第二,自愿地顺从上帝的意愿。他之服从上帝,并不是由于法律的恐吓,而是由于自觉。第三,上帝的意愿表现为神圣的律法,即宗教法规。基督徒怀着对上帝的感恩,自觉地遵守这些律法。基督徒的自由就是守法的自觉性,包括遵守他所生活于其中的那个国家的法律,作为一个现实的人,基督徒要遵守双重法律:一是属灵的,由灵来管制,以造就人的良心;二是政治的,他要受政治的管制,在社会关系中遵守人的本分。[1]

加尔文提出了一个崇高的目标,这就是:基督徒应该把自己改造成一个全新的人,开始新的生活,此谓之为"新生"[2]。所谓新生,就是模仿基督的生活,因为基督的生活是上帝给我们提供的一个启示,是全身心都是完全圣洁的模范。

圣洁生活不但是心灵的修养,同时也是身体的行为;不仅表现为宗教道德的精神领域,而且表现在政治、经济、科学等各种世俗的社会领域。这种以神圣价值为取向的人生观把人的"原罪"转变为改造世界和人自身的一种精神动力,对近代资本主义和自然科学的诞生起到积极的推动作用。比如,弗兰西斯·培根说过:"人同时从无罪状态和创世状态堕落,但这种双重损失可以在现世中得到部分的恢复,前者通过宗教和信仰,后者通过技术和科学。"[3] 培根虽然不是加尔文的信徒,但他表达的却是在加尔文的新教精神的鼓舞下出现的一种新的人生态度,这就是,一方面通过宗教信仰来净化道德,另一方面通过科学技术来创造新的世界。只有通过这两条途径,人才能获得新生。

---

[1] 参见加尔文《基督教要义》中册,徐庆誉、谢秉德译,台湾基督教文艺出版社1991年版,第十九章。
[2] 同上书,第152页。
[3] 弗兰西斯·培根:《新工具》,Ⅱ.52。

四、"文化人"的观念

15 至 16 世纪的文艺复兴运动是希腊文化的复兴,近代西方思想家首先复兴的是希腊人关于"文化人"的形象,并在此基础上,发展出近代的"文化人"的观念。"文化人"观念依托的是人文学科和文化研究。文艺复兴时期的人文主义者和近代的文化研究者都自觉地意识到研究人的方法与自然科学的方法的根本区别,要求运用与自然科学不同的新方法研究人。他们特别强调人的创造性和自由不能用自然规律的决定论来解释。"自由"和"创造"是"文化人"观念的核心内容,是各门文化研究学科集中的焦点。

1
人的尊严

皮科在《论人的尊严》中强调,人性的本质是自由,认为人的命运完全是由人的自由选择所决定的。皮科说:"世界舞台上可见到的什么东西最值得惊奇?!再见不到什么东西比人更奇异。"有许多赞美人的语言,"比如说,人是动物之间的媒介;人是上帝的密友;人是低等动物的帝王;因为人的感官敏锐、理智聪明、智慧辉耀,所以是自然的解释者;人是不变的永恒与飞逝的时间中间的间隔……"[1] 皮科肯定这些说法,但指出这些都是明白的大理由,还不能算是人值得最高赞扬的主要根据。人之所以是最幸福的生灵,从而是值得一切赞赏的,是因为人在存在的

---

[1] 引自罗国杰主编《人道主义思想论库》,华夏出版社 1993 年版,第 365 页。

四、"文化人"的观念

普遍链条上具有特殊的地位。"不仅畜生忌妒,甚至世界之上的星辰与精神也都忌妒这个地位。"[1]

使人成为一件大的奇迹和一个奇异的生物的特殊地位,就是人在宇宙间没有固定的地位。皮科说:"人是本性不定的生物。"上帝创造其他存在物时,赋予它们固定的本性和场所。但上帝没有给人以固定的居处,没有给人以自己独有的形式和特有的功能,为的是让人可以按照自己的愿望、自己的判断,取得人自己渴望的住所、形式和功能。

皮科借上帝之口说:"我们既不曾给你固定的居所,亦不曾给你自己独有的形式或特有的功能,为的是让你可以按照自己的愿望、按自己的判断取得你所渴望的住所形式和功能。其他一切生灵的本性,都被限制和约束在我们所规定的法则的范围之内,但是我们交与你一个自由意志,你不为任何限制所约束,可凭自己的自由意志决定你本性的界限。我们把你放在世界的中心,使你从此地可以更容易观察世间的一切。我们使你既不属于天堂,又不属于地上;使你既非可朽,亦非不朽,使你好像是自己的塑造者。你可以用自由选择和自尊心造就你的样式和意愿。你也可以堕落到低一级的野兽般的生命形式的力量,亦能够凭你的灵魂的判断再转生为高级的形式,即神圣的形式。"[2]

上帝赋予人的自由使人能够决定自己的本性。皮科说:"上帝许他要什么有什么,愿是什么就是什么。"人的生活就是人性的创造,人可以把自己塑造成各种种类的存在。人没有固定的本性,人依据他所自由选择的生活,可以把自己的本性塑造为植物性、兽性或神性。

用他的话来说:"人在出生之际,天父却赐予他所有各种种子和一切生活方式的幼芽。不论每人培育的是什么种子,它们都能成熟,并且在他身上结出自己的果实。如果种子是植物性的,他就像树木;如果种子是感性的,他就兽性十足;如果种子是合理的,他就成为神圣的人物;如果种子是理智的,他将是天使和上帝的儿子。"[3]

---

[1] 引自罗国杰主编《人道主义思想论库》,华夏出版社1993年版,第365页。
[2] 同上书,第366页。
[3] 同上。

西班牙人文主义思想家微微斯(Juan Luis Vives)指出了人性的多样性和复杂性。在他的笔下,人貌似天神,能成为一切。人有多重性,他可以"扮演一个没有感觉能力的简单生命",这实际是讲人具有自然性;人还可以"扮演成千种野兽,即愤怒狂暴的狮子、贪婪的豺狼、凶狠的野猪、狡猾的狐狸、淫荡龌龊的母猪、胆小的兔子、趋炎附势的狗、愚蠢的驴等等",这实际是讲人具有兽性;人还可以有"种种道德特性","精明、公正、诚实、通情达理、和蔼可亲、奉公守法、维护公共福利"[1],这实际是讲人具有理性和德性。总之,在微微斯看来,人具有多种本性:生物性、兽性、理性和德性。他更看重理性和德性。

微微斯进而把人和神摆在一起,而且置于高级神的地位。人是上帝所生,因此与天神有极相似之处,分有天神的一点智慧、精明、记忆力。人身上的才能都是天神从他的宝库中取来赐予人的。所以,人与他人一道维护公共福利、奉公守法,在各方面都成为一个长于政治、善于社交的动物。人还分有天神的不朽性,人凭借自己聪明的心灵可以超越自己的本性,进入天神的行列;甚至超出低级天神的系列,像他的父亲一样,成为天神中最值得尊敬的一位。

微微斯用赞美天神的语言来赞美人。颂扬人有"一个充满智慧、精明、知识和理性的心灵,它足智多谋,单靠自身便创造出了许多了不起的东西:建筑房屋、栽培农作物、打造石器、冶炼金属、定名万物、发明语言。更甚之的是,用很少的几个字母便能拼出人类语言极其繁杂的语音,用这些字母就把那么多的教训都记录下来流传后事,其中包括宗教……这些都是其他动物所没有的"[2]。

他还热情地讴歌人的形象。在奥林匹斯山诸神的眼里,"人有高傲的头颅,这是神圣心灵的城堡与殿堂。五官的安排既是装饰,又有用处。耳朵既无细嫩皮肤,又无硬骨,但被弯曲的耳郭包围,因而可接受来自各方的声音,又不让灰尘、草屑、毛绒、小虫飞进。眼睛成双,因而可以看到一切,并被睫毛和眼帘所保护,防止同样的尘土、毛虫的侵袭。它们是灵魂的标尺,人脸上最高贵之处。再看人的装扮,这是何等的漂亮,修长的四肢终止于指尖,十分好看,完全有用……所有这一

---

[1] 罗国杰主编:《人道主义思想论库》,华夏出版社1993年版,第370页。
[2] 同上书,第371页。

切如此协调一致,任何一部分被改变或损益都会失去全部的和谐、美丽和效用"[1]。

微微斯的思想反映了人文主义人学所具有的一个共同的特点,他们不但弘扬人的精神自由和理性,而且崇敬人的身体。人文主义者托麦达(Anselm Turmeda)在《驴的论辩》中设想人与驴争论谁更优越。人用人能建造辉煌的宫殿为例,证明人比动物更高贵;驴用鸟筑巢的本领证明动物的建筑才能也不差。人说人以动物为食,因而比动物更高级;驴举出寄生虫以人体为养料,狮子、老虎也吃人的反例。但是,人最后找出的证据说服了驴:上帝肉身化的形象是人,而不是其他动物。

德国的人文主义者阿格里科拉(Rudolph Agricola)说,人体的比例是万物的尺度,人体的构造是小宇宙。人不但包括地界的四种元素,还包括天界的精神元素,人体的直立姿势使人不像其他动物只能俯视地面,人能够仰望苍天,因而能够以精神世界为归宿。

总之,人文主义者的人学都有哲学宇宙论作为支撑。他们从人的神性、创造性、自由的意志和智慧,以及人与上帝相似的形象,得出了人类中心主义的结论:人就是尘世的神!

2

人性的弱点

蒙田与早期人文主义者的一个重要区别在于,他在赞美人的同时,也对人性弱点有所警惕。他看到人心难测,人不能认识自己,首先是由于任何自然的事物都有两个对立的方面,可以从不同的角度观看,因而产生不同的观念。[2] 比如,人有精神和肉体两个方面。经院哲学家只从精神这一个方面看,根本不能认识人自

---

[1] 罗国杰主编:《人道主义思想论库》,华夏出版社1993年版,第370页。
[2] 参见《蒙田随笔大全》中卷,马振骋等译,译林出版社1996年版,第40、269页。

身,因为"人对自己的精神没有懂得多少,对自己的肉体也没有懂得多少"[1]。

蒙田要求,不要过于自负,相信人在自然中的优越性造成了人性中骄横的一面。他说:"自高自大是我们与生俱来的一种病,所有创造物种最不幸、最虚弱,也是最自负的就是人……这种妄大自尊的想象力,使人自比为神,自认为具有神性,自以为是万物之灵。"[2]他反驳说,谁能证明人的理性比动物的本能更有助于生活?人类中心论的创世观念更是人的想象:谁能相信天穹的运动,在人类头顶上高傲地移动着发光体的永恒光芒、无涯的大海、令人生畏的潮涌都是为了他的方便和用途才延续了千百万年呢?人这可怜脆弱的创造物,连自己都不能掌握,受万物的侵犯朝不保夕,却自诩是宇宙的主宰,还有比这个更可笑的狂想吗?人还自称在茫茫太空中唯有他独一无二,唯有他领会宇宙万物的美,这又是谁给了他这个特权?[3]

蒙田的怀疑主义是探究人的思想工具,他声称自己的"生活哲学"是一种健全的常识。这就是,"看人应看人本身,而不是看他的穿戴";一个人的价值,不在于他的财产和尊荣,而要看他自身;看他的身体是否健壮,他的灵魂是否纯洁、高尚,他是否能干、坚定、沉稳,能与凶运恶命抗争。权力、财富并不为人的幸福增添什么,那只是过眼烟云。"身体和精神都不好,身外的财富有何用?"一些人并不知道真正的快乐来自何处。

帕斯卡(Blaise Pascal)继承了蒙田的理性怀疑方法和人道主义精神,从两极观念的对立入手,考察人的本性:"人的状况:变化无常,无聊,不安。"[4]"他要求伟大,而又看到自己渺小;他要求幸福,而又看到自己可悲;他要求能成为别人爱慕与尊崇的对象,而又看到自己的缺点只配别人的憎恶与鄙视。"[5]同样,帕斯卡在赞美理性的伟大的同时,也睿智地看到它的脆弱。他说:"思想——人的全部的尊严就在于思想。因此,思想由于它的本性,就是一种可惊叹的、无与伦比的东

---

[1] 《蒙田随笔大全》中卷,马振骋等译,译林出版社1996年版,第243页。
[2] 同上书,第124页。
[3] 参见上书,第121、122页。
[4] 帕斯卡:《思想录》,何兆武译,商务印书馆1985年版,第62页。
[5] 同上书,第52页。

西。"¹然而,"人只不过是一根苇草,是自然界最脆弱的东西;但他是一根能思想的苇草,用不着整个宇宙都拿起武器来才能毁灭他;一口气、一滴水就足以致他死命了。"²他还看到了人的卑贱和伟大两极,他告诫道:"使人过多地看到他和禽兽是怎样的等同而不向他指明他的伟大,那是危险的。使他过多地看到他的伟大而看不到他的卑鄙,那也是危险的。让他对这两者都加以忽视,则更为危险。"他接着又说:"绝不可让人相信自己等于禽兽,也不可等于天使,也不可让他对这两者都忽视;而是应该让他同时知道这两者。"³帕斯卡对人性的看法介于乐观的性善论与悲观的性恶论之间。他说:"人的伟大之所以伟大,就在于他认识自己的可悲"⁴;"让我们认识我们自身的界限吧;我们既是某种东西,但又不是一切。"⁵

3

人性的历史

意大利思想家维柯(G. Battista Vico)是近代文化研究的拓荒者。自20世纪以来,西方学术界开始注意到他的历史功绩,有人甚至把维柯评价为与笛卡尔并驾齐驱的开创者。正如笛卡尔的理性主义开创了近代"理性人"的观念一样,维柯的"新科学"开创了近代"文化人"的观念。

维柯把新科学称为"一门把人性史和人性哲学完全结合在一起的科学"⁶。传统的和当时流行的"人性科学"像研究自然物的本质那样研究人的本质和本性,把人看做是给定的、本性固定不变的存在物。历史生成中的人和变化中的人类事务是科学领域的一个盲区,因此需要一门新科学,才能使关于人的学问进入科学

---

1 帕斯卡:《思想录》,何兆武译,商务印书馆1985年版,第154页。
2 同上书,第157—158页。
3 同上书,第181页。
4 同上书,第175页。
5 同上书,第32页。
6 *Vico Selected Writings*, ed. & trans. by Leon Pompa, Cambridge University Press, 1982, p. 89.

的殿堂。

维柯的新科学,就是关于人类本性和人类自我发展的科学。他认为,新科学的对象是人性的创造。维柯与同时代的启蒙思想家一样,力图发现适用"理想的永恒历史";另一方面,把人类的普遍进程看成是人类自我创造的历史过程,从而把普遍性与历史生成统一起来。维柯的新科学的对象是动态的,是历史中生成变化的人性,而当时流行的"人性科学"的对象是静态的人性。这就是维柯的新科学之为新的一个主要标志。

维柯把全部人类历史划分为三个时代:神的时代、英雄时代和人的时代。这三个时代是先后衔接的,各民族均按照它们的顺序向前演进。神的时代是人类的童年时期,那时人类处于原始状态,他们强于想象,不善推理,把自己创造人类事务的能力都归于神,想象自身和一切规章制度都来源于神,相信一切事物都是由神创造的。英雄时代脱胎于神的时代:原始人为了生存进行激烈的斗争,结果是胜利者成为主人,而失败者变为奴隶。胜利者相信自己具有天然的高贵本性,因此享有特权地位。但是理性是人类真正特有的自然本性,平民通过理性终于认识到他们的本性与贵族的本性是同等的,人性是共同的。在认识到这种真正的人性之后,人民便发觉英雄时代的虚妄,不能容忍贵族的特权,他们不再听信贵族高贵的神话,民众的创造观念逐渐成为语言的主流,人的时代到来了。在人的时代,人才真正变成人。

人的时代是人的自然本性充分实现和发展的时代,可是,基本的创造力量却属于以前的社会,特别是第一个时代。创造性往往与想象、野性、冲动和勇气相交织,而完善时常与理智、文雅、谨慎和遵循规范联系在一起。因此,人的时代的繁荣也孕育某种危机。当社会发展到一定阶段,人的创造力被日渐完美的规则所窒息,人们由冲动转入安逸,再由安逸转入腐化。为了摆脱社会的腐朽,历史会表现出某种复演,人类似乎重新回到野蛮阶段,转入新的创造阶段。譬如,西罗马帝国被日耳曼人征服,从而使欧洲进入一个新的历史阶段。

4
人的自由创造

浪漫主义蔑视抽象的理性思考，认为它割碎了生命的有机性，把生活变成灰色的概念和理论。生活是充满矛盾和特殊性的，因此，生活本身对于浪漫主义者来说是富于激情、想象力和创造力的。歌德(Johann Wolfgang von Goethe)崇尚人道主义的启蒙精神，但他的启蒙思想与浪漫主义有密切联系。歌德相信，人在生理上与动物没有根本的差异；人与动物的差别不是生理上的，而是精神上的。人的智力和道德使人比其他自然物更加高尚。

歌德认为，人是一种能进行感觉、体验和思维的统一整体，而艺术正是适应人的这种整体性和统一性的精神活动。艺术作品必须能够触及事物的本质或人们的内心，从而使作品具有某种生命力，才能使人们借以理解宇宙和人生。在歌德看来，人生就是一场持续不断的、使每寸光阴都带来益处的斗争。善于创造者才是唯一的真。文学在形式上有某种超自然的性质，它揭示了生命欲望的永恒冲动。他塑造的浮士德形象，就是这种观念的典型。浮士德的最后目标是创造事业，他说道："我完全献身于这种乐趣，这无疑是智慧的最后的断案：'要每天每日去开拓生活和自由，然后才能够作自由与生活的享受。'"浮士德在要尽量享受那"最高的一刹那"，说出"你真美呀，请停留一下"之时，倒在地上与世长辞了。生命好比一步步向高处推动巨石，任何停止都意味着生命的终结。

五、"自然人"的观念

近代的"自然人"观念有哪些特点呢？首先，"自然人"是科学研究的对象。17至19世纪是自然科学兴起和发展的时代，自然科学的观念改变了人们关于人类知识的观念。人们普遍相信，一般意义上的科学都要以自然事物为对象，人学研究的人是一种特殊的自然事物，即"自然人"。其次，"自然人"是自然法管辖的人，他的生存、本质、本性和权利都是自然所赋予的。正如一切自然事物都遵从自然规律一样，"自然人"所遵循的是一种适用于人类和社会的特殊的规律——自然法。再次，"自然人"是单个的人，他是社会和国家的基础，享有任何集体都不能剥夺的天赋权利，同时也承担不可推卸的社会义务。

"自然人"的观念是近代产生的多学科共同描绘的一个综合观念，包括"政治人""道德人""经济人""机器人""环境人""情感人"等不同的观念。下面对"自然人"观念的各个组成要素做分析评介。

1

"政治人"的观念

亚里士多德说："人是天生的政治动物。"这是近代"政治人"的观念的先声。近代思想家从人的自然本性来探索国家的起源和性质，把"自然人"与"政治人"统一起来，构成了近代独特的社会政治学说，这同时也是近代自然主义人学的一个重要方面。

马基雅维里把"人类天性"作为整个政治学说的基础，把人性作为研究和观察社会政治问题的出发点。他认为人性是恶的,这不是出于想象或推理得到的结论,也不是以"原罪"为根据的,而是被人类全部历史所证实了的经验。他说:"关于人类,一般地可以这样说:他们是忘恩负义、容易变心的,是伪装者、冒牌货,是逃避危难,追逐利益的。"人性的最大特点是自私自利,贪得无厌。他说:"自然把人造成想得到一切而又无法做到;这样,欲望总是大于获得的能力……有些人想要得到更多一些,而另外一些人则害怕失去他们现有的东西,随之便是敌对和战争。"[1]也正是因为人的贪欲得不到满足,人们就"咒骂现在,颂扬过去,期望未来"。[2] 他分析说,人都是见利忘义的。他对君主说,事前人们可以这样或那样地许诺和表示愿意为你流血,奉献自己的财产、性命和自己的子女,可是到了这种需要即将来临的时候,他们就背弃你了。要臣民死心塌地忠诚,仅靠恩义这条纽带是难以维系的。人又是欺软怕硬的,处在人群中的人感觉自己强大有力,一旦孤立起来,每个人都考虑到他自身的危险,人就变得懦弱无力了。当没有任何威胁在人们头上的时候,人们的抗议叫喊是喧嚣和漫无节制的,但一旦觉察到威胁,人们就重新变得恭顺。凶恶和懦弱这两种人性在一起,产生了这样一种结果:当自己不受压迫,自己就企图去压迫别人;当他不害怕别人的时候,就需要别人来害怕他。

通过对人性的分析,马基雅维里得出这样的结论:"由于人性是恶劣的(tristi),在任何时候,只要对自己有利,人们便把这条纽带一刀两断了。可是畏惧,则由于害怕受到绝不会放弃的惩罚而保持着。"[3]所以,对被统治者既要施与"恩义"(diobligo),又要施与"畏惧"。他说:"君主既然必须懂得善于运用野兽的方法,他就应当同时效法狐狸与狮子。由于狮子不能够防止自己落入陷阱,而狐狸则不能够抵御豺狼。因此,君主必须是一头狐狸,以便认识陷阱,同时又必须是一头狮子,以便使豺狼惊骇。"[4]并且,君主还要知道在什么时候做狐狸或做狮子。

---

[1] 马基雅维里:《论图提斯·李维的前十卷》,引自《西方法律思想史资料选编》,北京大学出版社 1982 年版,第 119 页。
[2] 同上,第 121 页。
[3] 马基雅维里:《君主论》,郑永流译,商务印书馆 1985 年版,第 88—89 页。
[4] 同上书,第 94 页。

| 人性与伦理

17和18世纪的政治思想是"社会契约论"。"自然人"首先生活在"自然状态"里,他们是社会和国家的来源和基础,并以个体法人的身份继续生活在他们组成的社会里。霍布斯、洛克、卢梭都持"社会契约论",但"自然人"的观念各不相同。

"自然法"的观念古而有之,但近代以前的自然法主要指神所颁布的道德律。荷兰法学家格劳秀斯(Hugo Grotius)割断了自然法理论与神学的联系,把"自然法"定义为与人的本质属性相关联的正确律令。他说:"自然法是极为固定不变的,甚至神本身也不能加以更改的。"[1] 即使没有上帝,自然法也是行之有效的。

格劳秀斯的同时代人霍布斯(Thomas Hobbes)也系统地阐述了自然法的内容。他把自然法当做支配人的行为的戒条或一般法则。自然法的第一个规律是:"禁止人们去做损毁自己的生命或剥夺保全自己生命的手段的事情,并禁止人们不去做自己认为最有利于生命保全的事情。"[2] 根据这一准则,人们应该寻求和平、信守和平,但在和平无望时,可利用包括战争在内的一切手段和办法保卫自己。自然法的第二个规律是:"你愿意别人怎样待你,你也要怎样待别人"。为了和平与保护自己,如果别人愿意放弃为所欲为的权利,你也要放弃同样多的权利。正是由于自然法的作用,人们才放弃自保的自然权利,签订社会契约,而把自己置身于国家的保护之下。霍布斯的自然法理论只是他的"政治人"观念的一部分,我们只有知道他对人的全部观点,才能理解自然法为什么会对人起作用。

洛克认为,一切属灵之物,本性都有追求幸福的趋向,人的本性就是追求快乐和幸福;道德上的善和恶取决于人趋乐避苦的天性。洛克同意霍布斯的人性观,肯定人的利己本性。他指出人只关心与己有利之事,即使他们看到的是最大的公认的好事,只要他们以为它与自己的幸福无关,也不会关心,不为它所动。但是人毕竟是一个有理性的生物,理性能为人达到最大的幸福提供正确的方法和手段。因此,人在追求幸福时,要用理性来权衡利弊,谨慎判断,选择人真正的幸福和最大的快乐,切勿以小失大、以近障远。

---

[1] 格劳秀斯:《战争与和平的权力》,参见周辅成编《西方伦理学名著选辑》上卷,商务印书馆1987年版,第583—585页。
[2] 霍布斯:《利维坦》,黎思复等译,商务印书馆1985年版,第97页。

同时，洛克批判霍布斯的社会契约论不符合理性标准和人的根本利益。他说，如果社会契约产生的国家是一个使社会成员畏惧的"利维坦"，"那不啻说，人们愚蠢到如此地步：他们为了避免野猫或狐狸可能给他们带来的困扰，而甘愿被狮子所吞噬，甚至还把这看做安全"。[1] 洛克指出，霍布斯的理论是不合逻辑的，因为自然状态对人的伤害是偶然的，但如果社会契约所建立的政府是专制的，那么对人的伤害则大得多；人的理性何至于愚蠢到舍小害而取大害、避重利而趋轻利的地步呢！人的理性的选择只能是得到更大的利益，而不是为了失去自由权；如果人的自然本性是互相不信任，那么他们更不会相信一个独裁的统治者会保护他们的利益。按照理性的标准，洛克建立了一个更加合理、更有逻辑说服力的社会契约论。

18世纪法国启蒙思想家卢梭（Jean-Jacques Rousseau）认为，人的本性存在于"自然人"之中。但是我们已知的都是社会人，如何能够知道"自然人"的本性呢？卢梭使用抽象分析的方法，从"人所形成的人性"，即已知的人性事实中，剔除人的社会性，剩下的就是人的自然本性。经过这样的抽象，他透过不合理的现实，追溯到"自然人"的善良本性。

卢梭在《致克里斯多夫的信》里说，他的全部著作都在强调"性善论"："我在所有著作中，并以我所能达到的最清晰的方式所说明的道德的基本原则是，人是本性为善的存在者，他热爱正义和秩序；人心中没有原初的堕落；自然的原初运动总是正确的……一切加诸人心的邪恶都不出于人的本性。"[2] 这段话清楚地表明，卢梭学说的基础是性善论。

卢梭的性善论是一种良心论。良心是天赋的自然感情，相当于"不虑而知，不学而能"的良知良能。"自然人"无理性，无知识，但有良心。即使人在社会状态中，良心在道德生活领域和理智活动领域，也仍然起着判别真假是非的规范作用。卢梭为良心谱写了一曲响亮的赞歌："良心，良心，你是神圣的本能，不朽的天堂呼声！你是一个无知而狭隘的生物的可靠的导师；你是理智而且自由的；你是善与

---

[1] 约翰·洛克：《政府论》下篇，叶启芳等译，商务印书馆1963年版，第57—58页。
[2] H. Vyverberg, *Human Nature, Culture Diversity, and French Enlightenment*, Oxford, 1989, p.52.

恶的万无一失的评判者,你使人与神相似;你造成人的天性的优越和人的行为的美德;若是没有你,我在心中就感觉不到任何使我高于禽兽的东西了。"卢梭明确地说,人之所以高于禽兽,不在理性,而在良心;无良心的理性是"无规范"、"无原则"的,是一种"倒霉的特权";依靠它,只会弄得"错上加错,不知伊于胡底"。1

卢梭政治学说的起点是"自然人"。他认为"出于自然的一切都是真的"2。自然人未经社会和环境污染,未受习俗和偏见侵蚀。自然人是孤独的,却是幸福和善良的。在大森林里散居的自然人,并没有固定的住所,也不需要任何财产。他们在橡树下饱餐,随意地在一条河沟里饮水,在绿阴下美美地睡觉。人们之间谁也不需要谁,一生之中彼此或许无从相遇,互不认识,互不交谈。男女两性结合是偶然的,或因巧遇,或因机缘。自爱是自然人性的首要法则。自爱始终是自然的、原始的、内在的、先于其他欲念的欲念,其他欲念只不过是它的演变。由于自爱,凡是能够维护自己生存的一切事物,我们都爱。人本能地喜欢接近一切对个人幸福有益的东西,而排斥一切对其他有害的东西。他认为,怜悯心使自爱心调节,在自然状态中它代替法律、风俗和道德,对人类全体的相互保护起协调作用。而一切美德正是从怜悯心中产生的。

卢梭与霍布斯和洛克一样,认为社会由自然状态而来,国家是社会契约的产物。但是他坚决否认这是历史的进步,相反,他说从自然到文明的过程是堕落,这首先是人的堕落。自然人的善良和幸福的生活之所以会堕落,是从他们之间存在的天然不平等开始的。卢梭认为人类具有自我完善的能力,自然人也不例外,他们总要尽力发挥自然赋予的体力和智力,在技巧、知识、声誉、分配等方面产生了事实上的不平等,最后到达自然状态的终点——私有制的产生。他说:"谁第一个把一块土地圈起来并想到说:'这是我的',而且找到一些头脑十分简单的人居然相信了他的话,谁就是文明社会的真正奠基人。"3

"这是我的"这句话不但宣告了私有制的产生,而且宣告了自我意识的显现。人类自我完善化的这种特殊而无限的能力,使得人的自然上的不平等变为社会的

---

1 北京大学哲学系外国哲学史教研室编译:《西方哲学原著选读》下卷,商务印书馆1982年版,第86页。
2 卢梭:《论人类不平等的起源和基础》,李常山译,商务印书馆1962年版,第73页。
3 北京大学外国哲学史教研室编译:《十八世纪法国哲学》,商务印书馆1979年版,第154页。

不平等,终于使人成为自己和自然界的暴君。[1] 社会不平等伴随着文明进程而加深。物极必反,在文明发展的最后阶段,不平等达到极端,暴君必将被暴力所推翻。专制被暴力推翻之后,人们通过在人人面前平等的社会契约,服从社会"公意",建立平等的社会,人才能恢复失去的本性和自由。

2

"经济人"观念

古典经济学的奠基人亚当·斯密相信,把握了人的永恒不变的本性,就能正确地解释社会、国家、经济、政治、法律以及伦理道德问题。他关注的问题是:作为自然的人、社会的人,他的本性是什么?他生活的终极目的、过程和形态又是什么?

尽管"经济人"(homo economics)的概念是19世纪末意大利经济学家帕累托正式提出的,但是人们总是将"经济人"假说的建立与斯密的名字联系在一起。早在18世纪70年代,亚当·斯密在《国富论》中就已经对"经济人"的假设条件进行了大胆的猜想。他认为人的经济活动是受利己心驱使的。他说:"毫无疑问,每个人生来首先和主要关心自己。"[2] 因为他比任何其他人都更适合关心自己,每个人更深切地关心同自己直接有关的,自己的幸福可能比世界上所有其他人的幸福重要。个人利益是人们从事经济乃至社会活动的出发点。"把资产用来支持产业的人,即以谋取利润为惟一目的,他自然总会努力使他用其资本所支持的产业的生产物能具有最大价值。"[3]

亚当·斯密反复强调自然秩序的无比优越性,与此相比,人类制度存在着不可避免的缺陷。他说,把人为的选择和限制去掉,最显然并简单的自然的自由体系就会制定下来,事物的秩序是人类的自然倾向所促成的,而人为的制度阻碍了

---

[1] 参见卢梭《论人类不平等的起源和基础》,李常山译,商务印书馆1962年版,第84页。
[2] 亚当·斯密:《道德情操论》,李自强等译,商务印书馆1997年版,第101—102页。
[3] 亚当·斯密:《国民财富的性质和原因的研究》下卷,郭大力等译,商务印书馆1974年版,第27页。

这些自然倾向。亚当·斯密坚信,每一个人自然是自己利益的最好判断者,应该让他有按自己的方式来行动的自由。假若他不受到干预的话,他不仅会达到他的最高目的,而且有助于促进公共的利益。[1] 亚当·斯密还说:"由于他管理产业的方式目的在于使其生产物的价值能达到最大程度,他所盘算的也只是他自己的利益。在这种场合,像在其他许多场合一样,他受着一只看不见的手的指导,去尽力达到一个并非他本意想要达到的目的;也并不因为事非出于本意,就对社会有害。他追求自己的利益,往往使他能比他真正出于本意的情况下更有效地促进社会的利益。"[2] 亚当·斯密已经初步提出了"经济人"行为的最大化原则、自利原则与公益原则,这些都是"经济人"最重要也是最基本的假设。"经济人"就是使市场得以运行的人,即能够计划、追求自身经济利益最大化的人。经济人假说建立之后,古典经济学家才将追求财富的人类行为从人类的其他社会行为中分离出来,并确立为经济学的研究对象,这样,经济学才成为一门独立性的人类社会知识,并以此造福社会。

3

"道德人"的观念

道德哲学从 17 世纪末开始并贯穿整个 18 世纪,成为英国知识界最为关注的论题之一。这期间的思想家休谟、亚当·斯密和塞缪尔·克拉克、沙夫茨伯利伯爵、弗朗西斯·哈奇森和约瑟夫·布特勒等人为了寻求道德的基础,提出了比较完整的"道德人"的观念。

塞缪尔·克拉克非常赞同柏拉图(苏格拉底)的观点:一个公正无私、没有偏见的年轻人没有经历什么世故,也没有什么学识,只需要用问题一步步引导他,不用直接教授或灌输任何东西,他完全可以从自身内找出正确的答案,知道什么是

---

[1] 参见亚当·斯密《国民财富的性质和原因的研究》下卷,郭大力等译,商务印书馆 1974 年版,第 252 页。
[2] 同上书,第 27 页。

事物之间的恰当比例和关系。柏拉图（苏格拉底）讨论的虽然只是数学（几何学）的真理，但这种能力同样适用于辨别道德上的善与恶。

克拉克认为有四种道德原则是同数学公理一样自明的：对上帝的虔敬、公正、仁爱以及对自己负责（他称之为"理智"）。实际上，如果仔细分析，只有"公正"和"仁爱"两条原则属于道德范畴。所谓公正，简单地说即是"己所不欲，勿施于人"；而所谓仁爱，即是说较大的善总是比较小的善更为可取，而不考虑最终获益的是谁。既然这些道德原则对于每一个有理性的人是自明的，人们只要运用理性，就会有公正、仁爱的美德。这不啻肯定了人的道德本性。

苏格兰常识学派代表人物托马斯·里德认为常识原则是知觉所具有的原初的、基本的判断，是自然赋予人类理解的要素，是理性活动的基础。作为人类构造的一部分，常识原则是天赋的，而不是后天获得的。里德说，它们"来自全能的主的灵感"，"纯粹是苍天的礼物"。[1] 只是由于这些先天的原则的作用，我们才能通过感官的作用获得常识。人们凭着自明常识就可以成为符合道德原则的善人。这也是一种天赋的性善说。

沙夫茨伯利最先将伦理建构的基础从理性转移到情感。他详细论证了人类的自然本性原是两种看似相反的倾向：一是不计自身利害；二是关注自身利益。他认为人类依凭其天然的社会情感，就能够达到自我利益与群体利益的和谐。按沙夫茨伯利的定义，"人的所有倾向和情感、他的心思性情，必须与他的族类或他所从属的系统，以及他作为其一部分的整体的善相符，才能配得上好的或善的称谓"[2]。真正明智的人，依据其天然情感，就能够不计自身利害、优先虑及群体利益，而这样考虑的结果，恰恰最能促进其自身利益。与之相对照，斤斤计较自身利害，往往适得其反。如沉溺声色享乐，日久麻木，最终连体会快乐的能力都要丧失掉；贪婪无度、爱慕虚荣，只会使人时刻处于不安与焦虑之中；即使是爱恋自己的生命，超过一定限度，也会造成沉重的约束与负担，不再有生命的幸福可言。

---

[1] T. Reid, *Essays on the Intellectual Powers of the Human Mind*, vol. 2, Edinburgh, 1819, pp. 233-234.

[2] Shaftesbury, *An Inquiry Concerning Virtue or Merit*, Book Ⅱ, Part Ⅰ, Section Ⅰ, 转引自 *Moral Philosophy from Montaigne to Kant*, Cambridge University Press, 1990, p. 495.

沙夫茨伯利指出,"过"与"不及"之间的"度",对个人和群体来说一样适用,对社会有益的恰恰也对个体有益,而对个体有害的同样将危及社会。拥有自然情感,比如对同胞族类的爱、善意、同情等,就是拥有自我愉悦的主要手段与能力。沙夫茨伯利用了大量篇幅详尽论证"德性与利益最终是一致的"。[1] 在他的词汇中,"自然"与"善"几乎完全等义,"非自然"与"恶"也是一样。

弗朗西斯·哈奇森详细论证了道德观念的独特性与根本性。他认为,正如我们通过外感官能够感知声音、颜色、大小、形状等一样,人类拥有一种能够在人心中产生道德观念、判断事物的道德属性,哈奇森将人类的这种能力称作"道德感"。哈奇森进一步主张,仁爱是实实在在的人性,它一方面赋予我们具有天赐的能力判别利害,不会在面临道德选择时茫然无措;另一方面也赋予我们充足的行为动机,能够有切实的行动趋善避恶。

约瑟夫·布特勒认为,在决定我们的行为时,有两条原则是首要的,即"自爱"与"良心",其他原则要受这两条原则的辖制与支配。他说:"如果我们理解了什么是真正的幸福,那么良心与自爱将告诉我们同样的东西。责任与利益完全一致;这个世界上的大多数情况都是这样,如果我们考虑到彼岸和大全,则更是必然如此、毫无例外。"[2] 在他看来,根据自爱来辨别利害、决定取舍,是需要斤斤计较的,而有计较就不免有错误。但良心的命令直截了当,不容置疑,明白地宣布哪些行为其本身就是公正的、正当的、善的,哪些行为其本身就是邪恶的、错误的、不公的。这是因为良心考虑的是行为的纯粹动机,而无须计较其后果。但他在另一处又说,只要我们冷静地坐下来思考,就会看到,"只是在确信德行符合我们的幸福或至少不与之相违背的情况下,我们才会承认其合理"[3]。

以上思想家都有基督教道德神学的背景。18世纪的启蒙学者则完全从世俗的理性来说明"道德人"的观念。亚当·斯密认为,人有双重性,作为经济人,人在

---

[1] Shaftesbury, *An Inquiry Concerning Virtue or Merit*, Book Ⅱ, Part Ⅰ, Section Ⅰ,转引自 *Moral Philosophy from Montaigne to Kant*,Cambridge University Press, 1990, p. 488。
[2] Butler, *Sermons* 3.9,转引自 *British Philosophy and the Age of Enlightenment*,New York,Routledge, 1995. p. 212。
[3] Butler, *Sermons* 11.20,转引自上书,第213页。

经济领域里只关心自己的利益,并尽力追求之;作为道德人,人应当关心他人,看轻自己超脱自私情感。这两者矛盾如何调和？亚当·斯密认为,社会是由个人组成的,所以社会利益是个人利益的总和。个人越是追求自己的利益,社会利益也就越大。亚当·斯密同意孟德维尔在《蜜蜂的寓言》中提出的"私恶即公利"的说法。亚当·斯密致力于把"德"和"利"统一起来。

亚当·斯密把人性分为三类:第一类是自爱(或自私)的原始情感;第二类是非社会的情感,如野心、钦佩富人和大人物,轻视或怠慢穷人和小人物等;第三类是社会情感(同情心),这种情感顾及他人,少为自己,节制我们的自私情感[1],发扬仁慈、仁爱,这就构成了完善的人性。人由自爱到仁爱,是人性逐步完善的过程。在亚当·斯密看来,同情心是最基本的人性,同时也是最广泛的道德情感。同情心产生道德认识、道德判断和行为准则。其发生过程是:第一步,产生道德感,即借助联想,"能设身处地地想象",体验别人的感受,从而产生一种与他人感受相仿的"情绪共鸣"[2];第二步,产生道德的鉴赏,即对他人的痛苦和悲伤产生怜悯和体恤,也为他人的福乐和成功而高兴和自豪;第三步,产生道德观念和判断,即在自我和他人的联系中,通过持续多次的经验和理智(intelligence),获得对同情心内容与原因的更深刻意识,自觉形成道德观念和判断;第四步,出现了义务律(the laws of duty),即同情心由自发上升到自觉,人们便自觉而习惯地遵从道德良心。

休谟认为,人类的道德实践以快乐和痛苦、愉快和不快的情感为基础。快乐和痛苦是一种最强烈的感觉印象,避害趋利是人的自然本性,也是道德的基础。因此,"道德的本质在于产生快乐,恶的本质在于给人痛苦"[3]。快乐、幸福和利益是一致的,凡能够增加人们快乐和利益的,就是善,反之就是恶。

但是,追求快乐并不是唯一的道德原则,人性的"同情原则"和"比较原则"也是重要的伦理原则。"同情"使人能超出自我的乐苦感觉的范围,对他人的乐苦和公共利益产生同情、同感和共识。情感观念的比较是道德观念的另一重要来源。

---

1 参见亚当·斯密《道德情操论》,李自强等译,商务印书馆1997年版,第5页。
2 参见上书,第5—6页。
3 休谟:《人性论》,关文运译,商务印书馆1983年版,第330—331页。

按照"比较原则",一个可以给人快乐的事物,如果伴随着羞耻、卑贱的观念,也不能是善;反之,一个可以给人痛苦的事物,如果伴随着高尚、光荣等观念,也不能是恶。道德伦理经常要求人们为了长远的、公共的利益而牺牲暂时的、个人的利益。比较原则满足了这一道德要求。

4

"机器人"和"环境人"的观念

近代自然科学以牛顿力学为范式,持机械论的世界观。机械论者把世界看做由因果链组成的大机器,人只是其中精巧的小机器。比如,霍布斯说,人和钟表一样,心脏是发条,神经是游丝,关节是齿轮,这些零件一个推动一个,造成人的生命运动。持身心二元论的笛卡尔也说人的身体是机器,心灵好像是"机器里的幽灵"。18世纪法国机械唯物主义者拉美特利在笛卡尔的"动物是机器"的思想基础上,提出"人是机器""人是植物"的论断。

法国启蒙学家用自然主义的观点把自然和人的关系归结为环境和人的关系,得出了"人是环境的产物"的结论。孟德斯鸠在他的《论法的精神》这部巨著中用了很大篇幅论述了地理因素对一个民族的性格、风俗和精神面貌所起的决定性影响作用。他特别强调气候的影响作用。在他看来,气候的影响是一切影响中最强有力的,气候对各民族的性格、情感、想象力、智慧以及风俗、习惯等都有巨大影响。

爱尔维修说的"环境"主要不是指地理环境,而是指社会环境,即人们生活于其中的经济制度、政治制度、生活方式、亲戚和朋友以及所接受的教育和所读的书籍等。在他看来,这些都是造成人的性格、道德和观念差异的因素,其中最主要的是政治制度和法律制度。经验证明,各个民族的性格和精神是随着它们的政治形势的变化而变化的。同一民族由于政体的变更,它的性格也发生变化,有时高尚,有时卑下,有时英勇,有时怯懦。爱尔维修指出:"人们在一种自由的统治之下,是坦率的、忠诚的、勤奋的、人道的;在一种专制的统治之下,则是卑鄙的、欺诈的、恶劣的,没有天才也没有勇气的,他们性格上的这种区别,乃是这两种统治之下所受教育不同的结果。"[1]

霍尔巴赫提出了"意见支配世界"的观点,这里所说的"意见"指公共意见。在他看来,公共意见有决定人的感情、倾向、习惯、判断和德行的力量,是一种文化环境。生活在某一种特殊的文化环境中,一个人的思想和行为就会受到感染,形成一定类型的人物。他说:"假如教育、舆论、政治、法律联合一致,只提供出一些有益的、真实的观念,那就会很少见到邪恶的人,正如在现今的法制之下很少见到道德的人一样。"[2] 霍尔巴赫认为,有益的、真实的观念是良好的意见,这种观念可以影响人、塑造人,使人成为有道德的人。

5

"人本学"

费尔巴哈(Ludwig A. Feuerbach)提出了"人本学"(Anthropologismus),可以说是近代"自然人"观念的集大成。费尔巴哈指出,人既是自然界的一部分,又是自然界的本质;既是自然的产物,又是自然的创造者。人是这样的自然物,他可以通过自然而完善自身的本质,并使之成为"人化自然的本质"。人的本质是自然的最高本质,因为人区别于其他自然物之处在于人有类意识(Bewsstsein uber Gattung)。类意识是一种"内在的、无声的、把许多人纯粹自然地联系起来的共同性"[3]。由于类意识,每一个人"同时既是'我',又是'你';他能够替别人设想,正是因为他不仅以他的个体为对象,而且以他的类、他的本质为对象"[4]。

费尔巴哈进一步分析说,类意识的对象包含着无限的可能性,就是说,类意识是关于无限性或无限者的意识。人是有限的,但他的意识对象却是无限的。费尔

---

[1] 爱尔维修:《论人的理智能力和教育》,收录于《十八世纪法国哲学》,商务印书馆1963年版,第539页。
[2] 霍尔巴赫:《社会体系》,收录于上书,第647页。
[3] 《马克思恩格斯选集》第一卷,人民出版社1995版,第56页。
[4] 北京大学哲学系外国哲学史教研室编译:《西方哲学原著选读》下册,商务印书馆1982年版,第468页。

巴哈说，人本学的任务是"把有限者化为无限者，把无限者化为有限者"。人把意识之中的无限性外化，变成无限的本质；再按照无限的本质规定自身，完善自身。这是相反相成的两个过程。从哲学与宗教关系的角度看问题，费尔巴哈把前一个过程说成是"人本学上升为神学"，把后一个过程说成是"神学下降为人本学"。他通过前者揭示了宗教的本质是人创造神，而不是神创造人；通过后者他提出了"爱的宗教"的主张。

六、"理性人"的观念

17至19世纪上半叶的欧洲号称"理性的时代",这一时代的核心观念是"理性人"。那么,"理性人"有哪些特点呢?第一,理性主义人学认为,理性的本质是自我意识。人的一切意识活动都受自我意识的规定和制约,一切意识内容都是围绕自我意识而展开的。为了认识人,首先必须认识自我意识。第二,自我意识是反思的意识,通过对意识自身的反思,"理性人"不但认识外部世界,而且把握自身的内在世界。"理性人"是从事理性认识的人。第三,自我意识同时也是实践的理性,"理性人"也是实践着的自我,他能够在道德、宗教、审美等精神活动中体现自我、完善自我。第四,"理性人"的自我是独立的、自由的个人,他具有存在和活动、权利和目的的主体性,能够自觉地维护个人主体性,自主地实现自我的价值和目的。第五,"理性人"的观念不是无条件的个人主义,而是"合理的"个人主义,合自我反思之理。自我意识不但使单个的"理性人"获得共同的人类知识,而且使"理性人"能够按照理性的要求和规律,建立合理的社会。

"理性人"的观念主要是由哲学家塑造出来的,却不是自觉地、直接地塑造出来的,哲学家们甚至没有使用"理性人"这一概念。哲学的主要领域是本体论、认识论和伦理学,近代哲学以认识论为中心,这种以认识论为中心的哲学告诉人们的不只是认识世界的途径和世界观的体系,更重要的是如何认识他们自己。它的原则是自我意识,没有自我的反思,就没有对世界的认识。唯其如此,哲学家们抽象的思辨和晦涩的语言才成为时代的最强音,哲学从来没有像在近代时期那样集中地反映着时代精神和民族精神。"理性人"具有至上的裁判地位,他们成为光明战胜黑暗的启蒙的使者,被看做推动社会前进的主体。

从"理性人"的角度,可以重新解读近代认识论哲学。以下仅以笛卡尔、斯宾

| 人性与伦理

诺莎和康德等人思想中的几个范例,说明近代认识论中包含的"理性人"观念的丰富内涵。

1

"自我"的观念

笛卡尔提出的"我思故我在"原则,不仅标志着近代哲学的开始,而且标志着近代"理性人"的诞生。为了理解它的划时代的意义,我们不妨把它与中世纪神学的一个原则做对比。《圣经》里有这样的记载:摩西问耶和华叫什么名字,耶和华说了一句意味深远的话:"我是永在自在"(I am who am,《出埃及记》)。神学家用这句话说明上帝是最高实体。笛卡尔用与"我是永在自在"句式相似的"我思故我在"(I think, therefore, I am)来表达哲学的第一原则,突出了自我与上帝的差异。上帝的存在没有任何依据,他的永在自在是理所当然的。自我存在是有根据的,这就是"我思"。

2

精神的幸福

斯宾诺莎宣称:"我将要考察人类的行为和欲望,如同我考察线、面和体积一样。"[1] 他坚信人的理性不但能够精确地认识自然界的规律,而且能够必然地推导出达到人的自由和幸福的途径。他明确说:"我志在使一切科学都集中于一个最终的目的,这就是达到我们上面所说过的最高的人生圆满境界。"[2] 他把寻求真理当做病人所寻求的药剂,把理性认识和最高幸福结合起来。斯宾诺莎的幸福观的

---

[1] 斯宾诺莎:《伦理学》,贺麟译,商务印书馆1958年版,第90页。
[2] 斯宾诺莎:《理智改造论》,收录于《十六—十八世纪西欧各国哲学》,商务印书馆1975年版,第232页。

特殊含义是,通过对形而上的对象的思辨而获得的心灵的快乐,这样的快乐是持续的、平和的、求诸自己的。这种快乐一直是历史上的哲学家所追求的目标,斯宾诺莎与亚里士多德一样,称之为"最高的幸福"。斯宾诺莎把通过理性思维达到的境界说成是"人的心灵与整个自然相一致"[1]。这是天人合一、物我无分的境界。这里没有什么神秘主义,把自我融汇在沉思的对象之中,这是研究者常有的一种体验。斯宾诺莎以自然整体为思辨对象,沉醉于自然,他感到人的一切,包括一切主观感情、欲望,都是自然的一部分。他因此主张顺应自然,"不以物喜,不以己悲",这也是一般意义上所说的伦理的态度。

3

理性存在者

康德自己坦言,他追求知识的目的经历了一个思想转变。他说:"我生性是个探求者,我渴望知识,急切地要知道更多的东西,有所发明才觉得快乐。我曾经相信这才能给予人的生活以尊严,并蔑视无知的普通民众。卢梭纠正了我,我想象中的优越感消失了,我学会了尊重人,除非我的哲学恢复一切人的公共权利,我并不认为自己比普通劳动者更有用。"[2] 他与卢梭一样,继承了启蒙运动的人道主义精神,为了尊重人、恢复人应有的价值的权利而研究人、认识人。

康德在晚年把自己思考的基本问题归结为四个:"第一,我能知道什么?第二,我应当做什么?第三,我可以期望什么?第四,人是什么?形而上学回答第一个问题;道德回答第二个问题;宗教回答第三个问题;人学则回答第四个问题。然而,从根本上说,人们却可以把这所有的问题与回答都归结于人学,因为前三个问题都与最后一个问题相关。"这里所说的"人学"不是一门具体的学科。对于具体的人类学,康德在《实用人类学》一书中有所阐述。在上述引文中,人类学的任务

---

[1] 北京大学哲学系外国哲学史教研室编译:《西方哲学原著选读》上册,商务印书馆1982年版,第406页。
[2] N. K. Smith, *A Commentary to Kant's Critique of Pure Reason*, Humanities, New Jersey, 1918, p. Ⅷ.

是回答"什么是人"的大问题,这就是我们现在所说的哲学人类学。上述引文还告诉我们,康德认为形而上学、伦理学和宗教学的问题都归结为哲学人类学问题,都与"什么是人"的问题相关。正是根据康德对自己思想体系的这一解释,我们可以按照康德的问题,解读康德关于"理性人"的观念。

人是理性存在者,这是康德体系的出发点。康德认为,人是一种特殊的理性存在者,具有感性和理性双重属性。因为人具有两重属性,人便生活在两重世界之中,既生活在自然界、现象世界,又生活在"超感性自然"的本体世界。康德说:"他必须承认他自己是属于感觉世界的;但就他的纯粹能动性而言,他必须承认自己是属于理性世界的。"[1] 康德说:"有两样东西,我们愈经常持久地加以思索,他们就愈使心灵充满始终新鲜不断增长的景仰和敬畏:在我之上的星空和我心中的道德法则。"[2] 这里的"星空"代表自然规律,它和道德法则一样,为理性存在者所虔诚地遵守。人既是被决定的,又是自由的。

康德对人的两种属性和存在的区分,划分了经验知识和道德意识、意志自由观和自然决定论两大领域。在《判断力批判》中,康德在这两个领域之间搭起一座桥梁。首先,他通过审美判断,说明人的希望表现于艺术创造性。但是艺术创造的最后目的不是别的,正是人自己。"没有人,全部的创造将只是一片荒蛮,毫无用处,没有终结的目的。"正是人类判断力的合目的性寄托了人的能力的全面发展的希望,这是人对自身的终极希望。正如康德所说:"只是在人之中,在道德律能够适用的个体的人之中,我们才能发现关于目的的无条件的立法。因此,正是这种立法,才使得人能够成为整个自然界都合目的地服从的终极目的。"[3]

从19世纪下半叶开始,西方文化进入了现代阶段。首先需要交代的是,西文"现代"(modern)一词与中文的意义有所不同。西方的现代开始于17世纪,相对于中国人所说的"近代"。西文中没有相对于中文"近代"这一词汇,而中国人所说的"现代"指20世纪以来的历史阶段,此时西方的现代化已经发展到了成熟的阶

---

[1] 康德:《道德形而上学的基本原则》,收录于《康德文集》,改革出版社1997年版,第113页。
[2] 康德:《实践理性批判》,韩水法译,商务印书馆1999年版,第177页。
[3] *Kant's Critique of Judgement*, trans. by J. C. Meredith, Oxford, 1955, part II. pp. 108, 100.

段。因此,当我们用"现代"来表述西方文化的特征时,首先应该区别"现代"(later modern)与"近代"(early modern)。在思想史上,这是两个根本不同的思想发展阶段。与近代相比,现代西方人关于自身的观念发生了根本的变化。在19世纪后期到20世纪初期的交替时期,西方三位思想家——达尔文、马克思和弗洛伊德(Sigmund Freud)从根本上扭转了近代关于人的观念:达尔文改变了人对自身在自然界中的地位的看法,马克思改变了人对社会的观念,弗洛伊德改变了人对自身本性的看法。

七、"生物人"的观念

达尔文创建的进化论标志着一个新时代的开始,马克思和弗洛伊德后来创建他们的学说时,都承认受到达尔文的影响。在达尔文之后,没有一种关于人的理论可以忽视达尔文的进化论。正如一个评论者所说:"一个多世纪以来,我们对自然和人性、存在的意义的认识,在很大程度上反映了达尔文的物种起源和进化理论对我们的影响。对我们中的大多数人来说,不以他的理论指导我们的人生旅途似是不可能的。"[1] 我们可以用"生物人"来概括在达尔文的进化论影响下出现的关于人的新观念。

"生物人"是根据人适应环境的行为来观察人、研究人所产生的一种观念。按照这种观念,人的个体和社会、人的身体和意识,都是通过自然选择、基因遗传而产生的一种自然行为,这种自然行为可以通过人的神经系统或行为模式或语言模式得到科学的理解或合理的说明。

"生物人"是多种学科共同建构出来的流行观念,在英美学术界和文化界的影响尤为广泛。一般说来,英美的人类学、社会进化论、社会生物学、进化心理学,以及实用主义、语言哲学和心灵哲学关于身心关系问题的讨论,都渗透着"生物人"的观念。本章将以这些学科的材料为内容,对"生物人"观念的各个侧面做一全方位透视。

---

[1] 杰里米·里夫金:《生物技术世纪》,付立杰等译,上海科技教育出版社2000年版,第201页。

1

进化论与"生物人"

达尔文通过长期的科学考察,积累了大量的观察材料,建立了他的进化论。但正如一位现代研究者所指出的那样,"和每一位科学家一样,达尔文也是用他所处的环境文化赋予他的思想来探索自然、人性和社会的"[1]。达尔文自己承认,他关于自然选择的想法受到马尔萨斯人口论的启发。马尔萨斯设想,人口按照几何级数增长,而人所需要的生活资料只能按照算术级数增长,如果不控制人口的增长,生活资料及其依赖的自然资源就会耗尽,人类将无法生存。他于是设想,自然灾害和战争大量减少人口,在客观上起到控制人口增长和维持人类与自然平衡的作用。在达尔文看来,自然界所有的物种都面临着同样的生存威胁,自然界也有控制物种数量无节制增长的有效手段。他在自传里说,读了马尔萨斯的《人口原理》,他认识到生存斗争在自然界的普遍存在,而自然选择决定着生存斗争的胜负,"有利的变异往往得以保存,而不利的变异则往往遭到毁灭……其结果是新的物种的形成"。每一种生物都要无限制地繁殖自身,尽可能地占有更多的自然资源;但是能够满足生物需要的自然资源是有限的,生物之间存在着争夺自然资源的生存斗争。并且,同一物种所需要的自然资源是相同的,由此,同一物种内部的生存斗争比不同物种之间的生存斗争更加激烈。

达尔文虽然承认一物种内部和物种之间的生存斗争具有改进物种适应程度的作用,但他认识到,生存斗争的作用是有限的,自然选择才是物种进化的根本机制。达尔文的进化论不但使人们第一次掌握了生物进化的自然机制,而且从根本上改变了人的自我形象和自我观念。这首先表现在进化论与神创论的冲突所产生的巨大思想震荡。达尔文和他的支持者以科学的名义彻底否定了"神创造人"这一根深蒂固的教义,肯定了人是生物长期进化的自然产物,猿猴是人类的直接祖先。在一些神学家看来,这不但是对神的大不敬,也是对人类的亵渎。

达尔文的进化论所揭示的自然选择的机制说明了生物与自然界其他部分的

---

[1] 转引自杰里米·里夫金《生物技术世纪》,付立杰等译,上海科技教育出版社2000年版,第207页。

和谐关系,以及人与生物界其他部分的关系,使得人能够在更大范围内、更加细致地认识人与自然的关系。人与自然的关系也是人的自尊形象的重要来源。达尔文的进化论也是如此。当人认识到自身是亿万年进化的最高产物,认识到人类适应环境的无比复杂和奇妙的机制,人的优越地位和自尊形象非但没有削弱,反而大大加强了。正如一个评论者所说:"达尔文为工业时代的男男女女们提供了一个担保,使他们不再对自己行为的正确性表示任何怀疑。他的理论确认了他们渴望相信的:他们的社会组织方式与事物之自然秩序是'和谐一致的'。"[1] 正是这种人与自然的和谐关系成为现代"生物人"观念的保障和基础。

现代"生物人"的观念与传统的"自然人"的形象有所不同,"生物人"的本质虽然是生物的自然属性,但与"文化人"和"社会人"却是一致的。这是因为人的社会文化属性也被达尔文的进化论从生物机制的基础上推了出来。达尔文本人关心的只是人类的自然来源,他并没有考虑过人类诞生之后出现的文化和社会形象。但是后来的一些达尔文主义者把人类的文化和社会现象解释为生物进化的继续,提出了"社会达尔文主义""文化进化论""社会进化论"等。在这些解释模式中,达尔文用以解释生物进化的自然选择和生存斗争等模式也适用于人类社会和历史,他的生物进化论为理解人类文化提供了示范。

2
人的遗传与优生

达尔文之后发展起来的遗传学使进化论趋于完善,但一些社会达尔文主义者和种族主义者借此宣扬血统决定论,提出了"优胜劣汰"的种族主义理论。这是社会进化论的一大败笔,也是"生物人"观念的一个污点,给后世留下深刻的教训。

优生学的创始人是达尔文的表弟高尔顿(Francis Galton)。他指出,人的智力和体力特征主要来自祖辈的遗传,天才是"超乎一般的天生能力",可以用科学的

---

[1] 杰里米·里夫金:《生物技术世纪》,付立杰等译,上海科技教育出版社2000年版,第201—202页。

方法,通过遗传特征优越的配偶选择,来增加具有天才禀赋的人口比例。本来,达尔文的进化论并不十分关注遗传对后代的选择作用,但他在读了高尔顿的《世代相传的天才》之后承认,他过去一直认为,"一般说来,人的禀赋不相上下,只是由于热情和勤奋的程度不同而成就各异",高尔顿的书使他改变了这种看法,他在后期发表的《人类遗传》这本书中还多次引用高尔顿的观点。

高尔顿认为人的体质、性格和智力都是遗传的,他的优生观念是"以更好的育种方式改善人类"。为此,他研究人的指纹、相貌和家族史,企图找到评估人的血统的标准。他还以动物育种为范例,说明应该区别社会上的"优良"和"不良"分子,把"好的脾气、个性和能力"加到人种里,同时消灭"酗酒""犯罪""游手好闲""贫困"等不好的品质。[1]

在遗传规律没有发现之前,优生学主要依靠例证的枚举来证明,没有科学的根据;优生学曾经与面相学、骨相学结合在一起,根据人的外表生理特征来判断人种的优劣。优生学又被分成消极的和积极的两种,消极优生学企图通过排除非优良的遗传性状来改良人种,积极优生学则是通过选择和培育优良的遗传性状来改进人的遗传特性。

如果优生学所要改进的对象只是人的个体,那还不失为排除先天性疾病或提高人的遗传素质的有益于人体健康的手段。但是,如果它所针对的是人类的种族,那么它还必须假定:(1) 人类各种族的遗传特征之间存在着相当大的优劣差别;(2) 种族成员的行为主要是靠遗传特征,而不是由后天的社会文化因素所决定的。这两条假定分别是种族主义和社会达尔文主义的原则。当这些假定被人们信以为真时,优生学变成了种族歧视和种族压迫的工具。事实上,在后来的发展过程中,消极优生学与极端种族主义结合在一起,产生了种族灭绝的思想和行动。

---

[1] 转引自约翰·奈斯比《高科技·高思维》,马来西亚大将出版社2000年版,第117—118页。

3
血统决定论

20世纪初在西方国家流行的种族主义、社会达尔文主义与优生学结合起来，为鼓吹白种人至上和黑人或犹太人低劣种族歧视寻找"科学"的依据。比如，美国一个社会学家在一份研究报告中说，高加索人好色、无理性、有暴力倾向；斯拉夫人懒惰、愚昧和迷信，男人好酗酒、打老婆；犹太人好拉宗派、狡猾、做欺诈生意。一位优生学家说，印度人没有从他们所接触的文明获益，在生理、智力和道德上没有进步；黑人只能听从白人主人的使唤；北欧人"有干劲、勤奋、有魄力和富有想象力，具有很高的聪明才智"[1]。值得注意的是，这些言论出自学者和科学家之口，因此具有更大的欺骗性。至于美国白人种族主义者歧视黑人和德国法西斯主义的反犹宣传，更是甚嚣尘上。

这些言论的唯一"根据"是"血统决定论"，即血统决定人的一切，血统有高下之分。"血统决定论"是一种古老的迷信，历史上自认为"血统高贵"的统治者曾使用这一说法论证自己统治被压迫者的合法性。但是，现代的"血统决定论"打着科学的旗号，与优生学结合在一起，制造了空前的社会灾难。

德国法西斯灭绝犹太人的种族屠杀的罪行已经被钉在历史的耻辱柱上，具有讽刺意味的是，世界上最大的"民主国家"美国也受这种"血统决定论"的人学理论误导，试图用消极的优生法灭绝"低劣人群"。1907年，印第安纳州通过法案，规定对罪犯、智障者、低能人或州专业委员会批准的其他人，实现强制性绝育；到1931年，已有30个州通过了类似的法案，成千上万的美国公民被手术阉割。连素有开明思想的美国总统罗斯福也主张："非常希望能禁止劣等血统人种的生育……让优等人种去繁殖生育。"1933年，当希特勒颁布推行种族灭绝政策的《遗传卫生法》时，法西斯主义者认为这只是"有着第一流文明的美国很早以前就已经推广了"的东西。为了表彰美国优生学，海德堡大学于1936年授予美国众议院的

---

[1] 转引自杰里米·里夫金《生物技术世纪》，上海科技教育出版社2000年版，第125页。

"专家优生学总管"劳克林名誉博士称号。[1]

4 生存斗争的社会化

通常认为,赫伯特·斯宾塞(Herbert Spencer)把进化论的原理运用于社会,建立了社会进化论。但是我们必须注意的是,斯宾塞是在达尔文之前建立他的进化论的,他提倡的进化原理与拉马克的进化论更加接近。由此,斯宾塞的社会进化论不能属于严格意义上的达尔文主义,但对社会达尔文主义影响很大。

斯宾塞认为,进化论是一切事物发展的普遍规律,从太阳系到地球上的物种,所有事物都是由简单的形式进化为复杂的形式,人类社会也不例外。他说:"不管是在地球的发展中,还是在地球表面上的生命的发展中,还是在社会、政府、人工制品、商业贸易、语言、文化、科学、艺术的发展中,同样都是从简单的事物经过连续的分化发展为复杂的事物,进化规律是齐一的。"[2] 在他看来,进化就是进步,人类是自然进化的产物,社会是人在脱离自然之后继续进步的产物。

由于人类社会是从动物机体进化而来的,两者之间仍然保持着结构上的一致性。斯宾塞把动物与人类社会都看做是机体,带有调节系统、维持系统和消化系统:动物的神经系统和人类的政府都是机体的调节系统,动物的消化系统和社会工业系统都是机体的维持系统,而动物的血管和社会的交通、通信系统都是机体的分配系统。

斯宾塞认为,适者生存是生物界的普遍规律。人和其他物种一样,都要适应环境才能生存,机体的适应程度不同,他们生存空间也就不同,能够最大限度地适应环境者占有最大的生存空间,完全不能适应环境者只能被自然所淘汰。"适者

---

[1] 转引自杰里米·里夫金《生物技术世纪》,付立杰等译,上海科技教育出版社 2000 年版,第 118—128 页。
[2] 转引自吕大吉《西方宗教学说史》,中国社会科学出版社 1994 年版,第 676 页。

生存"的真谛是生存斗争、弱肉强食。斯宾塞强调生物机体对环境的主动适应,并且认为生物为适应环境而造成的机体变化可以遗传给后代,这一"适者生存"的原则更接近于拉马克的进化论;他的"适者生存"原则更是早期资本主义激烈竞争的直接反映和真实写照,与达尔文进化论的旨趣大相径庭。需要指出的是,严复在其宣传达尔文进化论的著作《天演论》中,用"物竞天择,适者生存"来概括达尔文的学说,这是不准确的,毋宁说,这是被从斯宾塞开始的社会进化论者改造了的达尔文主义的口号。

按照斯宾塞的"适者生存"的原则,做一切有利于自己生存的事情,这是一切生物的本能,也是人的本性。但是,他也承认,人类与动物的利己行为还是有差别的。作为进化的最高产物,人类意识被个体化,不像动物,只有种类的意识,个体按照种类意识行事。动物行为在个体层次上是无意识的,这并不是因为动物无意识,而是因为它们没有个体意识,意识不到个体的特殊目标和利益,它们的行为总是表现为群体行为的一部分。人类则不同,人类的意识只能存在于个体之中,个体意识到自己的目标和利益,并能够主动地采取一切行动来实现这些目标和利益。可以说,利己主义是人有意识地适应环境的本能。

斯宾塞承认,人性中也有利他主义的一面,但是利他主义不过是利己主义的放大。因为一个人为了实现他的利益,他就必须考虑到他人的利益,让别人对自己做出回报,以获得他靠个人努力而得不到的利益。由此可以说,利他主义只是利己的一个方式。斯宾塞说:"利己主义比利他主义占有优势。总而言之,首先必须进行一切使生命继续下去的活动,然后才能进行其他可能的活动(不可能有益于他人的活动)。"[1]但另一方面,生活在社会共同体里的个人不能只顾各自的利益,社会合作需要利他主义。斯宾塞说:"首先是利他主义依靠利己主义而存在,其次是利己主义依靠利他主义而存在;尽管如此,利他主义比利己主义更必不可少。"[2]斯宾塞的伦理理想是在利己主义和利他主义之间达到平衡,只有这样的社会才是稳定和公正的。

---

[1] 转引自米歇尔·弗伊《社会生物学》,殷世才等译,社会科学文献出版社1988年版,第21页。
[2] 同上书,第22页。

5

基因决定论

现代"生物人"的观念继承了传统"自然人"观念的一个重要因素,即认为人的本性和本质是天生的本能,自然先于文化,先天决定后天。这些观念在遗传学建立之前,表现为"血统决定论";在遗传学建立之后,表现为"种族遗传决定论";在现代分子生物学建立以后,最近又出现了"基因决定论"。

在当今西方,特别是美国的文化氛围中,人的一切行为和社会现象被大量地渲染为基因的产物,由此出现了越来越多的"文化基因"种类:自私基因、享乐基因、暴力基因、名人基因、同性恋基因、撒谎基因、抑郁基因、天才基因、节俭基因、犯罪基因等。正如一些评论家所说,基因已经成为一种符号,"一种以具有社会意义的方式定义人的特征和人际关系的便利工具"[1]。几乎每一个星期都有新的研究成果发表,揭示人的性格与基因之间的联系。据美国的一个研究中心统计,遗传基因对人的以下性格影响的程度是:焦虑性,55%;创造性,55%;顺从性,60%;攻击性,48%;外向性,61%。有一些研究人员声称,他们已经找到了"寻求新奇"以及"寻求兴奋"和"兴奋"的基因。还有人辨别出基因的"活跃"启动子和"不活跃"启动子,企图证明"不活跃"的基因启动子是焦虑、悲观和恐惧等神经行为的根源。

一些行为过去被人们认做是后天形成的不良习惯,现在也被解释为基因决定的生理倾向。如研究人员已经发现了同性恋是一种生物禀性,决定这种禀性的基因处在大脑底部。同性恋不应被看做是犯罪、缺陷和疾病,它充其量只是性功能的变异。有人通过小鼠实验,找到了酗酒行为的基因标记,这引起了人的酗酒行为是否也能如此解释的争论。

还有人试图用性别差异来解释人的社交能力,他们发现位于 X 染色体上的一组基因决定了女孩比男孩有更好的社交能力,继承了父方 X 染色体的女孩比

---

[1] 转引自杰里米·里夫金《生物技术世纪》,上海科技教育出版社 2000 年版,第 230 页。本节所使用的材料全引自该书第五章"基因社会学"。

继承母方 X 染色体的女孩更活跃、更听话；同样,继承母方 X 染色体的男孩的社交能力也较差。

如果基因决定人的性格和行为,那么很多社会问题就被归结为基因。正是按照这一逻辑,一些人在积极地寻找可能导致犯罪行为的基因。有人用猴子实验证明,有某种遗传物质的猴子倾向于咬、打和追逐其他猴子。有人通过关于酗酒的研究说明,有同样遗传物质的人易犯冲动杀人罪。

有的研究报告说,"寻求兴奋"和"易于冲动"的遗传倾向可能是导致暴力犯罪的直接原因。有人说,对焦虑和恐惧有较高遗传阈值的人的心律和血压较低,他们更具有暴力犯罪的风险。据此,通过遗传测试,在每 1000 个儿童中辨别出 15 个有暴力倾向的人。

研究人员还使用脑扫描技术来观察有暴力行为的精神病人的脑里遗传物质的变化。加利福尼亚州法院运用这项技术来裁定犯人被释放后是否会重新犯罪。

一些生物学家宣称,过去我们认为我们的命运在我们所在的星座里,现在我们知道我们的命运就在我们的基因里,基因组序列决定一个人。朱利安·赫胥黎说,为了获得任何国家和国际的进步,既不能依靠社会和政治制度的改造,也不能依靠教育的改造,而"必须越来越多地依靠能够增强人的智力和行为能力的遗传水平"[1]。"基因决定论"的逻辑是,既然人类行为都是由我们的遗传基因的组成所决定的,如果要改变我们的社会环境,首先必须改变我们的基因。按照这一逻辑,基因治疗成为解决社会问题的良方。比如,有人把无家可归者看做具有精神病倾向的人群,主张用遗传预测和治疗来预防和治疗的方法解决这一社会问题。

用基因治疗解决社会问题的主张很难行得通,遭到越来越多人的反对。很多人指出,把社会问题归咎为遗传疾病或缺陷,其实质是为社会当权者推卸责任,放弃对社会环境的治理,为反对社会改革的保守主义张目,还会把种族歧视和性别歧视等社会偏见披上"科学"的外衣。

"基因决定论"虽然未能支配社会公共政策,但在美国教育界却有很大的市场。传统的教育观念强调环境的作用和人为的努力,但现在却越来越强调教育的

---

[1] 转引自杰里米·里夫金《生物技术世纪》,付立杰等译,上海科技教育出版社 2000 年版,第 156 页。

生物学基础。学生在成长中的问题越来越多地被当做心理问题，可以用药物加以治疗。在诊断精神障碍的手册上，针对学生的病症越来越多，诸如"多动症""注意力缺乏症""表达性书写障碍""模式化习惯障碍"等等，不一而足。越来越多的心理测验被设计出来，用来判断学生的素质禀赋，越来越多的测试技术被用于测定学生神经障碍。正如一个评论家指出的那样，传统的"教师—学生"模式有被"医生—病人"模式所取代的趋向。

6
基因技术的限度

"基因决定论"不仅是对人的一种解释，也是对人的一种改造。现在的基因工程和生物技术提供了比过去的优生学更精确、更有效的手段，以致当今"基因决定论"的实践者已经不满足于改良人的某些部位，而要用克隆的手段来制造人。用基因技术改造人和克隆人的问题已经成为当今社会争论的一个焦点，这一问题涉及人的本质、权利、责任、社会关系乃至人和自然关系等一系列重要问题。很多学者不无忧虑地指出，基因技术的应用不能是无限的，人文思想和社会科学应该为基因技术设定符合全人类利益的、合适的应用范围。

（1）基因治疗的限度

现在的基因技术已经可以诊断出不少先天性疾病的原因是基因缺陷，通过修复这些缺陷，就可以治愈这些过去被判为不治之症的先天疾病。基因治疗的这一效果得到普遍的欢迎，但也引来了一些疑问。

疑问一：有些基因缺陷可能有我们现在还不知道的用处。科学家已经知道的是，这种联系确实存在，比如，导致镰状细胞性贫血病的基因能够使很多人免于疟疾，导致膀胱纤维症的基因可以使人不得霍乱。我们现在还没有关于致病的基因对人类有什么好处的全面知识。有些人担心，在这种情况下，根除一些有缺陷的基因，可能是弊大于利。

疑问二：有缺陷的基因是人类基因库的一部分，它是社会公有的。为了治疗某个人的疾病而改动人类基因库,很可能导致不可想象的严重后果。比如,如果出现一种过去从来没有出现的病毒,而能够抵御这种病毒的抗体恰恰被我们删除了,这种病毒导致的会不会成为不治之症呢?

疑问三:为治疗遗传疾病而采集的基因标本在医疗和制药产业有很高的商业价值,一些公司纷纷申请使用个人基因标本的专利,但基因所有者是否也应享有专利?有人质疑,基因标本属于人类基因库,是人类公有的,基因知识不属于一个人或公司的专利。

(2)基因改良的限度

人们设想,以后可以利用生物技术改变后代的体型体貌,甚至大大提高他们的智力,比如使矮个子的后代变高,使先天肥胖人的后代苗条,使后代的相貌如同电影明星,智力如同获诺贝尔奖的科学家。人工授精的技术虽然可以使人在一定程度上选择后代的遗传特征,但远远达不到按照自己的意愿来改良后代的目的。于是人们很自然地设想运用基因修复和重组的技术来达到这样的目的。

关于基因技术的这一应用设想所导致人类基因库的改变,将比为了治病而进行的基因修复大得多,由此招致更加广泛的批评。

批评一:基因改良所依据的人体美或智力高的标准来自传统,来自公共舆论,会产生体貌、性格和智力特征单一的"标准人",取消长期的进化过程造成的人类特征的多样性。

批评二:人工干预自然选择是危险的,也是无益的。人们现在无法预测未来环境状况,由此也不知道现存基因类型的未来命运;如果我们恰巧把那些最能适应未来环境的基因除去,将给人类带来巨大的灾难。

批评三:未来的社会环境也是不可预测的。现在被社会欢迎的职业将来可能不再时髦,现在被推崇的才能、性格和相貌将来可能不再稀罕,按照现有标准设计的"标准人"将来可能不会有成就和幸福。

批评四:富人比穷人有更多的机会利用基因技术,将按照自己的审美观和价值观,更多更好地复制富人们的基因;社会上的贫富差异将在基因层次上被放大和固定,形成两个不同的、不平等的人种。

批评五:基因检测和修复的一个后果是,个人的基因图谱将成为社会信息,个人隐私权受到侵害,被认为有基因缺陷的人在求职、投保、择偶和社会交往方面可能会遇到歧视的待遇。

（3）克隆人的限制

人已经具备了克隆生物的技术,但在是否克隆人自身的问题上存在激烈的争论。有些人类学家认为,人这一物种的遗传特征的主要部分是在几百万年前的冰川时代的环境中被选择的,其中有些部分已经不能适应现在的环境,有些部分是围绕这一主要部分而变异的产物,这些部分被偶然地、草率地拼凑在一起,构成现存人类的本性。有人根据这种理论,鼓吹用基因技术改变人的本性,从遗传上模拟白手长臂猿的近乎完美的核心家庭或和谐的蜜蜂群体。另有人主张制造理想儿童的形状是"金发碧眼和雅利安基因"[1]。

世界上大多数学者和政府人士都表示反对克隆人。他们认识到,人是自然界或造物主的作品,人代行天职或代行神职会打乱自然秩序,不可逆转地改变人类基因库。除了上述提到的那些批评意见之外,反对克隆人的一个重要理由是,克隆人没有父母亲,他们没有家庭,没有亲属。但克隆人的基因来源如果采自同一家庭,则会违反血亲禁忌,混淆伦理关系。传统的和现存的社会关系以家庭关系为基础,如果克隆人的大量出现,家庭伦理将不复存在,社会伦理和道德也失去基础。

从更深的层次上来看,围绕基因技术的应用范围问题所展开的争论的焦点是人在自然界的地位问题。反对者认为,自然是完美的,自然不做无用功,看起来有缺陷的自然产物是自然整体不可或缺的一部分;人不能完全理解自然的整体和谐,不能预测未来,人工干预自然进程会产生难以想象的灾难。赞成者则认为,自然是有缺陷的,人有改变自然的能力和义务,不但改造自然界,而且要改造自然进程造就的人本身。这一争论已超出了"生物人"观念的范围,使人联想起近代以来"自然人"与"理性人"对待自然的不同态度。

---

[1] 杰里米·里夫金:《生物技术世纪》,付立杰等译,上海科技教育出版社2000年版,第173、129页。

八、"文明人"的观念

现代"文明人"的观念既是近代"文化人"观念的继续,又是与现代"生物人"相对应的一个观念。如同近代"文化人"的观念一样,现代"文明人"的观念主要是依托人文学科和文化研究而建构出来的,尤其是历史学、社会学、语言学、文化哲学和价值哲学等学科,使人们对于人类从史前时期到现代文明的发展过程有了更加全面和深入的了解。另一方面,受达尔文进化论的影响,启蒙时期的社会进步观演化为人类进化观;"文明人"成为与"原始人"(早期被歧视地称为"野蛮人")相对的一个观念。文化人类学通过对原始文化和原始思维的研究,从"原始人"与"文明人"的差异和相似,揭示了人类文明的起源、发展,以及"文明人"的特质;通过对人类精神生活的起源、嬗变的解释,涉及"文明人"的全部精神生活。

1

人是符号动物

恩斯特·卡西尔(Ernst Cassirer)指出,哲学的中心问题是人的问题,即人的本性及其在宇宙中的地位问题。过去的哲学家把人看做是政治动物、理性动物、制作工具的动物等,他们只是从人的工作(Work)的结果或特性去研究人,把人性看成静态的本质,不了解人的文化世界是一个创造过程。卡西尔建议从人的工作的功能出发来认识人的本质。人的特殊功能圈不仅包括感受系统和反应系统,而且包括符号系统。符号系统使人从动物的物理世界进入一个更为宽广的新的实在,即文化世界。动物对外界刺激的反应是直接而迅速的,但人却通过符号化的过程,不但延缓了对外界的反应,而且改变了外界刺激的作用,符号给予外界刺激以普遍的指称意义,给予直接的感性对象以多方面的联系和抽象的结构形式。经过符号处理的感受对象不再是物理世界,而是符号化的世界。他说:"人不再直接地面对实在,人的符号活动能力进展多少,物理实在似乎也就相反地退却多少。在某种意义上说,人是在不断地与自身打交道而不是在对付事物本身。"[1]卡西尔将人、符号与文化联系在一起,从人与动物的区别上解释符号对于人的重要性,从而对人类本质做出了全新概括。他说:"我们应当把人定义为符号的动物来取代把人定义为理性的动物。只有这样,我们才能指明人的独特之处,也才能理解对人开放的新路——通向文化之路。"[2]

人通过符号功能,在理论空间和构造性时间中感受,在可能世界的结构里,对现实世界进行改造。这种改造活动的结果是人的文化世界,文化世界包括语言、神话、宗教、艺术、科学、历史六个形式。符号体系的第一层次是语言与神话。语言是最古老也是最典型的符号形式,语言伴随着其他文化形式。它的功能是赋予主观的、流动不居的世界以确定的意义,使之成为客观的稳定世界。卡西尔引用洪堡的"语言是人的世界观"的名言,说明语言构造世界的功能。神话是语言的孪生兄弟,神话用感情将世界生命化;图腾是生命一体化空间形式,祖先崇拜则是生命一体化的时间形式。

符号体系的第二层次是宗教。原始宗教产生于神话,把生命一体化引向个体意识,人格化的神的功能在于用有明确形象的个体性来确定神话语言所表达的游离而含糊的普遍性。

在第三层次上,符号体系表现为艺术和科学。两者都是对感觉世界深层结构的认识,艺术发现的是变幻的动态世界结构,科学发现的是简约稳定的世界结构;艺术以审美活动摆脱物质利益的压力、超越现实,科学通过系统性和和谐性的知识来超越现实,两者都是追求可能性的自由活动。

最后,在第四层次,历史对人本身加以反思。历史以上述形式中的人的活动

---

[1] 卡西尔:《人论》,甘阳译,上海译文出版社1985年版,第33页。
[2] 同上书,第34页。

为对象,借助对过去符号的识别和解释来复活过去,对过去解释都是从现在出发的,并给予过去事实以面向未来的理想性。因此,历史也是追求可能性的自由活动。

卡西尔在《人论》中,把语言、艺术、宗教和科学作为"人不断自我解放的历程",他总结说:"在所有这些阶段中,人都发现并证实了一种新的力量——建设一个人自己的世界,一个理想世界的力量。"[1]

3
世界文明的历史进程

从19世纪末到20世纪上半叶,人类文明也开始由地域性文明历史向世界文明发生转变。各种民族、地域文明之间的相互冲突与融合随之加剧。如何认识历史上各种不同文明形式的区别、联系及其演变,成为十分突出的理论问题。同时,与西方物质文明的高度发展极不相称的精神失落,也促使有远见的思想家们对具有文化特质的人的历史与存在进行深刻的反思。人类命运的困境与危机促使人的科学成熟。正是在这种背景之下,一些思想家开始用世界的眼光反思人类文明的历史和命运。本尼迪托·克罗齐(Benedetto Croce)说,历史是生活在当代文明中的人们所想象的过去;过去的历史体现的是现在的精神文明。因此,"历史绝不是关于死亡的历史,而是关于生活的历史"。在此意义上,他得出了"一切真历史都是当代史"的结论。柯林伍德发挥了克罗齐关于一切历史都是当代史的思想,提出:"一切历史都是思想史。"

文化的必然归宿就是文明的形成。在斯宾格勒的概念体系中,"文明"(Zivilisation)有着与"文化"(Kultur)完全不同的内涵。每一个文化,都要经过如同个人那样的生命阶段,每一个文化,都有自己的孩提、青年、成年与老年时期,文化的生命历程如同春、夏、秋、冬四季,文化在挣扎着实现自己时经历的过程即是

---

[1] 卡西尔:《人论》,甘阳译,上海译文出版社1985年版,第288页。

历史。文明则是紧随在文化之后的不可避免的历史命运,是文化的"结局"和"终结"。文明一旦凝固,就会变成一种僵化的东西,失去文化所应有的活力与生机。西方文明没落论是斯宾格勒文化史观的逻辑结论。按照斯宾格勒的观点,西欧文化也和其他文化形态一样,已经发展到文明阶段,失去了活力,不能摆脱没落的命运。在他看来,19世纪末到20世纪初的西方文化已经不可避免地进入了没落的文明。

英国历史学家阿诺德·J. 汤因比接受了斯宾格勒的文化生命论,认为"文明的生长实质上是一种生命力"。[1] 他把文明的生长发育归结为对于一系列"挑战"所发生的一系列"应战",这好像是两种超级人格之间的冲突。他说:"创造是一种冲突的结果,而起源是相互作用的产物。"[2] "生长的意义是说,在生长中的人格或文明的趋势是逐渐变成他自己的环境、它自己的挑战者和他自己的行动场所。"[3] 文明的生成是人们面对某种挑战成功地进行了应战。

汤因比把文明的兴衰分为三代。第一代文明产生于应付自然环境的挑战。比如,古埃及文明产生于应付干旱的挑战,玛雅文明产生于应付热带雨林的挑战。第二、三代文明产生于应付社会环境出现的挑战。当少数统治者压迫多数人时,多数人就会脱离母体文明,创造新的子文明。汤因比认为,适合创造文明的挑战的强度不能过大或小,人对过大的挑战无力回应,对过小的挑战则无兴趣回应。汤因比说:"最富有刺激力的挑战在强度不足和强度过分之间",这是产生文明的"最适度"。[4]

4

文明的起源

关于人类各种族和文明的起源,西方人长期接受的是《创世记》第十章的说

---

[1] 转引自张志刚《宗教文化学导论》,人民出版社1993年版,第157页。
[2] 同上书,第156页。
[3] 汤因比:《历史研究》上册,徐波等译,上海人民出版社1997年版,第262页。
[4] 转引自张志刚《宗教文化学导论》,第156页。

法:洪水之后,挪亚的子孙闪、含和雅弗"分开居住,各随各的方言、宗族立国"(《创世记》,10:5)。16世纪地理大发现之后,西方人知道了世界各种族的分布,他们对人类最初的迁徙有这样的解释:闪留在中近东附近并向东迁徙,繁衍成黄种人的各种族;含向南迁徙,繁衍成黑人各种族;雅弗向西迁徙,繁衍出白人各种族。就是说,人类所有种族或民族是同源的,是从同一地方传播出去的。

达尔文创立的进化论,对"上帝造人"的信条是一个沉重的打击。达尔文揭示了人类起源的生物进化根源,但他并没有对人类社会和文明的起源做更多的猜测。一批文化人类学家把生物进化的模式运用于人类社会和文明,提出了人类文明的文化进化论解释。

文化进化论学派是近代人类学史上影响最大、实力最强的派别之一,主要的理论精英是美国的摩尔根(T. H. Morgan),英国的斯宾塞(H. Spencer)、泰勒(E. B. Tylor)、弗雷泽(J. G. Fraze)、麦克伦南(J. F. McLennan)以及瑞士的巴霍芬(J. J. Bachofen)等人。他们研究的视角不尽相同,但都认为人类文明是不同地域的种族进化发展的结果,不同民族的文明遵循着同一进化规律,处于进化的不同阶段性。

文化进化论认为,人类文明是多元的,不同地区的文明是平行地、逐步地进化的,没有一个共同的来源。有些学者不同意进化论的这种解释,认为人类文明是传播的产物。"传播"(diffusion)这一概念源于物理学,是扩散、漫流的意思。传播论学派认为,各民族文明的发生不是或很少是独立的,而是由最初的文明传播的结果,传播的方式主要是部落迁徙和通婚、交流。传播论者提出两条原则:其一是说文明的创造是罕见的,多为一次性的;其二是说进步不是必然的,文明的传播多伴随着退化和衰落。他们认为,人类文明起源于中东或西亚,从那里传播到世界各地。

5

原始思维的特点

人类文化学家在解释原始文化时,不可避免地遇到原始思维的特点问题。文化进化论者在回答这一问题时,有意或无意地用文明人所具有的理性,说明原始思维的低下不足之处,同时又用原始思维的特点,反过来说明文明人的理性思维的起源和发展过程。也有少数学者把原始思维和理性思维放在同等层次,寻求其共同性。但不管用哪种方式说明原始思维,原始思维都只是文明人反思自身的一个参照系,其最后归属指向"文明人"自身。作为现代文明人,他们不得不按照文明人的标准来概括原始思维的规律,这样就不可避免地出现两种不同倾向:一是强调原始思维与现代思维的相似性;二是强调两者的本质区别。弗雷泽和布留尔分别是这两种倾向的代表。

弗雷泽认为,原始文化的主要成分是巫术,巫术的基础是原始思维的原则。他把原始思维的原则归结为两条:一是相似律,即认为"同类相生""结果与原因相似";二是接触律,即认为曾经有过接触的东西之间存在着远距离的感应性。弗雷泽认为相似律和接触律来源于人类普遍的心理联想的原则,却是心理联想原则的错误运用,并无客观根据。在弗雷泽看来,巫术和现代科学有着共同的心理学基础,这就是心理联想原则;两者的区别仅在于,原始人没有区分观念的联系和事实上的因果联系,因此错误地运用了这一原则,而现代科学则要求观念的联系必须与事实相符合,从事物的规律性抽象出因果关系的观念。从巫术到科学是一个有历史连续性进步,而不是跨越鸿沟的飞跃。

布留尔指出,原始思维的核心是"集体表象"。集体表象"在一个集体中世代相传,在集体的每一个成员身上留下深刻的烙印,同时在不同场合引起他们对表象的对象产生尊敬、恐惧和崇拜等感情"。布留尔进一步指出,"集体表象"是通过"互渗律"而形成的。所谓互渗律,就是指这样一种思维方式,它能够想象不同种类的事物之间的相互渗透,从而看到它们之间的接近和联合,甚至把完全不同的事物看做是同一的。这种"互渗"关系毫无逻辑联系,是感觉不到的,理性不可理解的,即使现代人的想象力也无法领会。因此,"集体表象"对于现代人是神秘的。但对原始人来说却是自然的、显而易见的。

6
文化的功能

英国人类学家马林诺夫斯基（B. K. Malinowski）提出，个人或群体的本质不是种族特征，而是文化特征，文化的影响比种族遗传更重要；人是文化的动物，通过文化获得生存。为了维持个体和群体生存的需要，人类必须创造一定的社会文化结构，并维护这一结构的稳定。最终而言，文化的张力来源于人的需要。所以，文化人类学应该注重对现存社会文化系统的运作进行研究，了解各个文化要素在文化整体中的功能。我们应该看到，功能论对社会文化系统的剖析也就是对人类现实生活的回归，对人的自身本质的回归。在此意义上，功能论的理论探讨可以说是揭开人类诸多秘密的又一把钥匙。

马林诺夫斯基从个体需求的角度出发提出了生理—心理功能论，而拉德克利夫-布朗则从群体需求的角度出发提出了结构—功能论。他认为，以个体需要为出发点来解释社会文化的特性具有一定的概括性和衍生意义，但基于生物性的个体需要本身又无法全面地解释人类文化的多样性和差异性。例如，某些民族特有的禁忌行为恐怕不是用个体的生物需要所能解释清楚的。要对不同类型的人类文化之间的多样性做出说明，也许有必要从文化自身的结构出发。

布朗认为，人类社会就像一个活着的有机体，多个器官都有其不可替代的作用，这些器官协调统一地工作，维持着整个有机体实现其正常的功能。这些器官与社会整体的关系实质上就是个体与群体的关系，只有个体与群体的关系结构处于稳定、有序的状态时，社会整体的功能才能最大限度地满足个体的需要，由此，一些用于维持个体与群体关系的特定的风俗和礼仪便成为不可或缺的了。例如，为了处理一些容易引起麻烦的社会关系，许多民族都有"强制回避"的规定，即规定某些个人有义务回避与另一些个人的接触。所以，对于文化现象的研究，应该从它对整个社会结构的协调作用上入手，注意它与整体的联系性。

7
文化结构的下意识逻辑

列维-斯特劳斯出于对法国文化和西方文明的不满到美洲考察原始文化,他对被欧洲人压迫的印第安人抱有深切的同情。他这样描述白人与印第安人第一次相遇时的情况:"当白人认为印第安人是野兽时,印第安人却在怀疑白人是不是神,虽然双方的态度同样出于无知,但印第安人的行为肯定更符合人性。"[1] 由于态度的不同,列维-斯特劳斯通过实地考察得出了与过去的人类学家完全不同的结论。在他之前,文化人类学家虽然有强调原始思维与现代思维相似和强调两者根本不同两种观点的分歧,但双方都认为现代人和原始人的区别是历史的进步所造成的。列维-斯特劳斯的结论与他们的相反。他说:"人到处都一样,现代西方人和原始人没有区别。"[2] 人类都是"意指动物"(signifying creature),意指把意义归附于事物的过程。原始思维和现代科学有着同样严格的逻辑,同样充满着理智,两者没有质的差别。可以说,列维-斯特劳斯的工作是为原始文化正名,这不仅适应"二战"后反殖民主义的普遍心态,而且为在哲学上探索共同的人性和人类的共同思维特征开辟了一条新的途径。

列维-斯特劳斯把野性思维与现代科学思维看做是一个二元对立结构,并且认为它们之间没有高级和低级之分,而是平行的两极——高度具体的思维紧邻着高度抽象的思维。野性思维是人类文化的源头,它具有非时间性、类比性、整体性、二元对立逻辑等特点,对其进行深入研究,能使我们更清楚地了解人类的心灵和文化的根源。列维-斯特劳斯肯定地说:"如果我们承认,最现代化的科学精神会通过野性的思维本来能够独自预见到的两种思维方式的交汇,有助于使野性思维的原则合法化并恢复其权利,那么,我们仍然是忠实于野性思维的启迪的。"[3]

---

[1] Levi-Strauss, *Tristers Tropiques*, trans. by J. and D. Weightman, Athencum, New York, 1975, p. 76.
[2] 转引自 H. Guidner, *The Quest for Mind*, Random House, 1973, p. 113.
[3] 列维-斯特劳斯:《野性的思维》,商务印书馆 1987 年版,第 309 页。

九、"行为人"的观念

20世纪英语国家的思想界具有强烈的科学主义的精神和分析的方法，因此经常被当做欧陆人本主义的对立面，似乎缺乏人的观念。但如果我们熟悉英国近代的"自然人"以及现代英美等国流行的"生物人"的观念，就可以在英美哲学和心理学、社会学等学科中解读出"行为人"的观念。那么"行为人"的观念有哪些特征呢？

首先，按照"行为人"的观念，人就是他所做的一切行为的总和，不存在什么看不见的人性和本质。与中文"行为"相应的英语词汇很多，哲学中经常出现的有conduct，behaviour，performance，act，action，等等。这些词的意义虽然有差别，但都有一个共同的特征，就是指示一个可以观察的经验活动。现代英美哲学要求排拒形而上学，这也是现代英美关于人的哲学研究的要求：要研究人，就必须观察人，观察人就是观察人的行为。这样，哲学和社会科学的对象就被集中在人的行为上。

其次，集中于人的行为，为解决人的本质问题提供了新的途径和方法。在历史上，人的本质被当做"灵魂""心灵""身体""身心关系"。但是，除了人的身体，"心灵"和"身心关系"都是不可观察的。行为主义者要求把观察人的行为作为研究人的准绳，他们并没有把人的本质归结为身体行为。可观察的行为包括生理行为和心理行为，两者是相互作用的；身心相互作用不仅表现为身体的变化，而且表现为大脑神经活动。对生理、心理和大脑神经活动的观察和研究把心理学和心灵哲学、行为科学和认知科学结合起来，对身心关系的科学研究同时成为对人的研究。

再次，英美分析哲学的"语言学转向"为"行为人"的观念增加了新的内容。语言哲学的对象好像是语言，但实际上是一种关于人的哲学。语言之所以成为哲学关注的焦点，正是因为语言行为是最熟悉的可观察的人的行为，通过语言行为，我们可以更真实地理解语言的使用者——人;通过研究语言的交流功能,可以更全面地理解人际关系和人的社会。

1
行为的实效

实用主义(pragmatism)来自希腊文的 pragma,意思是行动。实用主义把行动放在一切的首位,用行动的实效衡量思想,用行动的性质解释人、社会和世界。这种哲学是彻底的人的哲学。但是实用主义的代表人物对行动和实效有不同的理解,皮尔士强调实效的行动的习惯性的行为(conduct),詹姆斯认为它是有人生价值的活动过程(action),杜威则认为它是实验性的公共操作(performance)。

皮尔士强调,与人的活动有必然的逻辑联系的结果是人所预期的效果。这种活动是行为(conduct)或习惯(habit),而不是一般意义上的活动(act)。原初的活动(brute action)是个别的、偶然的,这种活动与预期的效果之间并没有必然的逻辑联系,因此不属于皮尔士所谓的"行为"范畴。在他看来:"在给定的环境,受给定的动机的驱动,(准备)以某种方式行动,才是习惯;一个深思熟虑的或自我控制的习惯也就恰好是一个信念。"[1] 皮尔士并不否认人的思想和观念的重要性,他只是反对离开可观察的人的行为来谈论内在的观念意识。他提倡的行为是有思想的、习惯性的、带有普遍意义的行动。

威廉·詹姆士(William James)认为,哲学与人的趣味和理想不可分割。人是一种奋斗的、自我设定目标并负载着价值的生物。认识、信念和理论都只是实现人的目的和价值的工具。任何哲学体系如果与人的目的和行动无关,那么不管它看上去多么高尚,"在这个充满汗水和肮脏的世界里,应该被当做对真理的傲慢和冒牌的哲学"[2]。詹姆士说:"掌握真实的思想意味着随便到什么地方都具有十分

---
[1] 陈亚军:《实用主义:从皮尔士到布兰顿》,江苏人民出版社 2020 年版,第 24 页。
[2] 同上书,第 69 页。

宝贵的行动工具。"拥有真的观念或错误的观念在生活中造成的后果是极为不同的。[1] 他举例说,一个人在森林里迷了路,他发现地上好像有牛走的痕迹,他随着这一似乎是牛径的痕迹走,如果他的思想是真的,那么就得救了,否则就会饿死在森林里。他说,真理是生活的先决条件,真理的对象是观念的实效,比如上例中人的思想对一个人是至关重要的。人们通过真的思想获得了预期的实效,这才是真理的意义所在。

杜威认为,人生活在一个充满不确定因素的环境中,好像树林里的迷路人,没有上帝为我们指路,一切要靠人自己的探索。人的可贵之处是有思想,思想是探索的工具。工具的意义在于操作。操作(performance)是有一定目的、有程序的创造性活动,是对某一对象施加活动,并产生一个经验后果的实验过程。如果没有人的参与,一个事物不成其为知识对象,也无经验可言,因此,实验是有决定意义的。杜威用天文学观察为例,说天文学观察当然不能改变天体,但它却改变了星光到达人的感官的方式,天文学家捕捉到那些不经过实验就无法发现的变化。所以知识是一种"转化",它把人以外的事物转化为知识对象,把人的活动转化为对外界有指导、有目的的探索。具有探索作用的操作行为是有一定程序的,这就是他在中国之行中提到的"实验五法":"一曰感觉错误。二曰困难所在,及其指定。三曰意思(可能的解决)。四曰以演绎之法发挥臆想中所涵之义。五曰继续观察及实验,以凭驳斥或承诺所臆,此即信或不信之结论也。"[2]

2

生理行为的意义

行为主义是20世纪初诞生在美国的一种心理学思潮,其特征是把人的心理现象归结为生理行为,如肌肉运动、腺体分泌等。行为是可以分析的,如把一个复

---

[1] 参见威廉·詹姆士《实用主义》,陈羽纶等译,商务印书馆1979年版,第103—104页。
[2] 转引自陈亚军《实用主义:从皮尔士到布兰顿》,第137—138页。

杂的行为分解成多个刺激和反应的步骤。从行为获得方式上分,又有后天行为(如言语、体操)和先天行为(如吸吮、恐惧);从部位上分,则有外显的行为(如肢体动作)和内隐行为(如唾液反射)。但不管什么样的行为,都是对外界刺激的反应,思维、情感等心理行为也不例外,只是比肢体行为更加复杂、隐蔽而已。但不管如何复杂和隐蔽,总能通过仪器加以分析和观察。比如,思维可以通过言语活动来观察,而言语活动是一种肌肉活动的习惯;言语是"大声的思维",思维则是"无声的独白"。但思维的默语不等于没有行为,默语和大声言语一样,行为集中在喉头上的运动,喉头可以被认为是思维的主要器官。除了喉头习惯外,言语和思维还与手势、皱眉、耸肩等身体活动相配合。据此,华生提出了与"中枢"说不同的"外周"说,即认为思维不是大脑皮层的活动,而是以喉头为中心的全身活动。情绪也是如此。在遇到外界刺激时,身体不仅有外显的反应,还会有内隐的反应,如出现脉搏、呼吸的变化。比如,当我们观察到一个人面临危险时,他的一系列身体变化,尤其是内部器官和腺体的活动,可以用"恐惧"这个词来概括。后来,斯金纳用"操作性的条件反射"实验,对所谓内省的活动做了机能性的分析。他认为对心理事件做出科学的描述是行为主义最重要的成果。

行为主义提出了"行为流"的概念,即,如果把人的身体行为都一一分解为细微的反应,那么就可以发现,这些反应是连续不断的,没有生理和心理、身体和心灵的区分,人的一切都是身体的生理变化,人的一生就是"动作的生命史"。[1]

按照传统的身心二元论,生理行为对人生和社会没有重要价值。行为主义认为,只有科学的方法和实验手段才能合理地指导人的行为,从而摆脱虚构的神话、习惯和风俗的束缚,过健康有益的生活。华生说:"当存在一种独立的、有趣的、有价值的而且有权利存在的心理科学时,它必定在某种程度上成为探索人类生活的基础。我认为行为主义为健全的生活提供了一个基础。它应当成为一门科学,为所有的人理解他们自己行为的首要原则作准备;它应该使所有的人渴望重新安排他们自己的生活,特别是为培养他们的孩子健康发展而作准备。"[2] 为了说明行为

---

[1] 本小节参阅高新民《人自身的宇宙之谜》,华中师大出版社1989年版,第339—342页。
[2] J.B. 华生:《行为主义》,李维译,浙江教育出版社1998年版,第304页。

主义的实际功效,华生甚至乐观地提出,给自己一打健康而没有缺陷的婴儿,并在他自己设定的特殊环境中教育他们,那么他可以担保,他可以随便挑选其中的一个婴儿,而把他训练成为他所选定的任何一种专家:医师、律师、艺术家、商界首领乃至乞丐和盗贼,而不管这个婴儿的才能、嗜好、趋向、能力、天资和他祖先的种族。

3
语言是一种做事的方式

分析哲学从早期的逻辑分析发展到日常语言分析,维特根斯坦提出:"意义即用法",强调语言的社会交流功能,把语言的理解和表达解释成一种生活方式。约翰·奥斯丁(John Austin)进一步提出"语言行为说"。他说:"说话就是做事。"意义是使用语言的行为,语言的主要功能就是执行各种行为。按照不同的执行方式,他对语言行为做了系统的、细致的区分。

赖尔坚持心灵活动要通过描述身体活动的语言来表达,否认不可观察的幽灵般的心灵概念,这是他与行为主义者的共同之处。但他坚持认为,属于心灵概念的事实不能被还原为"身体"范畴,因为它们不从属于因果律。行为主义者认为,人的一切行为都服从实验科学研究的规律,这在赖尔看来也是混淆范畴的错误。这里的关键在于,赖尔所说的行为指语言行为,而行为主义者所说的行为指人的物理、生理活动。赖尔认为,心灵的性质表现为复杂的语言行为,这并不一定意味着把心灵还原为物理或生理活动。[1]

---

[1] 参阅赖尔《心的概念》,徐大健译,上海译文出版社1988年版,第5—19页。

十、"心理人"的观念

现代"心理人"观念的出现与科学的进展有关。在自然科学领域,进化论、生机论和唯能论对机械论的世界观的批判不可避免地影响到人对自身的看法。但是,"心理人"的观念不是自然科学的研究的延伸,它不是把人的生命本能归结为物理能量,而是反过来,把物理能量或人类社会的集体力量归结为人的生命本能。"心理人"观念具有明显的非理性主义的倾向。人的思想和行为被视为生命本能的运动,在大多数情况下,人并不知道他的生命本能是什么,更不能控制和改变它。人的本质不是理性,人的本性也无善恶;在理性与非理性、善恶区分之前,就已经存在着、活动着生命能量。这种非理性主义(non rationalism)并不一定是反理性主义(irrationalism)。大多数现代思想家承认理性是人的生命本能的派生形式,人的认知活动和人类知识对于生命的维持和进化具有巨大的价值。但是他们拒斥西方传统的唯理智主义,认为知识的最终的、不竭的源泉是人的生命本能,人的本质不是理性,而是形态极其丰富(理性只是其中一种)的生命本能。

按照对心理活动的不同理解,"心理人"的观念可分为三类:一是主张人的生命本能为意志力的意志主义;二是强调人的生命冲动的生命哲学;三是以人的心理欲望为研究对象的精神分析学说。最后一种主张试图解释的不仅是个人心理,也是社会历史,不仅是反常的、病态的行为,而且是健康的人格。

1 生命的意义和价值

19世纪下半叶开始流行的意志主义和生命哲学弘扬生命的意义和价值，为"心理人"的观念提供了世界观和价值论的基础。叔本华首先把世界的本体归结为生命的运动，而生命又被归结为意志力。尼采把叔本华的"生活意志"变为"强力意志"。他说："世界除了强力意志之外，什么也不是；同样，你本人除了强力意志之外，什么也不是。"[1] 强力意志实际就是生命力。在他的眼里，世界处于万类竞长、生生不息的状态，这就已经证明了能动的生命意志的普遍存在和支配作用。世界既然处于无穷的变化之中，人就会面临着选择，有选择才会有价值，价值是人的选择所赋予的。尼采说："本质没有价值，但却一度被赋予和赠予价值，我们就是这赋予者和赠予者。"[2]

在尼采看来，真正的选择是意志对生命的选择，强力意志是一切价值的不言而喻、无可置疑的标准。他说："当我们谈论价值，我们是在生命鼓舞之下，在生命之光照耀下谈论价值的；生命迫使我们建立价值；当我们建立起价值，生命又通过我们对之进行评价。"[3] 任何价值都是关于生命的价值，生命的最高价值只是强力意志，它是包括真善美在内的一切价值的标准。按照强力意志的标准，尼采要对一切价值重新估价，这也就是对传统的宗教、道德、哲学、艺术等所表现的西方文明的价值——真善美加以彻底破坏，推倒前人设立的一切偶像，首先是上帝这个偶像。他指责传统价值的虚伪、病态和堕落，因为传统价值观削弱了强力意志，必须以健康的、刚强的新的价值标准取而代之。

生命哲学家把人的本质归结为充满世界的生命活力。生命的意义不是生物学的意义，生命不是自然科学所研究的物质，也不是传统意义上的"精神"，而是一种富有创造的活力，一种可以自由释放的能量，可称之为"活力"或"生物能"（Orgonon）。柏格森把变化和进化的动力称为"生命冲动"（élan vital）。"生命"是

---

[1] 尼采：《权力意志》，张念东等译，商务印书馆1993年版，第700页。
[2] *Nietzsches Werke*, ed. by K. Schlechta, vol. II, p. 1128.
[3] 尼采：《偶像的黄昏》，周国平译，光明日报出版社1996年版，第31—32页。

"生成"(Becoming)的过程,其本质是创造。生命哲家学指责传统形而上学世界观静止、孤立、非连续性和机械性的特征。他们认为,世界是一个充满生机与活力的整体,有形事物在时间和空间中独立存在的形式仅仅是人为的分析的产物。生命本质是活动,活动本质是自由创造。更重要的是,世界不是冷漠、孤寂的,它是有价值的、"人化"的世界。生命哲学家告诉人们,广义上的生命(世界)是什么,人的生活(狭义的生命)也应该是什么。柏格森有一句名言:"我们做什么取决于我们是什么,但必须附加一句,我们是自己生活的创造者,我们在不断地创造自己。"[1]人的道德生活应当是创造,而不是服从;应该是实践,而不是沉思;应该是进取,而不是保守。

2

基于"性本能"的人性论

如果说性欲在人的生活中是难以启齿的话题,那么在思想史上,性欲就是一个不值得认真讨论的话题。思想家们总是把性欲当做人性中低级的兽性因素,它的唯一作用就是传宗接代,虽不能完全抛弃,但要加以严格控制和驯服。弗洛伊德从根本上转变了人们的性观念,也深刻地改变了人对自身的认识。他在创立精神分析学说时,临床实验的基础并不牢靠。最近有人揭露,他的结论的全部实验基础只是三个半病人的案例。但这并不妨碍他的学说成为20世纪最有影响力的理论之一,因为精神分析学说不仅是精神病理学和治疗学,更重要的是已知关于人性的文化理论。

弗洛伊德关于性本能的思想比我们前面介绍的意志主义和生命哲学对于人的本能认识更具体,更全面。后者所说的意志力或生命意义宽泛,举凡世界一切有机乃至无机现象都被解释为意志或生命的表象,在此拟人式的世界观中对人的本能做了诗意般的猜测。弗洛伊德把人的本能限制在性欲范围,并通过对许多精

---

[1] 柏格森:《创造进化论》,王珍丽等译,湖南人民出版社1989年版,第10页。

神病患者的精神分析,发现了一般之称为"无意识"(unconsciousness)或"潜意识""下意识"的人的本能。弗洛伊德说:"精神分析既然可以发现神经病症候的意义,可见潜意识的精神历程的存在有着不可否认的证据。"[1] 不可否认,弗洛伊德理论中也有不少思辨的猜测和大胆的想象,但这些猜测和想象也能进入心理学和社会科学的讨论,极大地推动了西方人学的跨学科综合研究。

概括地说,弗洛伊德关于性本能的学说有三条要义:第一,人的行为的动力是无意识的冲动,即性本能的冲动;第二,性本能的冲动和对它的压抑,构成了一切心理活动的内容;第三,性本能在意识领域的升华是人类一切精神创造的源泉。他的精神分析学说主要就是对性本能和欲望的分析。我们分别评述这三方面的思想。

弗洛伊德提出,性本能是一切心理活动的基础和动力。弗洛伊德用"力比多"(libido)这一术语表示性本能的力量,他认为人的机体是一个复杂的能量系统,它的心理能量就是力比多。他在大多数场合把力比多等同于以性爱为目标的爱欲,但在后期著作《超越快乐原则》一书中,他进一步区别了生命本能的两种力量:爱欲(eros)与死欲(thanatos)。爱欲是个体生存和种族繁衍的动力,是创造的力量。它追求欲望的满足和快乐,人的一切求生、求爱和求乐的欲望都出自爱欲的"快乐原则"。与之相反,死欲是仇恨和毁灭的力量,它用强制的力量,追求事物的原初状态,在毁灭中得到新生,它服从的是"强迫重复原则"。死欲指向外部时,表现为攻击、破坏和斗争;指向自身时,表现为自责、自惩,甚至自杀。这两种本能针锋相对,在一定条件下又相互转化,因此,生命表现为创造与毁灭两种力量的冲突和妥协,我们日常生活中遇到的爱恨交加的感情,根源也在于此。

晚年的弗洛伊德由精神病理学转向了对文化问题的研究。关于这一转折,他有这样的说法:"我很久以前着迷于文化问题,但我那时太年轻,还没有到能够思考这些问题的年龄。经过在自然科学、医学和心理治疗领域的长期迂回,我的兴趣又回到了文化问题。"[2] 可以说,文化问题是弗洛伊德终身的关怀。弗洛伊德关

---

[1] 弗洛伊德:《精神分析引论》,高觉敷译,商务印书馆1984年版,第219—220页。
[2] *The Pelican Freud Library*, vol. 15. Peguin Books, New York, 1955, p. 257.

于文化理论的基础是"升华"的概念。他认为,除了精神病、反常的释放(如梦、失语、遗忘等)和正常的释放(性行为)之外,性本能最为重要的释放是"升华"。侵入到意识领域的性本能创造适合于自身的新的精神形式,以创造的方式释放能量,这就是升华。弗洛伊德说,性本能的升华是一切精神文化活动的根本动力,"性的冲动,对人类心灵最高文化的、艺术的和社会的成就作出了最大的贡献"[1]。

弗洛伊德以精神分析理论为基础,提出了包括人的本性、本能和人格、社会道德的性质、文化的起源等人学理论。尽管弗洛伊德的思想自产生之日起就屡遭非议,他本人的学术之路也坎坷不平,即便如此,西方许多学者仍然赞誉他为"心理学的牛顿""心灵世界的哥伦布""精神领域的达尔文",即便是坚决反对他的人也不能不承认有的学说对现代西方社会的巨大影响。从人类思想发展的历史角度来看,弗洛伊德的人学思想的提出,尤其是他对于人的精神分析,影响了当代人类文化的发展方向,即把启蒙运动以来西方思想家关于人性和人类社会进步的乐观主义转变为对人的沉重的、阴暗的心理负担的揭示。

弗洛伊德自己清楚地意识到这一点,并引以为豪。他宣称,他自己肩负着将人们从沉睡中唤醒的使命,他的精神分析学的创立引起了人类自我和精神认识史上的第三次革命。第一次是哥白尼的天文学革命。哥白尼推翻了"地心说",提出"日心说",从此人们不再相信自己居住的地球是宇宙的中心。人类的自恋遭到第一次打击——宇宙论的打击。第二次是达尔文的生物学革命。达尔文提出物种进化论,论证了人起源于动物,人不是不同于动物的生物,也不比动物优越。人的进化的结果并不足以抹掉他在身体结构以及精神气质方面与动物同等的证据,从而结束了人关于人的本性与动物的本性之间有一条绝对的鸿沟的幻想。这是对人的自恋的第二次打击——生物学的打击。弗洛伊德认为他给人的自恋造成的打击,比哥白尼的天体论、达尔文的生物学更为沉重。由于心理分析革命的结果,从此以后,人再也不可能把自己看成是自己家中无可争议的主人了。因为现在人们知道,人的生命原本是受他意识不到、不可把握的潜意识本能冲动的支配而活动的。弗洛伊德提出这样一个著名命题:心理过程主要是潜意识的,至于意识的

---

[1] 弗洛伊德:《精神分析引论》,高觉敷译,商务印书馆1984年版,第9页。

心理过程则仅仅是整个心灵的分离的部分和动作。这样,弗洛伊德一反传统,将无意识在人的心理过程、精神活动中的作用提到特别重要的地位,开了无意识研究的先河,给人类的传统文化以巨大的冲击。

3
基于集体潜意识的文化理论

荣格发展了弗洛伊德的学说,对人的潜意识和本能提出了以下几个值得注意的见解:

(1) 力比多——一种普遍的生命力。荣格看来,力比多的内涵必须加以扩大,可以把力比多规定为一种普遍的先天的生命力,它既包括性本能,又包括营养和生长本能以及整个人的活动的原始动机。它类似于柏格森的"活力","力比多,较粗略地说,就是生命力,类似于柏格森的活力。"[1]

(2) 潜意识或者无意识有个体与集体之分。荣格认为,潜意识作为心灵的一个基本因素,既包括最浅层的个体潜意识,也包括深层的集体潜意识。而所谓集体潜意识,是指在生物进化和文明的历史发展过程中所获得的心理上的沉淀物以及从祖先遗传下来的气质,它构成了个体的意识和潜意识的基础。集体无意识具有不可磨灭的个人特征。

(3) 特别强调象征同潜意识的关系及其重要意义。荣格提出,潜意识不仅表现在精神病症患者身上,体现在正常人的梦境之中,还表现在神话、宗教、艺术甚至科学等其他人类活动之中。广而言之,人类的全部活动,如果从心理根源考察和挖掘的话,都具有象征的意义。荣格认为,世世代代的所有人,都有共同承传的种族性质、情感和活动的模式。这种内在的隐含的"原型"通过各种特殊的活动形式表现出来。由于每一种表现形式都同原形本身具有象征性的关系,因而,象征不但是自然的产物,而且体现了文化的价值。荣格断定,这种内在的尚未知晓的

---

[1] 转引自高觉敷主编《西方近代心理学史》,人民教育出版社1982年版,第395页。

人类精神领域的联系,尽管还不能用科学方法确切地加以界定,但确实是毋庸置疑的心理现象。这样,荣格的学说就在心理学内部容纳了神话、艺术、哲学甚至炼金术、原始图腾仪式和宗教教义等神秘主义因素。

4
基于社会心理的批判理论

荣格对精神分析学说的新发展使人们认识到,社会心理比个人心理更加重要,因为个人的病态和不幸最终是由社会造成的。他们把社会现象的根源归结为集体下意识,或用集体下意识解释人类文明和现实的人格,或者用之来批判社会现实,特别是现代资本主义的文明,企图通过匡正集体心理的方式来改造社会。

K. 霍妮发现,社会历史条件对神经症人格类型的形成具有决定意义。生活在当代资本主义社会条件下的神经症的人格具有以下特点:隐蔽而强烈的敌意,与爱相反的憎恨倾向,与周围环境的感情隔绝,自我中心的倾向,私有习气,特别注意威望问题。她认为,人格的这一神经病症的基础源于经济领域中占统治地位的经常性的最剧烈的竞争,"在于西方文明",即资本主义生产方式的条件。

弗罗姆借用弗洛伊德学说,阐明人类"逃避自由"的本性,以此揭露法西斯主义的心理根源。他认为人并非生而自由,追求自由并不是人的天性。相反,人的本能需要首先是安全,儿童在家庭庇护下得到安全感,人类在其童年时代则在以血缘关系为枢纽的部落中得到安全感,权威主义、图腾和祖先崇拜以及原始宗教,都出于摆脱恐惧、获得安全感的心理需要。在文明社会中,人被抛到社会,面对陌生人和未知的未来,人有了相对多的自由,但自由意味着丧失庇护,是以丧失安全感为代价的。人对此的本能反应不是选择自由,而是逃避自由。这种本能表现为受虐和施虐的潜意识,前者在自我责备、逆来顺受中取得安慰,后者以支配、控制和残害人为乐趣,两者都表现为对他人的依赖,对个人自由和独立人格的厌恶。法西斯主义正是施虐狂和受虐狂在人类历史上的空前的发泄。

美籍奥地利精神分析专家和社会学家 W. 赖希试图以对"性格结构"的分析

为基础，探索大众的心理结构为什么能够吸收法西斯主义的意识形态。在赖希看来，所谓性格结构或"心理结构"是社会发展的沉淀物。这种性格结构分为三个层次：第一，性格表面层次。在这个层次上，人是正常的、含蓄的、彬彬有礼的、富有同情心的、负责任的、讲道德的。第二，中间的性格层次。它完全是由残忍的、虐待狂的、好色的、贪婪的、嫉妒的冲动所构成的。"它代表着弗洛伊德的'无意识'或'被压抑的东西'。"[1] 第三，性格的生物核心。"在这个核心中，在有利的社会条件下，人基本上是诚实的、勤奋的、爱合作的、与人为善的动物……"赖希指出："正是这种不幸的性格结构造成了这样的事实：每一个出自生物核心而投入行动中的自然的、社会的或力比多的冲动，都不得不经由第二反常倾向层次，从而扭曲。这种扭曲改变了自然冲动最初的社会性质，使它成了反常的，从而禁锢了生命的每一种真正的表现。"[2]

法西斯主义所体现的恰恰属于"第二反常倾向层次"。"从人的性格的角度来看，'法西斯主义'是具有我们权威主义机器文明及其机械主义神秘生活观的被压抑人的基本情感态度。正是现代人的机械主义的神秘的性格产生了法西斯主义党，而不是相反。"[3]

赖希还以弗洛伊德的性心理学对"权威人格"进行了分析。他认为，"对一切时代、一切国家和每一社会阶级的男男女女的精神分析表明：社会经济结构同社会的性结构和社会的结构再生产的交错，是一个人最初的四五年里在权威主义家庭中进行的"。历史地看，这种权威主义乃是伴随着父权制的出现而产生的。它的基本特征是性禁锢。而"权威主义国家则从权威主义家庭中获得了巨大的利益：家庭成了塑造国家的结构和意识形态的工厂"[4]。

马尔库塞对弗洛伊德的潜抑理论进行了改造。他把"性欲"解释成追求幸福和自由的"爱欲"，提出了人的全身爱欲化和爱欲的普遍化的主张，要求爱欲摆脱潜抑，实现无潜抑的文明（non-repressive civilization）。按照弗洛伊德的说法，潜

---

[1] 赖希：《法西斯主义群众心理学》，张峰译，重庆出版社1990年版，第1页。
[2] 同上书，第1—2页。
[3] 同上书，第3页。
[4] 同上书，第251页。

抑（repression）阻止原始冲动进入意识，并使潜意识的心理能量升华为文明的创造力。马尔库塞指出，在前技术阶段，由于物质匮乏，人们不得不把大部分精力放在生活劳动中，对于爱欲的潜抑是必要的，这样的潜抑是"基本潜抑"。但是到了技术阶段，即进入近代以后，潜抑成为多余的"额外潜抑"，使生命活动让位于社会需要，把个人权利转让给统治者；"把爱欲集中到生殖区，身体的其他部分则留作劳动工具"。[1] 他还批判说，工业社会不但压抑了人的爱欲，而且使人驯服、被动、无创造力。这样的人都患有"不幸中的欣快症"，他们在潜抑状态获得一种虚假的满足，在本真的痛苦状态体验到非本真的愉悦，自得其乐地成为"巴甫洛夫实验中的狗"，被动地接受条件反射和催眠术的指令。

5
健全的人格

在一些弗洛伊德的后继者把精神分析作为揭露和批判人性和社会的阴暗面的同时，另外一些精神分析学家把塑造健康人格和合理社会作为自己的主要目标。弗洛伊德的学生阿德勒首先明确地表达了精神分析的旨趣，后来在美国兴起的人本主义心理学进一步发展了关于健康人格的各种理论和实践。

阿德勒对弗洛伊德学说做了重大修改，把人的"性本能说"修改为人追求优越、完善自身的潜力。他与弗洛伊德的差别在于，弗洛伊德认为人格可以是分裂的，可被分割为各个不同的方面，阿德勒则特别强调人格的不可分割的统一性；在对行为动机的探讨上，弗洛伊德强调的是与生俱有的无意识对精神活动的影响，阿德勒则更相信未来的特定目标对精神活动的决定作用。由于这样的差别，阿德勒能够更加积极评价人的行为的合理性和社会性。

阿德勒确信，人的全部心理活动可以由一个预先决定了的目的来指引方向。那末，这个被预先决定了的目的是什么？阿德勒认为，"追求优越"和"追求权力"

---

[1] 马尔库塞：《爱欲与文明》，黄勇等译，上海译文出版社1987年版，第31页。

是一切精神活动的总目标,"对优越感的追求是所有人类的通性"[1]。在阿德勒看来,起源于儿童时期的自卑感,对人来说并不是坏事,相反,它对人生有很大价值。他认为,儿童的整个潜在的可教育性正是依赖于这种自卑感。因为在他看来,由于自卑,就会产生一种生理上的或心理上的"补偿"欲望。未来变成了能够带来这种补偿的一种境界。这样,在儿童时期,一个想象的自尊的目标就被安排了。他说,个人追求权力和自尊的基本倾向在孩子年龄很小的时候,已反映到他所追求的目标之中。贫困的人向往着富有,从属者憧憬着支配他人,无知者期待着无所不知,无能者则希望着艺术般的无所不能的创造。愈是自卑的人,这种追求自尊的补偿欲望就愈强烈。"依我看来,我们人类的全部文化都是以自卑感为基础的。"[2]阿德勒认为,超凡的努力,追求补偿,会产生两种不同的结果:第一种结果是,补偿不但克服了某种缺陷,还会把这种缺陷发展成为优点。例如,古希腊的狄摩西尼,由于小时候的口吃而变成后来的大雄辩家;身材矮小的人常常成为重要人物。补偿可能会产生的另一个结果是产生神经病。追求自尊与优越,遇到外界强大的抵抗力,有的时候就会产生神经病。关于梦的理论,阿德勒也认为是一种愿望的满足,但不是弗洛伊德所认为的性欲,而是权力欲望或向上欲望的满足。即使一个人的梦与性有关,他也不认为这个人的无意识在梦中追求性欲的满足,而认为这只是意味着这个人征服另外一个人的欲望的表露。

美国人本主义的心理学认为,人的本能的问题不是形而上学的对象,也不是生物学研究的动物的本能,而是现代社会中的人们面临的现实问题,如人的需要、潜能和发展的问题。也就是说,研究的重点应当从古希腊开始的"认识你自己"的古老问题转变成"成为你自己"的现代问题。马斯洛说,弗洛伊德、叔本华、尼采等人虽然对人的本能提出了说法,但都把人的需要混同于人的本能。这种"本能需要说"是错误的,一个人为了食物而攻击别人,我们只能说他有攻击的需要,但不能因此而说他有攻击的本能。人的需要是在一定生活环境中形成发展的,是社会的产物,也随着个人需要的满足而变化。他们考虑到个人与社会的需要、欲望的

---

[1] 阿德勒:《自卑与超越》,黄光国译,台湾志文出版社1984年版,第56页。
[2] 同上书,第44页。

满足、物质生活需要与精神需要等复杂关系,把人的需要看做一个综合的整体,把人的需要分成不同层次,阐述了不同需要层次之间的内在关联。

马斯洛关于需要层次的区分最为全面。他认为,人的基本需要可以分为：生理需要、安全需要、归属和爱的需要、尊重的需要(包括自尊和来自他人的尊重)和自我实现的需要。马斯洛后来发现,在基本需要之上,人有一系列更高层次的"全新的"需要,他称之为"发展的需要"。他说,作为更高级层次或更高级本质的发展的需要很难用语言来精确描述。从表面上看,实现了发展的需要的人一派天真、无拘无束,就好像在一步一个脚印艰难地攀登到了山的顶峰,在充分欣赏了大自然的美妙景色之后,正沿着山的另一边较平坦的、坡度小得多的山路漫步而下。

十一、"存在人"的观念

20世纪西方哲学的"人学转向"集中地表现在关于"存在"意义的新发现。"存在"(existence)是从西方形而上学的首要对象 being(可译为"是者""存在""本质"等)引申出的一个意义,原来是适用于所有事物的一个极为普遍的哲学范畴,人只是世界万事万物中的一个存在者而已。因此,传统的形而上学的存在论是一种世界观或本体论。20世纪的存在哲学家把"存在"限定为"人的存在",人以外的事物的"所是"(being,是什么、为什么是这样等)以及它们的本质,都是在人存在过程当中向人显示出来的,它们的意义只是人的存在的意义的一部分。通过"存在"意义的转换,存在主义者建构了一个前所未有的"存在人"的观念。那么,"存在人"有哪些特征呢?

首先,存在主义者反对传统的理性主义,反对把人的本质归结为理性,他们关注于人的意志、欲望、情感、心境等非理性的一面。"存在人"有着强烈的非理性的内心感受,如恐惧、焦虑、孤独、荒谬的体验,以及烦恼、彷徨、悔恨、无奈等心情,还包括同情、爱、信仰等宗教伦理和神秘的体验。他们认为只有此类心理体验才是每个人最贴己、最深刻的存在历程。这些心态以及与之相关的自由、选择、自我设计、责任等生存活动都成了存在主义的主题。他们还说人的生存心路不是出于本能,而是伴随着人的自由选择和人的价值取向而出现的,他们因此也不赞成使用弗洛伊德的精神分析法来分析人的存在的意义。

其次,从理论根源上分析,"存在人"的观念与现象学方法有着渊源关系。现象学所主张的"回到事物本身"的口号要求人们把最熟悉、最本真、最接近的东西当做哲学研究对象,把胡塞尔所说的"现象"从"先验自我"领域转到了"人的存在"的领域,从"纯粹本质"转到"生活世界",这是现象学运动发展的必然结果。

最后，从社会根源上分析，"存在人"的观念是时代的象征。20世纪上半叶，西方经历了两次世界大战，战争中不寒而栗的经历，使人们在生死之间对生存的意义经历了刻骨铭心的体验；在战争的大是大非面前，人们对个人责任感有了更深刻的反思。战争中的经历改变了战后的生活，也改变了哲学的主题，存在哲学、人道主义、自主意识和责任意识因此得以广泛流行。"存在人"不仅是一种哲学观念，而且几乎成为一种生活方式，表现在社会生活各方面：意识形态、文学、艺术、服饰、饮食、家庭关系等。在哲学史上，很少有一种哲学能够具有如此明显的时代精神，能够如此广泛地改变西方人的观念和生活。这一社会实践充分说明，哲学在转向人学之后，具有何等巨大的现实力量！

1

"存在人"的本真与非本真

海德格尔（Martin Heidegger）曾被现象学的创始人胡塞尔看做最合适的接班人。胡塞尔说："现象学就是海德格尔和我。"但海德格尔发表了《存在与时间》之后，胡塞尔大失所望，批评海德格尔走向了"人学研究"。虽然海德格尔本人不承认自己的学说是"人道主义"或"人本主义"，也不接受"存在主义"的标签，但胡塞尔对他的学说性质的判断是正确的。海德格尔哲学的核心概念——"此在"其实就是存在着的人，而他所谓的"基础存在论"实际上就是关于"存在人"的学说。"此在"有两个特征：第一，"此在的本质在于他的存在"；第二，"这个存在者为之存在的那个存在，总是我的存在"[1]。这两点可以说是海德格尔"基础存在论"的总纲。

第一点说明了人与其他存在物的根本不同点：人不像其他存在物那样具有固定的、不变的本质，他的本质是由他的存在过程决定的。一个人在他一生中的所作所为，决定了他是一个什么样的人。人也不像其他事物那样，有一个事先预定

---

[1] 海德格尔：《存在与时间》，陈嘉映等译，生活·读书·新知三联书店1988年版，边码第42页。

的本质决定他的存在;相反,一切取决于他自己,取决于他的选择、他的努力。海德格尔强调,人的存在是一个自我实现的过程,他的本质就是这一过程显示的全部内容;只要这个过程还没有结束,他就能够改变自己,重新塑造自己。当然,一个人也可以一成不变地度过一生,但他这样生活,并不因为他有什么一成不变的本质,而是因为他选择了一成不变的存在方式。归根结底,他的存在决定了他的本质。

第二点说明了人与其他存在物的另一个不同点:人不像其他存在物那样是一个类属,每一个人都是一个存在者。海德格尔之所以把人称作"此在",意在说明人是这样一个存在者,除了存在之外,"此在"一无所有。"人"在生物学上是一个属概念,但"此在"却没有种属。从存在论的角度看,"此在"不是人类的一员。海德格尔说,当谈及"此在"时,只能用单称人称代词"我是""你是"。每一个"此在"都是一个单独的自我。

海德格尔并不否认人的日常生活的公众性。他区分了"此在"的存在的两种状态:本真的存在和非本真的状态。本真的状态是自我的真实存在,非本真的状态是被平凡的、公众的生活所掩盖的个人存在。但是,按照他对现象的解释,假象也是一种显示;同样,非本真的方式的掩盖同时也是一种自我显示,只不过是不完全的、片面的甚至是歪曲的显示。更重要的是,人们在现实的条件下不能离开日常生活来了解真实的自我,这意味着,只有通过非本真的状态,才能达到本真的状态。海德格尔遵循这一途径,通过对大量的日常生活现象和心理体验的分析,揭示"此在"的本真存在。

海德格尔建立了时间性与"此在"的存在状态之间的联系。时间性分三部分:过去、现在和将来,分别对应于"此在"存在的三种方式:沉沦态(falling)、抛置态(thrownness)和生存态(existentiality)。每一种存在状态都有一种相应的显示方式,每一种显示方式又有本真和非本真之分。沉沦态指"此在"的存在被一直存在着的状态所决定,沉沦在过去是、现在仍然是的既定状态之中。沉沦态主要由"心态"所揭示。心态是由业已形成的生活条件和状况所形成的持续的情绪,比如,在好的环境中兴高采烈,在坏的环境中垂头丧气,在顺利的条件下心平气和,在不顺利条件心烦意乱。心态的非本真状态是"恐惧"(dread),恐惧揭示的是逃离现实的态度,在现实的压力下孤独、沮丧、忧心忡忡、闷闷不乐,即使好的心境也是如释重负之感。揭示沉沦态的本真的心态是"焦虑"(anxiety)。焦虑起于这样的生活态度,它把生活看做不可推卸的重担,并因此而想方设法地迎接人生的挑战;即使获得暂时的成功,也仍有"人无近忧,必有远虑"的压力。

抛置态指"此在"的存在囿于现有的存在状态,如同被抛置在一个正在进行的生活进程之中。抛置态主要由"语言"来揭示。这不是说语言只与现在状态有关,而是基于语言的流动性。语言作为语词的活生生的流动过程,把过去的和将来的内容都转化为当下状态。海德格尔因此说,语言的主要功能是"创造现在"。语言的本真状态是"言谈",言谈奠基于语言的内在结构,根据对过去的解释和对将来的理解,把语词符号加以连接和运作。语言的非本真状态有三个:闲谈、好奇和含混。闲谈是道听途说、流言蜚语、人云亦云的议论;好奇是对于与己无关的目标走马观花式的见解,以获得无所用心的印象;含混是揣测公众心理的见风使舵的解释。这三者都是常人的语言,掩盖了本真的自我。

生存态指"此在"设计并实现自己的可能性的面向未来的生活状态。"理解"是揭示生存态的主要方式。理解是对自己未来的前途,对现在的处境加以抉择,对过去的事件加以解释。本真的理解是"设计"(projection),它的德文词是Entwurf,意思是"抛将出去"。如果说,沉沦态是对世界的一种"归顺",那么设计则是一种相反的态度,它把自己的计划加诸世界,以可能性改变现实,让世界适应自己。非本真的理解表现为等待、观望和忘记,这些都是对自己的未来所采取的敷衍了事和得过且过的生活态度。

上面所说的两种存在状态的时间性都只是相对的,就是说,每一存在状态都包含着过去、现在和将来的因素,只不过各以一种时态为主。揭示"此在"完整的存在状态的过程是"烦"(Care)。海德格尔追溯"烦"的拉丁文 cura 的词源,找到这样一个传说。相传 cura 是一个女神,她用泥土捏成了人的形体,她称这样东西为"人"(homo),因为它来自"泥土"(humus)。她请求朱庇特给人以灵魂,人死后灵魂归还朱庇特,但只要人活着,就要拥有灵魂。这个故事说明,"烦"与人终生相伴,人从诞生那一天起就已把他的存在交由"烦"来支配。为什么会如此呢?因为"烦"所揭示的是"此在"的存在的全部结构。

对于"烦",海德格尔提出了三个问题:烦对人意味着什么?烦是一种摆脱不掉的心情,烦揭示了人的当下处境;人为什么而烦?他的目标、他的未来,他的烦显示了他的潜在性;人面对什么而烦?他已经存在于世界之中,他的烦揭示了一个已经显示出来的世界,"烦"是过去的延续。"烦"揭示的是将来—过去—现在的整体结构。烦使人感到了他的现实性和可能性、抛置性和沉沦性,他的自由和已经形成的特征,他周围的环境与他的选择,如此等等。如果一个人对他的存在感到不胜其烦,感到可畏,这就会滑入非本真状态,在"他人"的庇护下取消自我。"畏"(fear)是非本真的"烦",这种意义上的"畏"不是揭示沉沦态的"恐惧",它没有具体对象,"畏"与"烦"一样,是一般的人生态度,揭示的是"此在"的整体存在状态。

"烦"的本真的也是最后的形式,是"面对死亡的决断"。这一本真状态包含三个因素:先行、良知、决断。决断是当下抉择,先行是未来的展望,良知是以往体验的呼唤。在此种状态中,最后可能性渗进了现实,切断了未来,并保存在已经实现的过去之中。只是在面向死亡的心境中,人才体验到存在的全部含义——对他的全部可能性的依附、设计与实现。海德格尔说:"死亡是此在本身必须承担的存在的可能性……死亡于自身显示的是最合适的、无所牵挂的、超越不了的可能性。"[1]

2

"存在人"的绝对自由

萨特认为,自由不是人性或人的本质,自由属于有意识的存在的结构,这就是人的意识的先天的结构。萨特说:"人不是首先存在以便后来变成自由的,人的存在和他的自由两者没有区别。"他又说:"人类的自由先于人的本质,并且使人的本

---

[1] 海德格尔:《存在与时间》,陈嘉映等译,生活·读书·新知三联书店1988年版,边码第300—301页。

质成为可能。"[1]与海德格尔提出的"人的存在就是他的本质"这一命题相比,萨特所说的"存在先于本质"的命题更强调自由选择的过程。正是从"自由选择"的基本原则出发,萨特阐述了人的道德责任等一系列伦理学主题,得出"人是绝对自由"的结论。

萨特则明确地指出,人的任何存在状态都是人的自由选择,存在的过程就是自由选择的过程。他说:"人除了他自己认为的那样以外,什么都不是,这是存在主义的第一原则……人首先是存在——人在谈得上别的一切之前,首先是一个把自己推向未来的东西,并且感到自己在这样做。"引文中"自己认为的那样""感到自己在这样做"指的都是自由选择,自由选择不能不是自觉的,因而也是主观的。萨特在说"存在先于本质"时,紧接着说:"或者不妨说,哲学必须从主观开始。"[2]萨特再三强调的存在的主观性、哲学的主观性,意思就是选择的自由和自觉。

对存在的自由选择的强调是与决定论格格不入的。萨特反对一切形式的决定论,特别是宗教决定论。他说,存在主义是从彻底的无神论推出的结论。在西方思想传统中,基督教的上帝是存在的源泉,上帝在人的存在之前决定了人的本质。萨特说,启蒙运动虽然否定了上帝的决定作用,但又假设了一个"人性"作为人的存在之前的本质。存在主义把上帝不存在的后果推演到底,得出了人的存在先于本质的结论。并且,人的存在就是人的自由,"存在在先"的意思是"自由在先";"存在先于本质"的意思是"人的选择造就了他自己"。

萨特说,人是绝对自由的。自由选择是绝对的,"绝对"的意义是"无条件",就是说,选择不受任何条件的决定;除了人自己的自由选择之外,没有什么东西能够决定人的存在。萨特同意,人是在各种条件下进行选择的,但是条件能否发生作用,归根结底取决于人自己的选择。比如,一个抵抗者被关进监狱,他的环境似乎决定了他不能够作任何选择,其实不然,仍然有很多可能性可供他选择:他可以选择越狱,可以选择读书,即使他什么也不做,静静地躺着看天花板上的小虫爬行,这也是一种选择。萨特反对一切决定论的因素:环境、遗传、教育、性格等,这些因

---

[1] 萨特:《存在与虚无》,陈宣良等译,生活·读书·新知三联书店1988年版,第56页。
[2] 萨特:《存在主义是一种人道主义》,周煦良等译,上海译文出版社1988年版,第8、6页。

素都属于过去,它们能够对人的存在产生作用,是因为人自己的选择,接受了它们的影响,不是过去决定现在和将来,而是人自己决定并选择了一条容易的道路通过未来。

绝对的自由选择是把上帝不存在的后果推演到底而得出的又一个结论。俄国作家陀思妥耶夫斯基在小说《卡拉马佐夫兄弟》中有一句名言:"如果上帝不存在,一切都是被许可的。"萨特说,这句话是存在主义的起点,但也只是起点而已。人可以自由地选择任何事情,没有一个全能的上帝在约束他,但同时他也要为他的选择承担全部后果,没有一个上帝为他承担责任。绝对自由意味着绝对的责任。这里的"绝对"同样是"无条件"的意思。一个人只要选择了一个事件,他就得为这一事件的后果承担全部责任,他不能把责任推诿于他无法控制的条件,把自己的选择及其后果说成是不可避免、命中注定、迫不得已、顺乎自然、随波逐流的等等。萨特说:"上帝不存在是一件很尴尬的事。因为随着上帝的消失,一切能在理性天堂内找到价值的可能性都消失了……因此人就变得孤苦伶仃了,因为他不论在自己的内心里或者在自身以外,都找不到可以依赖的东西。他会随时发现他是找不到借口的。"[1]

绝对自由给人带来的不是什么幸福和喜悦,而是萨特称之为"苦恼"(anguish)的无依靠感、惶恐感和巨大的责任感。这种心态犹如一个站在深渊边缘的人欲跳而止、欲罢不能的感觉,它是一般人难以忍受的,因此,人不像传统哲学家所相信的那样向往自由、热爱自由,而是千方百计地逃避自由。

萨特说:"存在主义的核心思想是什么呢?是自由承担责任的绝对性质,通过自由承担责任。"[2]绝对自由意味着选择的绝对自由以及承担选择后果的绝对责任。自由是绝对的,因为自由不是人的选择,人是完全自由的,自由不是外在于人的目标,而是他的存在和意识的内在结构。任何有意识的人都是自由的,任何存在着的人都是自由的。绝对的责任和随之而来的苦恼是人为他的自由所承担的重担。

---

[1] 萨特:《存在主义是一种人道主义》,周煦良等译,上海译文出版社1988年版,第12页。
[2] 同上书,第23页。

人不能逃避自由，却能找出种种借口推卸责任，这些借口就是自我欺骗（mauvaise foi/bad faith）。自我欺骗当然也是一种自由选择，但却采取了决定论的内容。在萨特笔下，人在任何情况下的选择都是自由的，如在参军和留下之间选择的青年、伪警察、囚禁中的抵抗者、调情的女人、过分殷勤的侍者、做伪证的妓女，都没有借口推卸自己的责任。但是，如果他们相信，自己不能做出选择或没有责任，那就是自我欺骗。自我欺骗的对象与其说是他人，不如说是自己。也就是说，在主观上，欺骗者并不想找推卸责任的借口，他们或许根本没有意识到自己有什么责任，或许真诚地相信自己是不自由的。萨特在《存在与虚无》的"自我欺骗行为"一节里，描写了两个自我欺骗者的这种心理状态。一是初次约会的女人，她的手被约会的男人抓在手心，她虽然很不情愿，但又不把手抽回，而是假装沉浸在关于高尚爱情的对话中。她不抽回手，就是选择了与男人调情，她好像不在意于此，而在意于关于高尚爱情的谈话，那是她不愿意面对调情这一事实及其后果的借口，是对自己的欺骗。另一个人是咖啡馆的侍者，他过分地殷勤，过分地灵活，好像他并没有什么选择，只是模仿一个模范侍者的形象，他没有意识到或者不愿意相信，他模仿的模范侍者，是在他的心目中树立起来的，是他为自己的生活而做出的选择，这种模仿行为只是自我欺骗的行为。

3

"存在人"的荒谬感

阿尔伯特·加缪（Albert Camus）有一句名言："真正的严肃的哲学问题只有一个，那便是自杀。判断生活是否值得经历，这本身就是在回答哲学的根本问题。"[1] 这里所谓的"判断生活是否值得经历"是对生活价值的怀疑，它是由人的存在的荒谬而引起的。

从存在主义的立场看，世界没有自身的目的和意义，现实并不是合理的，这就

---

[1] 加缪：《西西弗的神话》，杜小真译，生活·读书·新知三联书店1987年版，第2页。

产生了世界是荒谬的感觉。严格地说,世界本身并不荒谬,它只是存在于那里,并不管人的理想和价值、希望和意义。荒谬是由于人对世界的合理的期望与世界本身不按这种方式存在之间的对立而产生的。荒谬感的产生有各种途径,加缪对此有详尽的描写。比如,在日常单调的令人窒息的生活中,我们免不了会在忙碌中停下来问一句:如此生活为什么?我们忽然感到日常生活毫无目的,我们的存在顿时失去了意义,世界显得黯淡无光。这是通过日常经验而生成的荒谬感。我们中国读者熟悉的《红楼梦》的"好了歌",表达的不也是这种荒谬感吗?

再如,我们看到自然对人的价值和知识的漠视。人类追求关于世界的绝对可靠的知识,但在世界不可还原的多样性面前,这种企图注定要失败。人类在灵魂深处躁动着明晰性的愿望,这是我们对于存在追根求源、想要给予一个最终说明的愿望,但是世界的无理性和存在的神秘性无视我们的愿望,甚至充满着敌意,我们的知识却无能为力。这是从人类认识的有限性中生成的荒谬感。

对生命有限性的认识,更会产生荒谬感。特别是意识到死亡将至的时刻,死亡成了一切价值的毁灭者,从而最突出地揭示了世界的荒谬性。加缪描写了局外人的主角在牢房里知道他即将死去时的念头:"从根本上说,我明白,不管在三十岁还是在七十岁时死去,都无关紧要,因为无论如何,别的男人和女人都会在千万年继续生活下去,这是再清楚也不过的了。但现在的问题是,将要死去的是我,我将在此时或在二十年后死去。一想到能再活二十年,我就突然感到特别高兴。"人在面对着死亡的时刻,生命成了世界的唯一价值,死亡将至的现实与希望活下去的愿望的对立,让人陷入不可自拔的荒谬感之中。

面对着荒谬感,有下面三种不同的反应。前两种态度是回避、逃脱,是非本真的人生态度,最后一种才是加缪提倡的本真的存在。一是自杀。加缪说:自杀的根源在于"看到生活的意义被剥夺,看到生存的理由消失,这是不能忍受的,人不能够无意义地生活"[1]。二是在人的生活之外寻求意义。这是大多数哲学家的态度,其中有非理性主义的和理性主义的态度。有神论的存在主义者把荒谬神化,崇拜理性不可理解的东西,主张从世界向上帝飞跃。他们说,上帝存在于人的理

---

[1] 加缪:《西西弗的神话》,杜小真译,生活·读书·新知三联书店1987年版,第5页。

性之外，因此才有荒谬感，但上帝又是意义的源泉，生活的意义不是在理性，而是在信仰中获得。加缪说，有神论用上帝压制人类追求合理秩序的愿望，把人的理智的追求变成了罪恶。另一方面，胡塞尔代表了理性主义的立场。胡塞尔在事物本身上找到绝对价值，力图恢复那个缺少了它就会产生荒谬的理性原则。加缪说，这是用理性来压制荒谬存在的不可理解性。他认为，无论理性主义还是非理性主义都没能克服荒谬感，他们虽然逃避了肉体的自杀，但却没有摆脱哲学的自杀。他说："在荒谬的精神看来，世界既不是如此富有理性，也不是如此的无理性，它是毫无理由的。"[1] "毫无理由"是指理性的无能为力，但在理性之外又一无所有的悖论。哲学家一旦意识到这一悖论，他的哲学也就在荒谬感面前完结了。

直面存在的荒谬而能在存在的过程中创造意义，这是无神论者特别是加缪的意见。希腊神话里的西西弗代表了这种态度。据说，西西弗因为揭露和欺骗诸神被罚终生服劳役，他的命运是把巨石推上山，但就在石头被推上山的那一刹那，石头滚回山下，他又要开始新的劳动，如此循环，永无止境。西西弗明白自己的劳作归根结底是无意义的，但他把无意义的生活看做是一个从中可以获得快乐和满足的过程。他认识到世界的荒谬性，面对着生活的有限性和无目的性而又藐视荒谬，以积极、创造性的态度对待生活，从中创造价值。

4

"存在人"的终结关怀

存在主义者有无神论者与有神论者之分，萨特和加缪属于无神论阵营。有神论的存在主义者把人的存在与存在着的上帝联系起来，他们认为人的存在的终极关怀是回到超越的存在者——上帝。

克尔凯郭尔（Kierkegaard，又译作祁克果）的思想焦点始终是人，人的存在、人的自由选择。在此意义上，他被看做是第一个存在主义者；他还是一个虔诚的宗

---

[1] 加缪：《西西弗的神话》，杜小真译，生活・读书・新知三联书店1987年版，第60页。

教思想家,如何做一个人的问题,对于他来说就是如何做一个真正的基督徒。克尔凯郭尔对群体、集体、整体深恶痛绝,他说:"一个群体,不管是这一个还是那一个群体,不管是现存着的还是消亡了的群体,不管是卑贱的还是高贵的群体,富人的还是穷人的群体——一个群体在概念上就是错误,因为它把个人变得彻底的顽固不化与不负责任。或者退一步说,它削弱了个人的责任感,使人的责任成为一种幻觉。"[1] 个人的责任感来自自我参与和自由选择。只有一个存在着的个人才会为自己选择和参与的后果承担全部责任。群体意识为推诿责任提供了借口,一个随波逐流的人在任何时候、任何情况下,都会把责任推卸给群体。克尔凯郭尔强调自我实现,所要实现的正是个人意识以及与之相连的个人责任感。

个人的存在是一个由低级向高级的飞跃过程:从感性阶段到道德阶段,最后飞跃到宗教阶段。在此阶段,个人与有人格的上帝的直接沟通,面对上帝而存在。《旧约》中亚伯拉罕是这一阶段的生活的典型人物,他听从上帝命令,准备牺牲儿子伊萨克。亚伯拉罕不像苏格拉底那样追求普遍的道德律,而是听从上帝个人的声音。他与上帝的关系和人与人、人与事物的关系不同,不能由人类理性来度量。在理性思考中,个人与上帝的关系充满着悖论与荒诞,如上帝是人,又不是人;个人的存在既有限,又无限。宗教生活的悖论只有靠信仰来解决。从理性的角度来看,信仰是荒诞的,比如,亚伯拉罕为信仰而要亲手杀死自己唯一的、无辜的儿子,是毫无理性、极其荒谬的。但是,克尔凯郭尔却说,荒谬是始终伴随着信仰的情绪,是检验信仰强度的尺度。荒谬感越强,则所坚持的信仰越强烈。

雅斯贝尔斯把人的存在理解为对未来可能性的自我设计与实现,这是一个不断摆脱既定的限制的过程,也是面向未来的超越。这一过程经历了世界阶段、生存阶段和超越阶段。人首先是一个世界存在,是世界中的一分子。在这一阶段,"此在"是世界因果链条上的一环,或不自觉地服从客观世界的普遍规律,或有意识地、自觉地认识和遵从必然规律。超出世界阶段的存在状态是生存阶段,在这里人被看做非固定和未完成的。人不断摆脱既定的限制,去发现自己的各种可能性。生存是一个不断确证自己的自由的过程,人要把自己的可能性表现在存在物

---

[1] Kierkegaard, *The Point of View*, trans. by W. Lowrie, London, 1939, p.114.

与他人身上。雅斯贝尔斯特别强调个人在与别人交往时所能够实现的自由,他把人际交往叫做"爱的搏斗"。但是,生存阶段的人还不是绝对自由的,人总会意识到自己的有限性。人意识到自己有限性的状态是临界状态,即当人处在死亡、苦难、罪孽等状态中时所产生的自我迷失,在这种情境中,人对周围世界失去了把握,人"震惊"了,人若能因此而发现超越的存在者,就能够跃出生存状态。雅斯贝尔斯说,超越的存在者是无所不包的大全,它是一切存在的基础和源泉,超越的存在不是人的认识对象,它只向人透漏一些"密码",这样的超越的存在者实际上就是上帝。人的存在是朝向超越的存在者的不断跳跃,最终达到大全。大全化解了主客体的一切分裂,只有人的信仰才能领悟超越的大全。用雅斯贝尔斯的话来说:"只有当我们认识到超越的存在者乃是使我们真正成为我们自己的力量时,我们才是真正存在着的人。"[1] 对于他来说,没有对超越者的信仰的哲学不是真正的哲学,没有信仰的哲学家不是真正的哲学家。

加布里哀·马塞尔(Gabriel Marcel)在人的日常境遇中揭示了人的存在的意义。他把人的生存处境分为两种:问题和奥秘。在问题的处境中,问题的对象是明确的,呈现在我的面前,发生在我的外部。我可以与问题保持距离,对它加以观察和分析,得到普遍有效的答案。比如,解一道数学题时的处境就是问题的处境。奥秘的处境则不同,在这样的处境里,我与问题的界线消失了,我不知道是在解决问题,还是在处理我自己;或者说,我面临的不是具体的问题,而是我自己的生存处境。比如,一个人在溺水时的处境就是奥秘的处境。"奥秘"(mystery)的意思不是神秘的体验,而有"不由自主""异乎寻常"的意思。在奥秘的处境中,一个人接触到最为贴己的生态状态,处境中的一切与他的生存是如此接近,以至于它们的意义和作用都因他的生存而转移。比如,溺水者眼中的水不再有小桥流水的诗意,他所能找到的一根浮木也不是烧火的木材,这一切都失去了寻常的意义和原先的有效性,变成只有溺水者本人才能体验到的奥秘。

人们的共同的问题处境构成了我们的日常世界。马塞尔把我们所处的世界称为"功能世界"。功能世界是分裂的世界,每一事物按照塔吊功能被划归于各种

---

[1] 转引自徐崇温主编的《存在主义哲学》,中国社会科学出版社 1986 年版,第 264 页。

类别,每一个人也按不同的功能被列入不同的类别,按照他在不同社会组织的功能,一个人有不同的角色,比如,他在教会内是教徒,在政府机构里是官员,回到家里是父亲。功能世界中的人是不同功能的集合,他的人格是分裂的。我们可以设想这样一个问题处境,一个人对他的同伴说:"作为一个政治家,我把你当做同伙,但作为一个道德家,我把你当做敌人。"我们再设想这样一个处境,一个人对一个前来求助的人说:"作为政府官员,我无能为力;但作为一个人,我深深地同情你。"这一句话反映的是问题处境与奥秘处境的分裂。在奥秘处境里,一个人不再是承担某个功能的角色,他体验到真实的、完整的人格。马塞尔关心的是这样的人格,他的处境,他的所思所为。但他总是以分裂的人格为对照,来阐述人的真实的存在与完整的人格。

马塞尔指出,"存在"的意义在于"是"某一过程,而不是"有"什么本质。对于一个人而言,"我是谁"和"我有什么"是完全不同的问题,两者所针对的是两种完全不同的生活方式。"我是谁"的问题针对的是我的存在过程,只有在"奥秘"的处境里,我才接触到真实的人格,在"我—你"关系中,我才能反思人生的真谛,只有在与上帝的遭遇中,我才体验到存在的意义。所有这些过程都是对"我是谁"的回答,存在过程的内容越深刻、越丰富,这一问题的答案也就越完满、越清楚。"我有什么"的问题针对的是我所拥有的东西。马塞尔进一步区别了"具有"和"占有",前者指我所具有的内在属性,如技能、健康、资格等;后者指我所占有的外在事物或标志,如财富、名誉、地位、权利等。不论我具有或占有什么,这些东西都不能构成我的存在,相反,它们是对我的存在的异化,把我异化为被拥有的东西,这在"占有"的状况中表现得特明显。首先,"占有"包含一个占有者和被占有物,人与物是分离的,占有者需要确立他对于被占有物的权利,于是引起了"占有欲"。其次,被占有物有被丧失和被损害的危险,这引起了我的惧怕、嫉妒的心理和看管、监视的习惯,就是说,我被"物欲"所累。最后,占有需要权利、控制和服从,这些引起了"支配欲"。总之,在占有的状态中我被异化为物,我的存在被异化为拥有物。马塞尔在他的哲学著作和文学作品中,深刻地揭示了现代人为了拥有什么而存有的可怜处境。

第二部分

危机和转向

一、"人"的消解

1970年,利奥塔(Jean-Francois Lyotard)发表了《后现代的知识状况》的报告,这标志着后现代主义的兴起,同时也标志着西方人学的消解。利奥塔批评现代主义的话语是"宏大叙事",一是关于人性解放的神话,一是关于所有知识统一性的神话;前者是法国启蒙主义的传统,后者是德国唯心主义的传统。很明显,他所说的这两个国家的"神话"正是前述以"自然人""理性人"为主导的启蒙观念。利奥塔把"后现代"定义为"对宏大叙事的不信任"[1]。他分析说,后工业或后现代社会是以计算机产业为基础的信息社会,人已经不再是知识的主体和对象,信息的生产、储存和控制决定了知识的内容和社会发展方向。按照利奥塔的这篇纲领性报告所预示的方向,后现代主义者把"人"的观念消解在信息的产生和流动的过程之中,得出了"人死了""人被消解了"的结论。

1
"宗教人"的消解

后现代主义者把马克思、尼采和弗洛伊德称作三位"怀疑大师",并不是因为认可他们的理论,而是因为他们彻底的、不调和的批判精神,因为他们把批判的矛头指向西方文化传统的最高实体和原则——上帝。

---

[1] 利奥塔:《后现代的知识状况》,参阅王岳川等编《后现代主义与美学》,北京大学出版社1992年版,第26页。

早在马克思之前,启蒙时代的唯物主义者就已经得出了不是上帝创造人而是人创造上帝的无神论结论。但是这些启蒙学者把宗教解释为愚昧无知或恶意欺骗的产物,与人的本质无关。费尔巴哈第一次看到上帝的本质就是人的本质,但据此肯定了宗教的必要性,又回到了传统的"宗教人"观念。

马克思、尼采和弗洛伊德都同意,人是按照自己的本性创造上帝的,同时更加深刻地指出,如此创造出来的上帝是一个虚幻的观念。马克思说:"宗教是人民的鸦片",这是人民需要和拥有的鸦片,而不是少数统治者为人民所准备的鸦片。人民之所以需要宗教,是因为他们所处的世界是颠倒的,而宗教是这个颠倒的世界的"总的纲领";还因为这个世界是苦难的,而"宗教是被压迫生灵的叹息"。尼采批判的角度是价值论,他指出,宗教(包括犹太教、印度教和佛教,但主要是基督教)是弱者对强力意志的本能的反抗,是强加给一切人的奴隶道德,甚至强者也不能免除这一精神枷锁。他说:"上帝的观念迄今为止是存在的最大障碍。"[1] 对生活、自然和生命意志的战争都是以上帝名义发动的,因此,他发出"上帝死了"的呐喊。弗洛伊德从心理学的角度,指出宗教起源于原住民的性冲动行为留在潜意识里的记忆,"上帝"的观念是对"杀父娶母""原罪"的心理补偿。

马克思、尼采和弗洛伊德的宗教批判旨在彻底摧毁"宗教人"的核心观念:神按照自己的形象创造了人。他们指出,事实恰恰相反,神是人按照自己的形象所创造的虚幻的、不真实的形象,所谓人神关系不过是人与颠倒了的现实或虚幻的观念的关系。当"宗教人"的实在基础被否定,这一观念也就成为虚幻的观念。

但是,否定"宗教人"只是否定其他一系列人的观念的开始。按照马克思、尼采和弗洛伊德的思路,人按照自己的本性所创造的"上帝"只是一个虚幻的观念;按照同样的逻辑,人们有理由质疑人对自身的观念:这些按照人的本性对人自身加以反思观照的观念,是否也是虚幻的呢?按照后现代主义者的解释,如果把那三位"怀疑大师"的思想贯彻到底,对这一问题的回答应该是肯定的;因此,"上帝死了"的一个必然后果是"人死了"。

---

[1] 参阅尼采《偶像的黄昏》,周国平译,光明日报出版社1996年版,第42页。

2

"存在人"的消解

"宗教人"的观念被消解之后,第一个随之消解的是"存在人"的观念。我们知道,存在主义的创始人克尔凯郭尔提出"存在人"的观念本来是为了解决个人与上帝之间的关系问题。他的前提是,存在是个人的独立存在,但他的结论却是,真正的存在是依赖上帝的存在。克尔凯郭尔意识到"存在人"观念的前提与结论之间的矛盾,他在表达自己思想的对话里经常变换角色,一会儿是无神论者,一会儿是宗教信徒。

后来的存在主义分有神论和无神论两大阵营,基本上反映了克尔凯郭尔认识到的"存在人"观念的矛盾性。严格地说,有神论的"存在人"的观念归根结底属于"宗教人"的范畴,存在的过程只是"宗教人"遭遇上帝、体验神圣的生活历程。如果"存在人"是"宗教人"的依附,"皮之不存,毛将焉附"?看出这个道理的存在主义者只能选择无神论的立场。萨特欣赏俄国作家陀思妥耶夫斯基在小说《卡拉马佐夫兄弟》中的一句话:"如果上帝不存在,做什么事都是容许的。"萨特把这句话作为存在主义的起点。这说明了"存在人"的无根性。海德格尔说,人的存在直面人生、直面死亡,"死亡是个人必须承担的存在的可能性……最合适的、无所牵挂的、超越不了的可能性"[1];加缪把一切有意义的人生问题归结为要不要自杀。他们同样都表达了"存在人"的无根性。

"存在人"的无根性同时也是他的决定性。正因为个人的任何选择和活动都没有根据、理由和原因,他才是绝对自由的,才必须为他所做的一切承担绝对的责任。但问题是,个人能否承担起绝对的重负?在存在主义的作品中,我们看到的"存在人"都是不堪重负的形象,好像整个世界的重量都压向一个渺小的中心,焦虑、恐惧、无奈的存在体验只不过是"存在人"不堪重负的呻吟。

为了使"存在人"不被世界和生活的重负所压碎,必须为人在这个世界重新定位。于是,海德格尔和萨特的后期思想都发生了转折,他们早期勾画的"存在人"

---

[1] 海德格尔:《存在与时间》,陈嘉映等译,生活·读书·新知三联书店1988年版,边码第300—301页。

形象被放置在后期建构的关于存在的结构中。后期海德格尔扩展了早期的"世界"的概念,"世界"不再是"存在人"揭示存在的场所,而是"天、地、人、神"的结构,如下图所示。

```
┌─────────────┐
│ 天      神  │
│    存在     │
│ 地      人  │
└─────────────┘
```

这里的"天"象征着明亮、敞开,"地"象征着隐匿和关闭,"神"是神秘之域,"人"的生存之域只是存在领域的一隅;人也不再是最贴己、最亲近的存在者。人是大地之子,匍匐在天神之下;"语言是存在之家,人栖住在语言之家。"[1] 就是说,人的生存依赖地球,人的思想不断地廓清、除弊,人的情感充满神秘感,却始终摆脱不了语言的结构。

萨特后期思想虽然没有神秘因素,但也为个人活动建构了一个结构。他对"未来人学何以可能"问题的回答是:个人始终存在于自然、群集和集团之中;个人没有绝对自由,只有在历史的、辩证的结构中实现的集体的自由。就是说,个人不可能成为自由的主体和人学的对象。

以上分析说明,"存在人"摆脱不了被消解的命运:有神论的"存在人"的观念随着"宗教人"观念的消解而消解,无神论的"存在人"观念或者被绝对的重负所压碎,或者消失在存在的整体结构里。

3

"自然人"的消解

继存在主义之后兴起的结构主义否认了个人的独立性和重要性。按照结构

---

[1] Heidegger, *Basic Writings*, Harper Collins, 2008, p.193.

先于、大于要素总和的原则,结构主义认为个人只是社会文化结构的要素,只有在结构中才有价值和意义。萨特在《辩证理性批判》中批判说,结构主义有一种把人当做蚂蚁的倾向。对此,列维-斯特劳斯在《野性的思维》一书中反驳说,结构主义研究的社会和文化的共时性结构,比萨特研究的历史结构有更大的优势,因此能够成为继存在主义之后的法国哲学的主流学派。

结构主义自诩的一个优势是消除了"自然人"的观念。列维-斯特劳斯首先证明了"文化先于和高于自然"的原则。按照他的结构主义人类学,被当做自然关系的亲属关系是一个符号交换系统,被当做自然物的图腾是支配部落之间生产关系和语言关系的分类原则;描述自然现象的神话,比如关于生的和熟的食物的神话隐藏着社会生活各个领域的结构。

列维-斯特劳斯把"自然"解释为一种描述社会文化的结构,而路易斯·阿尔都塞(Louis Althusser)在此基础上,进一步把"自然人"归结为资产阶级的意识形态。阿尔都塞消解"自然人"的另一个思想资源是马克思。按照他的分析,资产阶级的意识形态是人道主义,马克思对它的批判主要表现为反人道主义。

阿尔都塞把人道主义的特点归结为对个人价值的推崇,这种意义上的人道主义实际上是以个人为本位与中心的个人主义。以个人为本位的人道主义在哲学上强调自我意识,社会观上表现为社会契约论,在经济观上提倡个人之间自由贸易。

阿尔都塞指出,马克思对资产阶级政治经济学的批判实质是强调经济结构对人的活动的决定作用。英国古典经济学家亚当·斯密、大卫·李嘉图等的出发点是作为个人的"经济人",他们强调经济活动的本质是出于供需关系的个人与个人之间的交换,自由贸易的目的是私人财产的增值。这是不符合历史事实的。阿尔都塞指出,人类交换关系从一开始就是社会的,而不是个人的行为。他引用人类学家马歇尔·莫斯的名著《礼品》的观点说明,社会交换的最初目的并不是互通有无,而是出自赠送礼物的好意和回赠礼物的义务,礼物的交换是社会联系的纽带;私有财产增值的欲望在原始文化和以后的强权时代并不存在。

阿尔都塞还说,人从来就生活在一定的社会结构中,个人独居的自然人和自然状态是一个神话。"社会契约论"是 17 世纪思维方式的产物,它要解释的问题

"人如何从社会关系的零点状态进入有组织的社会之中"是一个假问题。19 世纪的进化论和 20 世纪的人类学的研究成果表明,人的祖先从来就是群居动物,原始社会是结构复杂、礼仪丰富的群体。

阿尔都塞虽然认为以"自然人"为核心的人道主义是资产阶级的意识形态,但他并不认为人道主义的形式和内容可以用资产阶级的"欺骗"来解释。相反,他指出,"自然人"的观念在一种文化背景下具有某种"天然的合理性"。笛卡尔的问题"我能够确切地知道什么"及其"自我意识"的解答出自"深刻的下意识"。[1] 近代认识论的"自我意识"不是天赋的、先验的、普遍的,而是一个特殊的分类原则。按照这一原则,人的世界分为个人和社会两部分。这种分类原则本身就是意识形态,一切观念、经验和理论都要经过它的过滤,才能确立自身的存在权利。"自我意识"作为一种下意识的分类原则,把个人作为社会的本位,社会于是成了个人的集合,社会属性被归结为个人属性,个人属性再进一步被还原为自然属性。这样一来,个人权利和自由占据了天赋的、绝对的位置,成为社会和合法政府的依据;社会的不平等和不正义被归于自然差别,自由经济成为社会经济的本质。

阿尔都塞提出,消除这一深刻的下意识的途径是从意识形态到科学的"认识论上的突跃"。要像马克思在《资本论》所做的那样,不断地对意识形态进行批判,摆脱它的整体影响,达到客观地把握整体结构的科学。这实际上就是要用关于社会结构的科学来自"自然人"的个人主义观念。

4

"理性人"和"文明人"的消解

福柯的"知识考古学"是对西方近代以来各种关于人的知识的历史考察,他由此得出的结论是,关于人的各种观念不是对人的本性和本质的真实反映,也不是思想启蒙的必然产物,而是外在的、偶然的历史事件的产物。这一结论对近代以

---

[1] Arthusser, *For Marx*, trans. by B. Brewester, New Left Books, London, 1969, p.233.

来的理性主义的传统具有极大的破坏作用,直接导致了"理性人"和"文明人"观念的消解。

过去,人们一直把文明解释为人类理性的长期发展和科学知识的诞生的结果,但福柯的《癫狂与非理性》却把理性的文明追溯到一个偶然的历史事件——17世纪中叶麻风病在法国的灭绝和大囚禁时代的开始。他要告诉人们的道理是,理性的标准不是天然的合理性,不是来自知识的论证,而是一定的外在的历史因素所造成的。更重要的是,"理性"观念随之产生。福柯说:"只是在癫狂与非理性的关系之中,癫狂才能得到理解,非理性是癫狂的支撑,或者说,非理性限定了癫狂可能性的范围。"[1] 在相当长的历史时期,理性与非理性的关系是平行的,而不是对立的,癫狂也不被当做是应受理性管辖和匡正的疾病。只是在特定的历史条件下,癫狂才被视为危害社会的罪恶,应受到社会的管辖和理性的审查。因此而来的后果是理性与非理性的对立,以及理性在这样的对立中获得了凌驾于非理性的权威,理性因此成了判断人类和全社会利益的标准,具有支配一切的力量。理性的时代就是这样开始的。

在《事物的秩序》一书中,福柯考察了现代文明的"知识型"的变迁。"知识型"的特征依生物学、经济学和语言学这三门学科的内容而定。因为福柯认为,人是生活着的、生产的、说话的动物,关于生命、劳动和语言的学科反映了人的生物、经济和文化的特征。因此,我们可以把"知识型"看做是关于人自身特征的知识。《事物的秩序》的副标题是"人文科学的考古学",它的一个中心问题是:人何以把自身作为研究的对象?福柯说明,文艺复兴的"知识型"是"相似性",人与万物是相似的;古典时期的"知识型"是"表象",人是表象的主体,但不能表象自身;现代的"知识型"是"抽象"。在抽象的主客体关系中,人既是表象的主体,又是被表象的客体。人被理解为这样的存在,只有在他的内部,知识才成为可能。人的"自我表象"的特征表现在康德和现象学关于"自我意识"以及存在主义关于"自我"哲学之中。这一时期发展起来的人文科学以"人"为对象,"人"走到了表象的前台,成为世界的中心。正是在此意义上,福柯说,人是19世纪以来的产物。

---

[1] 转引自莫伟民《主体的命运——福柯哲学思想研究》,上海三联书店1996年版,第51页。

但是，到了当代，一种新的抽象力量——意指活动，被索绪尔的语言学、拉康的精神分析学和列维-斯特劳斯的人类学发现了，人的经验不再是自我意识的对象，主客观的关系和人的优越性都被结构所消解了。这意味着，"人被消解了"。[1] 福柯的意思是，作为知识的主体和知识的对象的"人"已经不复存在，"人只是近期的产物，并正在走向消亡"，"人像是画在沙滩上的肖像，是可以被抹去的"。[2]

5

"文化人"的消解

结构主义实质上是一种"文化哲学"，其原则是"文化高于自然"，并进而把文化解释为符号系统。早期的结构主义者尚承认人是使用符号的意指动物，而一些后期的结构主义者，特别是罗兰·巴尔特（Roland Barthes）开始用符号系统来消解人。巴尔特想把符号学建立成一门可与自然科学相媲美的科学。如同自然科学中没有个人的地位一样，符号学不研究人，它只见符号，不见人；如同自然科学的对象统一于最小的单元——原子、粒子，社会对象也统一于符号；符号之间的关系也服从一定的结构关系，如同自然要素服从数学关系一样。

雅克·德里达（Jacques Derrida）的解构主义进一步消解了任何结构和系统，包括符号系统和使用符号的"人"。我们知道，"文化人"的主要特征是使用符号进行主观创造。德里达既消解了符号系统，又否认了人的主观创造，这就从根本上消解了"文化人"的观念。

在德里达看来，一切文化现象都只是文本而已，"文本之外无他物"。他的意思是，一切对象都要通过文本才能被理解，才能被赋予意义。文本不是静止不变的书本，文本的意义是在写作和阅读时被显现出来的，由此，文本是写作和阅读的过程。那么，写作是什么呢？一言以蔽之，写作是字符的流动。德里达强调，书写

---

[1] Foucault, *The Order of Thing: An Archaeology of the Human Sciences*, Vintage Books, New York, 1994, p. 379.
[2] 同上书，第 312、326 页。

的字符才是真实的语言;语言的特征在于它的自主、独立性,语言独立于一切,甚至独立于人。字符的特征在于,它独立地存在于空间中,是印在纸上的物质存在;在字符起作用的时候,书写者并不存在。字符所能具有的意义并不依赖于与它相关的人,不但在它被读者理解的时候是这样,而且在它被作者书写的时候也是如此。作者的心灵并不是意义的源泉。德里达的解构就是对写作中的字符不依赖于作者的意义的揭示。当作者要用字符来否定文字的作用时,字符却肯定了自身;当作者要用字符做出区别时,字符却显示出混同的意义;当作者要把字符限定在逻辑的范围中时,字符却在逻辑以外的领域创造出隐喻。

文本是字符的流动所"编织"(textile)出来的网络。在"文本"这一网络中,无中心、无结构、无本质。字符在编织文本的同时,解构了一切中心、结构和本质。在文本之中,没有主观和客观的对立,甚至没有作者和读者的对立。文本是向作者和读者同样开放的意义领域;作者的写作和读者的阅读是同样的意义的流动过程,但没有任何一方、任何一个人是文本意义的最终决定者和裁判人。文本的意义是字符流动的产物,它既不依赖于作者的意识,也不依赖于读者的意识。解构主义者声称,文本是没有作者的写作,作者死了;文本又是没有读者的阅读,读者死了。如果说,文本是文化的符号,那么文本的"作者"和"读者"就是使用文化符号的"文化人";"作者死了"和"读者死了"的结论宣告了"文化人"的消解。

6
"心理人"的消解

现代"心理人"的观念是依据弗洛伊德的精神分析说而建构出来的。福柯的"知识考古学"的任务是消解"理性人"观念,而他后期提出的"系谱学"进一步消解了"心理人"。"心理人"把人看做是心理能量的中心,并认为社会中的人可以通过意识控制自己的心理冲动。福柯针锋相对地用"身体/力量"这样的概念来代替"心理人"。

在福柯看来,人就是身体以及与身体不可分割地联系在一起的力量。这样的力量有两种：一是加诸身体的"权力"；二是身体自身的"强力"。加诸身体的权力塑造、训练、折磨身体，强迫身体执行命令，从事指定的仪式性活动，按照规定发出符号，并按照差别的原则，把身体处于象征性的对立关系之中，包括阶级关系、家庭关系、师生关系、上下级关系。另一方面，身体也拥有自身的力量，身体自身的力量如同尼采所说的强力，它是欲望和意志力，是革命的源泉，其特征在于扩张。身体的强力"倾向于产生力量，并使它们增长、有序，而不是致力于去阻挠它们，使它们屈服或摧残它们"[1]。

身体是权力与强力较量的战场，两种力量在身体内进行着无声的、秘密的内战。身体内的微观战争是宏观的社会组织与经济关系的基础。身体是社会的真正基础，这并不是因为它统摄一切，而是因为一切都来源于它；不是因为它处于中心，而是因为它处于边缘和底层。系谱学正是在这一基础之上，从微观的角度，在人的身体的内部，看待加诸身体的权力是如何塑造人、改造人的。

加诸身体的权力塑造"正常人"的形象，代表权力监管、约束身体。比如，弗洛伊德的精神分析学说所谈论的性本能。性并不是人的自然本能，而是一定的话语的产物，它涉及知识的领域、正常人的标准和主体性的形式等问题。弗洛伊德学说代表的现代的性观念是控制我们的秘密，它使"性"成为人的本性，成为意义的源泉和中心、生命中最重要的真理。对于性欲的态度成为是否为"正常人"的试金石。生物学、病理学为人们提供了自我监督、自我约束的科学标准，性行为不再受"罪恶"的指控，但受"不正常"观念的压抑。

吉尔斯·德勒兹(Gilles Deleuze)也承担了消解"心理人"的任务。他同意福柯所说，资本主义后期关于正常人的标准是通过精神分析学说而建立起来的，在人出生伊始，弗洛伊德和拉康等人就把对家庭的犯罪感加在他身上。德勒兹质问道："逾矩、犯罪、阉割决定了下意识，这岂不是神父看待事情的方式吗？"[2]

德勒兹把人看做欲望的流动，是一架"欲望-机器"(desiring-machine)。他说，欲望是类似于工厂那样开工和生产的物理的、机械的过程，"除了欲望和生产，什

---

[1] Foucault, *History of Sexuality*, trans. by R. Hurley, Vintage Books, New York, 1980, p. 1373.
[2] *L'anti-Oedipus*, pp. 132–133.

么也没有"[1]。"欲望-机器"是无器官的身体,人的身体只是接受欲望的工作器官。当欲望作用于身体的不同部位时,便产生了不同的欲望,如作用于味觉和消化器官的欲望产生食欲,作用于性器官的欲望产生性欲;同样,求知欲、权力欲、荣誉欲等也都是欲望作用于某些身体器官而产生的。但是作为"欲望-机器"主体的身体是一个整体,不是欲望作用部位(工作器官)的组合。身体是欲望的载体,身体的每一处都分布着"欲望-机器"的动力和燃料,它既感受到欲望的无序的扩张,又感受到欲望在某一器官的集中。

在德勒兹看来,人的精神分裂状态更接近于"欲望-机器"的运转,精神分裂状态中的意义是永不休止的流动,在不停止地显现意义,如同德里达所说的"散播"和"分延"的过程。精神分裂的这种状态比正常状态更接近于"真正"的意义。精神分裂者体验到的意义正是无潜抑的欲望、无休止的欲望的生产,他们不是正常社会中的疯人,而是疯狂社会中的正常人。他们对社会的一切都深感厌烦,否认社会的一切准则。用德勒兹的话来说,他们只按照"欲望-机器"的自然规律生产和生活,是一群"无产者、复仇者、资本主义的掘墓人"[2]。

福柯和德勒兹对精神分析学说塑造的"心理人"的批判是一种政治批判,但也反映了后现代主义的一个特点,这就是消解一切中心、本质和结构,特别是要把"人"这一中心、本质和结构消解在无休止的欲望的流动过程之中。

7

"生物人"的消解

与法国的后现代主义相比,英、美的后现代主义从现代科学技术中吸收了更多的概念,他们不是把人消解为欲望之流、字符之流,而是信息之流、能量之流;他们不是依据政治批判或社会理论,而是依据人在自然界的地位,重新思考人的命

---

[1] *L'anti-Oedipus*, p. 419.
[2] 同上书,第155页。

运。他们要消解的首先是在英美国家占主导地位的"生物人"观念,为此,他们需要修改达尔文的进化论的模式。

英、美的后现代主义者从怀特海(Afred North Whitehead)那里,找到了一个替代达尔文学说的进化模式。怀特海把世界看做充满生机的演化过程,这一过程的每一个机体不是个体,而是一组关系,它们在与其他关系的相互作用中保持着自身的组织结构,同时不断调整自身的活动方式,以应付环境的变化。与达尔文的进化模式不同,过程哲学强调机体不只是盲目地适应环境,消极地等待自然选择,而是主动地预见未来的变化,在多种可能的活动方式中选择一个,并按照期望值实现与否及时调整行动。怀特海认为,预见性或目的性是进化机体的基本功能,没有这一功能,它们就不能在无时无刻不在变化的环境中存活。心灵的本质是预见未来,根据预见选择活动方式。在此意义上,每一种有机体都有程度不同的心灵。进化表现为心灵的预见范围越来越大,越来越准确,反应活动越来越及时、有效。因此,进化不是自然选择的结果,而是随机的创造和有目的之选择,用怀特海的话来说,进化是"向创新的创造性的攫升"[1]。

怀特海的过程哲学是一种形而上学,还需要科学理论的中介,才能与达尔文的进化论对垒。普里高津(Ilya Prigogine)的耗散理论充当了后现代主义者需要的中介。根据耗散理论,生物和一些无生命的事物有着与外界交换能量的耗散结构。在能量交换的涨落较小的情况下,系统通过负反馈维持平衡;但当能量涨落很大、系统无法自我调节时,正反馈开始起作用,在不断加强、放大的能量涨落的冲击下,系统或者崩溃,或者重新组织自身。如果系统有自组织的能力,那么新的耗散结构有着更高层次的复杂性,能够接受更大的能量流,同时也更难以平衡能量的涨落,自组织的几率越来越大。这样就为自组织能力较低到自组织能力较高的系统的进化提供了条件。进化的关键取决于处理信息的方式:负反馈导致停滞,正反馈引起进化。

控制论用信息交换代替了耗散理论的能量交换,组织的复杂性可被等同于信

---

[1] 转引自杰里米·里夫金《生物技术世纪》,付立杰译,上海科技教育出版社2000年版,第215页。本分节根据该书第七章编写。

息的积累,进化是信息处理能力的逐步推进和改善。生物的预见和反应与信息的反馈和处理,以及系统的平衡与自组织,都是宇宙进化过程的同一种现象。生物的进化是处理信息的基因不断改良的过程。

在这个被修改了的进化论的模式中,如何看待人这一进化的最高产物?有两种不同的观点:按照功能主义的"行为人"的观念,人是最好的信息处理机器;按照后现代主义的观点,人这架信息处理机器可以进一步被还原为自由分解和组合的信息流。

控制论的创始人维纳设想,人既然是信息的一种模式,那么能否把人的身心分化为信息流,"以类似电报的方式,从一个地方传到另一个地方","能否有一个接受工具可以重新使这些信息以适当的方式恢复成原来的身体和心智呢?"他认为,"这种想法具有高度的可行性",问题只是技术困难。[1]

基因技术的进展似乎为实现维纳的设想提供了可能性。控制着人的身心的基因是可被数字化的信息块,如果把人的基因分解成信息数码传递、复制、接受、储藏,这些被分解的信息数码也可被还原为基因,乃至基因控制的生命过程和人的全部身心。现在的计算机已经可以完成信息数码与图像(包括人的图像)之间的转换,谁能断言未来功能无比强大的计算机不能完成信息数码与基因和人体之间的转换呢?美国科学幻想电影《星际旅行》为人们描述了这一未来图景:在宇宙飞船"企业号"上有一间"运输舱",人体在这里被转换为数以亿计的信息块,以电子脉冲的形式送入太空,这些信息在目的地被下载,被重新组装成人的原状。

后现代主义者并不满足于人与信息流的互换。他们设想,人被消解为信息流,可以获得任何形式的物质形式。戴森(Freeman Dyson)说:"对生命可能存在的物质形式设置任何限制都是不可能的……可以相信在另一个1010年里,生命进化可能远离肉体和血液,变成镶嵌在一团星际黑云中……或者有意识的计算机中的东西了。"[2]这个没有肉体和血肉的东西不能被叫做"人",与人也没有共同的语言、知识和能力,但无疑比人更加高级。与此相反,有些未来学家预测,人类未

---

[1] 转引自杰里米·里夫金《生物技术世纪》,付立杰译,上海科技教育出版社2000年版,第222页。
[2] 同上书,第229页。

来或许会退化为低级动物。比如,狄克森(D. Dickson)在《未来的人类》一书中预言,由于人类生存环境被破坏,50万年以后的人类将回到树上,成为茎状软体动物。

生物学家西尔弗(Lee Silver)在《重造伊甸园》一书中以乐观主义的态度描述了人类未来进化成的生物:"在这一新时代,存在着一组特殊的脑力劳动者。尽管他们的祖先可以直接追溯到智人,但是他们和人类的差异就像人类和具有微小脑部并首先在地球表面爬行的原始蠕虫之间的差异一样。很难找到确切的语言来描述他们的特征。'智力'不足以描述他们的认知能力,'知识'不足以解释他们对宇宙和其意识的理解深度,'强大'不足以描述他们对用来塑造他们所生活的宇宙的那些技术的控制程度。"

但是,西尔弗提出了一个耐人寻味的问题:这些"脑力劳动者"将如何看待人呢?"他们发现自己将直面自己的创造者。他们看到了谁?是否有什么东西是20世纪的人类无论这样想象也无法捉摸的呢?当他们试图想象最初人类形象时,是否只是简单地看到了自己的镜像?"[1]

对于这个问题,我们的回答是:是的。不管人类的未来如何,也不管人类未来进化成的生物与现在的人类有多大程度的共同之处,但是只要他们能够提出——如果他们比人类更高级的话,也必定会提出:我是谁?我从何而来?我的命运如何?他们就一定会像他们的祖先那样,反思自身的形象,设想出一个接着一个的关于自身的观念。这是一个未来的必然性。

未来的另一个必然性是,未来人类(或人类未来进化成的高级生物)反思自身的观念必定会回到现存的人自身的观念。这是普特南通过"缸中之脑"的思想实验向我们证明的一个道理:即使把人变成宇宙间一台超级计算机,只要这个东西反思自身,一旦它提出了"我是谁"的问题,它就不再是一架机器,而又变回成人。

从未来的这两个必然性,我们可以得到这样一个必然的结论,人学不会消亡,"人"是消解不了的。后现代主义者试图消解历史上一个个关于人自身的观念,但他们取消不了"人的问题"。"人的问题"自从希腊人提出的"斯芬克斯之谜"开始,

---

[1] 转引自杰里米·里夫金《生物技术世纪》,上海科技教育出版社2000年版,第228页。

一直吸引着人类的思想,引导着人类的行动。只要人类继续存在,或者人类未来进化成的高级生物可能存在,那么"人的问题"就会继续吸引智慧这一"宇宙进化的最美丽的花朵",继续引导理性存在者这一"万物之灵"的生活实践。"人"的观念史还要继续写下去,叙述的"人"的故事还要接着讲下去,但以不同的方式叙事。

二、研究人的新范式

在消解"人"的时代,达尔文的进化论为人的观念提供了新的叙事方式。我们在前面看到,达尔文的进化论曾经是"生物人"观念的基础。达尔文的进化论在诞生不久,就被运用于解释社会现象,产生了所谓的社会达尔文主义。第二次世界大战之后,社会达尔文主义在学术界的影响逐渐消失,达尔文主义的现代综合理论成为生物学的主流思想,并在20世纪后半叶再次进入社会和文化研究领域。

社会文化研究领域的"综合达尔文主义"与先前的社会达尔文主义有一个显著的区别:它不是对人们当前面临的社会问题做出解答,而是为关于人的研究提供了不同的新范式。所谓范式,指一个科学理论,它对本学科和其他门类的科学理论具有方法论的指导作用和理论示范意义。比如牛顿力学、爱因斯坦的相对论就是这样的范式,现代达尔文主义也是这样的范式或科学研究的纲领,它对关于人和社会、文化的研究具有方法论指导作用和理论示范意义。以下我们将用西方的一些跨学科研究的范例,来说明"达尔文范式"的成就和意义。

1

进化论的纲领:"自然选择"

虽然达尔文的名字是与进化论联系在一起的,但进化论并不是达尔文的发明。早在古希腊时期,一些自然哲学家就已经提出了关于生物物种进化的猜测。他们只是在猜测,因为他们没有回答生物为什么会进化以及如何进化的问题,就是说,他们没有发现生物进化所需要的机制。在达尔文之前,拉马克(Jean-

Baptiste Lamarck)已经提出了一个比较成熟的进化论,因为他不但肯定物种从简单到复杂的进化过程,而且开始回答进化机制的问题。拉马克提出的机制是"用进废退",并且,"用进废退"的功能变化是可以遗传的,由此,一个生物个体因适应自然环境而后天获得的新的性状可以遗传给后代,产生新的物种。比如,一头鹿因为要吃高树上的树叶而经常伸长脖子,踮起前腿,它的前肢和脖子因而变长,而且它的后代也有长脖子和长腿,产生出长颈鹿这一新的物种。

拉马克的进化论保留了传统自然哲学目的论的残余,他认为生物为了达到一定的目的而进化、而遗传,这赋予生物以主动适应和选择的能动性。"用进废退"和"获得性状遗传"的解释需要对生物的主观努力做太多的假设,这与强调客观性、反对目的论的自然科学精神不相吻合,因此还不能被当做真正意义上的自然机制。

达尔文认为,生物没有预测、选择和改变环境的目的性,也没有把因适应环境而养成的后天习惯遗传给后代的自然机制。生物适应环境的行为是无目的、偶然的;物种能够遗传的性状是先天的,后天获得的性状不能遗传。但是自然界有一种必然的、合规律的淘汰或保留物种的机制,这就是自然选择。

按照达尔文的进化论,物种的遗传不只是一成不变地复制,复制过程总会出现变异,总会出现一些"与众不同"的个体。遗传中的变异是盲目的、偶然的,并不是为了更好地适应环境而发生的。与此同时,自然环境也在不断地变化,原来与环境相适应的物种由于不再适应新的环境而消亡,这些物种的变异体中的一部分也会因为同样的原因而消亡,但是它们中总有一部分会适应环境的变化而被保存下来,并繁衍成新的物种。这些新物种也会随着环境的进一步改变而消亡,而它们的变异体则又繁衍成更新的物种……如此形成连续的物种进化。在进化过程中,不是物种主动适应自然,而是自然选择决定物种的生存。物种的变异能够适应环境的变化只是一种巧合,而自然的选择却是必然的,它必然淘汰那些已经不能适应环境的物种,必然保存那些恰巧变得能够适应环境的物种。

达尔文在讨论物种进化的原因时,除了强调自然选择的作用,也强调物种之间,以及物种内部个体之间"生存斗争"的重要性。这就提出了这样一个问题:自然选择与生存斗争是什么关系呢?在中国,最早介绍达尔文进化论的严复用"物竞天择,适者生存"概括它的基本原则。"物竞"指"生存斗争","天择"指"自然选择",把两者并列,作为"适者生存"的两个前提,也产生了一个问题:"适者生存"究竟是生存斗争的胜利的结果,还是自然选择所保留的结果?这两个结果大不一样:前者强调物种(或物种内个体)决定自身命运的主动努力,后者强调的是不受物种努力限制的自然选择的决定性作用。"适者生存"是达尔文的同时代人斯宾塞首先提出的口号,"生存斗争,适者生存"意味着生存斗争中的强者就是"适者"。在充满着生存斗争的社会环境中,"物竞天择,适者生存"成为一个带有社会达尔文主义气息的口号,它意味着生存斗争的胜利者就是自然环境的适应者。

按照达尔文提出的"自然选择"的进化论机制,在物种的层次上,"适者"是自然选择所保留的结果,而不是"生存斗争"的结果。物种内部和物种之间的生存斗争虽然具有改进物种适应程度的作用,但生存斗争的作用是有限的,它可以限制一个物种个体数量增长的速度,但不能减少生物消耗自然资源的数量。如果自然界没有一种能够控制物种个体数量增长的机制,物种个体的数量尽管以低于几何级数、却以高于算术级数的速度不断增长,自然资源迟早会被数量不断增长的生存斗争的胜利者们消耗殆尽,以至于地球上没有任何生物种类能够生存。

"自然选择"对物种的生存或消亡始终起着决定性的作用,生存斗争仅仅起局部的、辅助性的作用。自然环境的变化调节着生存斗争压力的大小。比如,恶劣的气候所造成的食物短缺,会加剧以这种食物为生的物种之间和同物种的个体之间的生存斗争;而良好的气候则会缓解这样的生存斗争。生存斗争必须通过自然选择起作用,但自然选择却可以不通过生存斗争起作用。即使没有生存斗争的压力,自然环境的变化也会造成物种的进化,比如,由于地理隔绝和同区域的生殖隔绝所产生的新物种,往往不是在生存竞争的压力下形成的。

"自然选择"不但是物种进化的机制,同时也有效地控制着物种个体的数量,使物种的种类、物种个体的数量与自然资源之间保持着多样性的平衡。生物与它们所依赖的自然界其他部分的多样性平衡是自然选择的机制所造成的,正如物理世界的多样性平衡是物理规律所造成的那样。从这一意义上,达尔文把进化论变成了科学。

2
达尔文的范式

"自然选择"的进化机制是一个研究范式。达尔文本人并没有解决生命的复杂性和逐渐进化的全部问题,甚至对其中的一些重要问题还做出了误导性的答案。但是作为一种综合性、变革性的科学理论,达尔文的进化论从一开始就是一种能够自我发展、自我完善的理论,或者说,它是指导生命科学研究的范式。

自从库恩提出"范式"这一概念以来,很多科学哲学家和社会科学家提出了很多定义或解释。我们用化繁为简的方法,把范式的规定性概括为它需要满足的三个条件:第一,这一理论要通过严格的经验检验;第二,这一理论要具备不断深入、细致地解决问题的收敛性;第三,这一理论要有在本学科以外不断扩展应用范围的发散性。我们按照这三个条件逐一分析,说明达尔文的进化论为什么是范式,以及是什么样的范式的问题。

先说第一个问题。有人认为,达尔文的进化论仅仅是一个没有被证实的假说,这是不正确的。应该承认,任何科学理论的创立都经历了从假说到理论的过程。假说是有待经验检验或正在被检验的猜想,当假说通过了严格的检验,或者说,获得了决定性的经验证据,原初的假说就被确立为科学理论。达尔文的进化论也经历了从假说到理论的进化。当年达尔文通过对世界各地物种的相似性和差异性的观察,推测地球上的物种之间有一个按照时间顺序进化的连续的链条,并推测引起物种连续进化的原因是物种的遗传和变异,物种之间和同物种的个体之间的生存斗争,以及自然选择,其中自然选择的作用最重要。

虽然达尔文为他的学说提供了大量观察材料,但这些材料毕竟是局部的、暂时的,与他的理论所涉及的全球范围内的亿万年的进化历史很不相称。从原则上说,从一个物种进化到另一个物种的连续过程是观察不到的,观察者充其量只能发现物种在形态上的相似性,并把它们的相似解释为连续进化的结果。这种解释需要把物种按照相似性的程度排列成一个连续的系列,但已知的现存物种和已灭亡物种远远不能组成一个连续进化的系列,而且将来发现的证据也不大可能填补进化链条的空缺。另一个困难是现存的物种是过去的自然选择的结果,但过去的事件是无法观察的,尤其是长时间的、全球范围的自然选择的作用更是不可观察的。科学中的一个常见方法是用符合预测的经验事实来证实预测的正确性,但这种科学方法不适用于自然选择的学说;因为自然选择的作用是随机的,我们不能在宏观上预测未来的自然选择。由于这些困难,达尔文的进化论被不少人当做假说来对待。他们或者恪守特创论的立场,反对进化论;或者企图以其他形式的进化论(如拉马克主义)或非进化论的假说来替代达尔文的进化论。但这些努力都不成功;相反,遗传学和分子生物学的新进展为达尔文的进化论提供了决定性的证据。

孟德尔和摩尔根分别用植物(豌豆)和动物(果蝇)做实验,证明了生物可观察的遗传性状受独立的遗传因子(基因)的控制,是基因的合规律性组合的表现。基因一开始只是一个观察不到的物质,随着染色体和DNA的发现,生物学家在实验室观察到基因的成分、构造和活动方式,从而在分子生物学的层次上证明了进化的机制。现在,无数的实验证据不但揭示出基因的遗传、变异所形成生物个体的差异和相似的过程,而且知道自然选择对基因的影响。对达尔文的进化论的经验检验不能光凭肉眼观察;重要的是,要在实验室里,在显微镜下,对基因变化及其与环境的关系做仔细的观察和精确的计算。现在,生物学家已经能够精确地测定不同物种之间基因上的差异,能够按照统计学规律说明基因漂变、基因交流和适应度,能够用基因工程人为地适应或干预自然选择。如果面对这些事实,仍然说达尔文的进化论仅仅只是假说,就好像是坐飞机却说万有引力规律仅仅只是假说,每天使用塑料用品却说分子化学仅仅只是假说,在制造出原子弹之后还说原子学说仅仅只是假说!

达尔文的进化论是经过经验严格检验的理论,但不只是生物学中众多理论中的一种,而是指导其他生物学理论的范式。达尔文范式与生物学理论之间存在着相互证明的相关性:达尔文范式保证生物学理论的前提、基础和核心的正确性,而各个理论的经验证明反过来又证明了达尔文范式的正确性。时至今日,国外还有人要"审判达尔文",说什么"即使没有达尔文的进化论,一百年来的生物学也照样可以取得现有的成绩"。这是无视事实的说法。科学的事实是,没有达尔文的进化论就没有现代生物学,而现代生物学的大量成果都是证明达尔文的进化论正确性的经验证据。正如杜赞布斯基所说:"有了进化论,生物学才有意义。"[1]

但这并不是说达尔文的进化论是永恒不变的真理,它仍然有广阔的继续发展余地,这是因为范式的问题域永远是开放的。达尔文的进化论是具有范式的收敛性,他最初提出的进化论留下了大量问题,其中的关键是物种的遗传和变异的机制问题:物种是如何遗传的,如何通过变异演化为新的物种,遗传和变异受什么因素控制?从孟德尔开始的遗传学回答了这些问题。从科学哲学的角度看,生物学不断深入发展的历史所显示的,正是达尔文范式的收敛性。

与此同时,达尔文的进化论在其他领域越来越广泛的运用则表现了它的发散性,它不仅是生物学的范式,也是自然科学的其他学科,如地质科学和环境科学的范式;还是社会科学(包括人类学、考古学、心理学、社会学、政治学、经济学等)的范式;它可以并且正在成为传统上属于人文学科的研究领域,如哲学、历史学、语言学等学科的范式。

3

"达尔文的危险思想"

达尔文用自然选择对物种的遗传变异所起的淘汰或保留作用,解释了物种的进化规律。这一条规律是如此简明而又直观,任何知道如何培育家畜良种的人都可以想得出其中的道理。但就是这样一个看似简单的思想,却在社会上和思想界引起轩然大波。当代美国哲学家丹尼特把"自然选择"称作"达尔文的危险思想"。这一思想危险何在呢?首先,它对于那种认为物种是上帝所创造的神创论是危险的,对于那种用有目的、有计划的"精神"或"心灵"代替上帝作用的唯心论也同样危险;其次,它对于那种认为生命冲动力创造一切的生机论(vitalism)是危险的;最后,它对于那种认为人已经完全脱离了动物界的人类至上论,对于那种认为人

---

[1] 转引自迈尔·恩斯特《很长的论点:达尔文与现代进化思想的产生》,田洺译,上海科学技术出版社2003年版,第123页。

已经用文化和思想征服了自然的文化中心论,都是危险的。当然,达尔文的思想对于所有这些学说的危险程度是不同的,它们反对达尔文思想的角度和理由也各不相同。但有一点是相同的,那就是,它们反对达尔文的危险思想是思想界的"生存斗争":如果达尔文的思想被公认是正确的,那么基督教的独创论、本质论、目的论和生机论的哲学、生物学中的拉马克主义,以及许许多多相关的学说就没有存在的必要了;反之,如果它们中的任何一个被证明是正确的,那么达尔文的"自然选择"理论就应该被抛弃。

丹尼特又把达尔文范式的作用比作一块能够融化一切的"万能酸",没有什么容器能够容纳"万能酸",它所接触到的一切东西,不管是什么庞然大物或高深莫测的神圣,都被一点点地溶解在这块"万能酸"中。[1] 作为生物学的达尔文理论本身并不具备只有神奇的综合作用,但是达尔文的进化论作为自然科学、社会科学和人文研究的统一范式,却可以融会贯通人类知识的各个领域。正是达尔文范式的前所未有的综合作用,使它遭到那些把自己禁锢在狭隘的专业领地人们的强烈抵制;这就是"达尔文危险思想"的根源所在。

在我们看来,被人们视为"达尔文的危险思想"的进化论,恰恰意味着人类思想的重大进步,它标志着统一的科学世界观的第二块里程碑。古代的世界观是二元分裂的,世界被分为物质的和灵魂的,物质世界又被分成天界和地界,灵魂世界则再被分成有理性的和无理性的。牛顿力学证明了天界和地界都服从统一的引力规律和运动规律,打破了几千年来关于天界和地界的区分。达尔文的进化论证明了人是从动物进化而来的,而动物又是从更低级的生物进化形成的,从而打破了人与其他生物的界限,以及人的心灵与身体的二元论。以下我们从20世纪60年代的一些跨学科的研究成果说明这些领域的隔阂是如何被打破的。

---

[1] D. C. Dennett, *Darwin's Dangerous Idea*, Penguin Books, 1995, p. 63.

4

动物性与社会性

在传统的人学理论中,人的生物性与社会性是对立的,但在 20 世纪 70 年代兴起的生物社会学中,两者被结合起来。生物社会学的创始人威尔逊(E. O. Wilson)说,生物社会学是"系统地研究一切社会的生物学基础"的科学。[1] 他所指的一切社会包括动物社会和人类社会。过去,人们认为社会现象是人类所特有的,如果把某种动物的群体称为"社会",那只是因为它们表现出与人类社会相似的行为。生物社会学却反其道而行之,首先研究动物社会,然后再用动物社会的特征来解释人类社会。

按照达尔文的进化论,每一次自然选择的结果都产生了这样一些新的物种,它们能够繁殖并抚养数量足够多的后代,繁殖后代是每一物种的最高利益,它支配着生物的行为。按照进化论的生存斗争法则,繁殖更多的后代就是争夺更多的自然资源。如果一物种的每一个体都有无限制地繁殖后代的倾向,以致物种个体的数量超过了自然所能提供的生存资料,此时物种个体就会大批死亡,甚至导致物种的灭亡。

20 世纪 30 年代劳伦兹(Konrad Lorenz)开创了一门新的学科,现在被称为行为生态学,它以动物为主要研究对象。行为生态学家发现,物种鲜有因个体数目太多而灭亡的情况。相反,在一种动物个体数量与自然资源之间存在着平衡的机制:当资源充足时,动物数量趋于增长;当资源匮乏时,动物数量趋于下降。他们还发现,动物的生态平衡机制靠两种行为来维持:一是当一种动物数量过多而出现食物匮乏时,部分动物离开栖息地,到远处的荒野地自行饿死;二是部分动物终身都避免交配,以降低繁殖律。

第一种行为的典型例证是苏格兰雷鸟的行为。当冬天来临或食物减少时,它们把多余的鸟赶走,这些鸟将在远处死去。需要说明的是,驱逐行为是"礼仪性"

---

[1] 转引自米歇尔·弗伊《社会生物学》,殷世才等译,社会科学文献出版社 1988 年版,第 2 页。

的,并没有激烈的争斗,离开群体的雷鸟与其说是被赶走的,不如说是接到"请走"的信号而自愿离开的。[1] 第二种行为的例证是在大多数蜂类社会,只有一个雌性蜂王,由她承担繁殖功能,其他雌蜂则不与雄蜂配对,而致力于觅食、抚养幼蜂和保卫群体。

上述动物行为可被称为利他主义。动物虽然没有意识,但有保存生命的本能,为了保存群体的生命,它们牺牲了自己的生命,虽然这不是自觉行为,但仍可称作利他主义行为。如何解释动物的利他主义行为呢?汉密尔顿在1964年发表的一篇题为"社会行为的基因进化"的论文提出了"广义适合度"(inclusive fitness)的思想,用基因的"亲选择"(kin selection)解释动物的"利他"行为。[2] 按照这种解释,动物不自觉的利他主义行为的原因是个体基因最大限度地自我复制的倾向。在生物界,个体和种类的最大利益是繁殖后代,至于是由自己还是由亲属来繁殖,这并不重要,重要的是更多地复制自身的基因,也就最大限度地实现了自己的利益。为了最大限度地复制自己的基因,膜翅目昆虫(蜂、蚁等)让一个雌性个体专事繁殖后代,而其他雌性个体抚养后代和维持群体的生存。同样,一些动物个体之所以为群体做出牺牲,也是为了使他们的亲属更好、更多地复制与自身相似的基因。这种"利他"基因是在动物长期进化的过程中形成的,是自然选择的产物,它的出现对于维持动物生态的平衡机制、保障种类的生存是必不可少的。

5

利他与利己

道德一向被认为是人类所特有的,是有意识的选择,受崇高的理念及情感的鼓舞。但道金斯的《自私的基因》一书,用基因自我复制的功能说明道德的根源。

---

[1] 转引自米歇尔·弗伊《社会生物学》,殷世才等译,社会科学文献出版社1988年版,第17页。
[2] 参见 W. D. Hamilton, "The genetical evolution of social behaviour", in *Journal of Theoretical Biology*, 7(1964), pp.1-52。

基因自我复制是一种"利己主义"的倾向,但在群体的层面,则表现为亲属之间的利他主义行为。[1]

动物界普遍存在的父母抚养、照顾自己子女的行为是利他的,但实际上受"自私的基因"的操纵。这一行为模式被社会生物学家称为"双亲投资"模式,意思是,父母双方都尽最大努力来保存和复制它们共同的基因。有些动物,如螳螂和某些蜘蛛养育后代的任务完全由母体承担,父体对子女的"投资"则必须在完成交配后被雌体吃掉,为雌体孕育后代提供营养。"双亲投资"的模式是为了父母的基因利益,而不是为了子女的利益,社会生物学家也把它称为"父母操纵"的模式。意思是,第一,父母与子女对待养育的态度是有冲突的。父母的目的是把尽可能多的子女抚育到成年,从而最大限度地繁殖自己的基因。当一个孩子长到一定年龄能够自食其力时,与其继续照料它,不如再生一个孩子。对于长子来说,是否有兄弟无关紧要,重要的是复制自己的基因(自己的后代与自己的近亲系数是1/2,而兄弟的后代的只有1/4)。第二,父母与子女的冲突必然以父母的胜利而告终。因为如果不制止子女的任性要求,父母就不能及时地、最大限度地繁殖后代,有这种遗传基因的后代就会越来越少,最终被物种内的生存斗争所淘汰。因此,经过自然选择而保留下来的基因,执行的必然是"父母操纵"的行为模式。

从进化论的角度看问题,任何一个动物社会都以"利己主义"和"利他主义"之间的关系为基础,两者的平衡是长期自然选择的结果。一个动物社会实际上是具有亲属遗传关系的群体,其中既有"利他主义"的成员(它们会自动放弃繁殖而避免群体因生活资料匮乏而成员大量死亡的厄运),也有"利己主义"的成员(它们会无节制地繁殖自己的后代,从而抵消前者做出的牺牲所带来的群体利益)。在生物进化过程中,"利他主义"和"利己主义"行为都是突变的产物,开始时两者的数量比是不稳定的。但是,既然"利己主义"对群体利益是不利的,过多的"利己主义者"必然会导致群体的消亡。自然选择最后保存的是两种可能的结果:或是"利己主义者"和"利他主义者"相互平衡;或是只在亲属中实行利他主义的行为。在后一种情况下,利他主义者既让群体得到好处,也有益于自己的基因的复制。

---

[1] 参见 R. Dawkins, *The Selfish Gene*, Oxford University Press, 1976。

第一种结果是利己主义者和利他主义者共同组成的社会;第二种是利他主义者的社会。但是需要注意的是,即使是利他主义社会,也只是在亲属内部实行利他主义,表现为仁慈、尊重等级和为群体利益而做自我牺牲。对于亲属以外的群体,这些"利他主义"者则表现出利己主义的"基因恶意",表现为战争,表现为对非亲属的排斥和各种形式的虐待。

威尔逊把动物社会的特征运用于人类社会。人类的利他主义归根结底也受最大限度地繁殖后代的基因利益的支配,如同动物的"基因利他主义"只在亲属内部实行,人类的利他主义起源于史前时期狩猎者和采集者的小群体。按照社会生物学的"亲属选择"模式,这些小群体内部服从首领的统治,相信巫师的魔法,实行男女分工,对外则互不信任、相互排斥。史前时期部落的这些特点可以解释人类社会普遍存在的一些行为,如排外、侵略、社会统治、宗教信仰、性别歧视和家庭本位,等等。

很多社会生物学家认识到,利他主义实际是基因利己主义。巴拉什说:"被错误地称作相互利他主义根本不是什么利他主义,而是彻头彻尾的自私自利,因为它产生于这样的期待:个体得到的收益大于支出。"[1] 确实,如果把尽可能地复制自身的基因称为"基因利己主义",那么,不管是单方面的利他主义,还是合作双方的相互利他主义,都只不过是实现基因利己主义的手段而已。

6
社会与个体

社会生物学低估了没有亲属关系的群体之间的社会合作行为,这显然不符合生物界和人类社会的事实。即使在不同物种之间,也有大量的合作行为。遗传学家梅纳德-史密斯用博弈论说明动物在自然选择的压力下形成的合作和竞争的行

---

[1] D. Barash, *Sociobiology*, Fontana / Collins, p. 155.

为模式。[1] 进化博弈论假定,只有那些能够最大限度地实现自己利益的物种才能生存;在利益相互冲突的条件下,一个体所能达到的最大利益不可能以牺牲其他个体的利益为代价,而要通过个体间相互作用来实现利益博弈。它们之间的相互作用包括进攻、退让、妥协、进退均衡和针锋相对等。

进化博弈论试图证明,生存斗争的策略不只是进攻,也包括退让;在一定的条件下,退让会比进攻获得更大的利益。自然选择的机制在一个物种中所保存的,必定是进攻者和退让者和两者的混合型的均衡。各种不同行为的均衡模式被称为"进化稳妥策略"。

"进化稳妥策略"之一是梅纳德-史密斯所设想的"鸽子和鹰"的模式。这是说明进退双方利益的博弈模式。这里的鸽子代表在生存斗争中的退让者,鹰是进攻者,那么则有下面的博弈矩阵。

	鹰	鸽
鹰	½(v—c)	v
鸽	0	½v

说明:v 代表收益,c 代表付出。因为双方都不会退让,鹰与鹰之间的斗争要付出高昂的代价,c>v,斗争的平均收益是 1/2(v−c);鹰与鸽之间的斗争鹰获得全部胜利 v,鸽的收益则为 0;鸽与鸽之间相互退让,平均收益是 1/2v。

这一矩阵表明,自然选择的结果不会是完全由鹰或完全由鸽组成的群体。如果一个群体完全由鹰组成,那么这个群体的平均收益[1/2(v−c)是负数]小于鸽在这一群体中的收益(0)。这意味着这时有些鹰就会变成鸽,以消极的退让获得更大的收益。反之,如果一个群体完全由鸽组成,那么这一群体的平均收益(v/2)小于鹰在这一群体的收益(v)。这意味着这时有些鸽就会变成鹰,以积极的进攻获得更大的收益。

当然,以上只是比喻的说法,动物并没有博弈的理性,并不会为了追求更大的利益而选择自己的本性。以上结果是自然选择的结果,即当群体内生存斗争趋于

---

[1] 参见 J. Maynard-Smith, *Evolution and the Theory of Games*, Cambridge University Press, 1982。

激烈时，具有"退让"型基因的个体能够获得更大收益，表现为后代数量增加；在相反的情况下，当生存斗争趋于和缓时，具有"进攻"型基因的个体能够获得更大收益，后代数量因而增加。自然选择以进退均衡的利益博弈模式，保持着动物群体内部进攻者和退让者的数目平衡，并由此进一步控制着生存斗争的节律、程度和范围。鹰和鸽之间的均衡是一个进化稳妥策略。

"进化稳妥策略"之二是鹰和鸽相混合的策略，这就是"回应者"（或"资产者"）策略。"回应者"以鹰的方式对待鹰，以鸽的方式对待鸽；但对无主的资源总是采取积极占有的态度，因此，回应者之间总是相互进攻。下面是三者的利益博弈矩阵。

	鹰	鸽	回应者
鹰	½(v−c)	v	¾v−¼c
鸽	0	½v	¼v
回应者	¼(v−c)	¾v	½v

说明：第一、二两行第三列分别表示鹰和鸽在与"回应者"遭遇时的收益；第三行分别表示"回应者"在与鹰、鸽以及其他"回应者"相遭遇时的收益。鹰与回应者之间相互进攻，鹰所获得的是它的全部收益的平均值，即3/4v−1/4c；鸽与回应者相互退让，获得的是它的全部收益的平均值，即1/4v。而回应者向鹰进攻和向鸽退让所获得的收益是鹰与鹰之争和鸽负于鹰的收益总和的一半，即1/4(v−c)；如果回应者与鸽遭遇能得到鹰胜于鸽和鸽与鸽互让的收益之和的一半，即3/4v；如果回应者之间为了争夺新发现的资源而相互争夺，那么它们将各得一半收益，即1/2v。

从这一博弈矩阵可见，第三行的数据有的小于第一、二行的对应数据（如，v＞3/4v；3/4v−1/4c＞1/4(v−c)），但其余的数据大于第一、二行的数据。这表明，在这些情况下，"回应者"能够获得比鹰和鸽更大的利益。因此，"回应者"也是一种与鹰和鸽相均衡的"进化稳妥策略"。

"进化稳妥策略"之三是"应变者"（或"无产者"）策略。"应变者"对于无主的资源采取鹰的策略，即主动争夺；对于自己占有资源采取鸽的策略，即与入侵者共享。下面是鹰、鸽、回应者和应变者的利益博弈矩阵。

	鹰	鸽	回应者	应变者
鹰	½(v−c)	v	¾v−¼c	¾v−¼c
鸽	0	½v	¼v	¼v
回应者	¼(v−c)	¾v	½v	¾v−¼c
应变者	¼(v−c)	¾v	¾v−¼c	½v

从以上数据的对比可以看出,"应变者"在一些情况下能够获得比鹰、鸽和回应者同等的甚至更大的利益。因此,"应变者"也是一种"进化稳妥策略"。

7

人类社会的合作策略

一些社会生物学家把描述动物行为的"进化稳妥策略"应用于人类的社会行为,把利益的博弈作为人类社会的基础。数学家塔克(Albert Tucker)设想了一个故事,说明在未知的情况下,人应如何尽可能地实现自己的最大利益。这个故事设想一个人与另一个人共同犯了其他人都不知道的罪行,他们被警察当做犯罪嫌疑人隔离拘留,一方不知道对方是否会供认。如果双方都不供认,每人将被判 1 年徒刑;如果双方都供认了这桩罪行,各判 5 年;如果一人供认,另一人不供认,供认的人将立功受奖,立即开释,不供认的人将被从严处理,被判 10 年。经过一番博弈,这两个人都供认了罪行。他们的博弈可用下列图形表示。

同伙	该犯	
	不坦白	坦白
坦白	1.1	10.1
不坦白	0.10	5.5

说明:坦白的最好结果是被立即释放,最坏的结果是被判 5 年;而不坦白的最好结果是被判 1 年,最坏结果是被判 10 年;在这两种情况下,坦白的结果都要好于不坦白。

| 人性与伦理

"囚徒的两难推理"已经成为当代道德哲学和政治哲学的一个典型模式。罗尔斯和高塞尔利用这一模式来论证古典的社会契约论。高塞尔在《道德契约》中把道德看做是为了社会成员的最大利益而对利己行为加以限制的制度。[1] 罗尔斯在《正义论》中说:"霍布斯的自然状态是囚徒的两难推理这一一般案例的典型范例。"[2] 霍布斯所说的"自然人"与上述"囚徒"所处的条件相似:他们都不知道对方将采取合作的或不合作的行动,差别只是在于:"囚徒"受警察管辖,而"自然人"受"自然律"管辖。按照追求自己最大利益的博弈,"自然人"走出了"人对人是狼"的"自然状态",进入了相互合作的社会状态。

"囚徒的两难推理"给人的启示是,如果把关于人的利益的博弈论模式应用于人际关系的交往,那么利益的博弈也许可以成为道德的基础之一。沿着这一想法,一些博弈论的专家最近已经做了一些有益的尝试。亚克塞罗德用计算机模拟实验,评估不同的博弈论模式的后果,证明针锋相对(Tit-for-Tat)是最佳模式,是社会合作的基础。[3]

"针锋相对"的行为准则是,首先表示合作的善意;以后根据对方的反应采取对等的行为:以进攻对进攻,以退让对退让;在相互进攻过程中,如果对方表示愿意妥协,随时与对方妥协。最终的结果证明,"针锋相对"比一味进攻或退让妥协能够获得更大的利益。[4]

8

自然与文化

体现达尔文范式的各种社会理论都使用了"自然决定文化"的解释模式。社

---

[1] 参见 David Gauthier, *Morals by Agreement*, Oxford University Press, New York, 1985。
[2] John Rawls, *A Theory of Justice*, Oxford University Press, 1972, p. 269.
[3] 参见 R. Axelrod, *The Evolution of Cooperation*, Penguin Book, 1984。
[4] 参见 R. Axelrod & W. D. Hamilton, "The Evolution of Cooperation", in *Science* (1981), pp. 211, 1390 – 1396。

会达尔文主义与消极的优生学相结合,产生出种族主义的"血统决定论"和有害的社会实践,甚至为德国法西斯的种族灭绝政策所利用。种族主义的有害后果使一些学者得出结论说,"自然决定文化"的解释模式是错误的、有害的。

首先,我们需要澄清的是,达尔文范式意义上的"自然决定文化"的解释模式与上述有害后果之间并没有理论上的必然联系。达尔文本人并不赞成"人种血统决定论"。当他读了他的表弟高尔顿(Francis Galton)写的《世代相传的天才》一书之后说:"一般说来,人的禀赋不相上下,只是由于热情和勤奋的程度不同而成就各异。"虽然他承认高尔顿的书使他改变了这种看法,虽然达尔文后期出版的《人类遗传》这本书中多次引用高尔顿的观点,但这并不能说明他接受了个人行为是由种族血统决定的观点。高尔顿创立的优生学涉及的是同一种族内个体成员的优生优育,优生学要成为种族主义,还需要附加两个前提:(1)证明人类各种族的遗传特征之间存在着相当大的差别;(2)种族之间的遗传差别是优劣之别。高尔顿并没有证明这些,更不用说达尔文了。

达尔文范式所证明的恰恰是反对"人种血统决定论"的结论。达尔文之后进化论的重大进展是遗传学的建立。分子遗传学的研究成果表明,种族内部的差异要大于种族之间的差异。列文定在1972年做了一个精确的测定。他从非洲人、欧洲人、印第安人、东亚人、南亚人、太平洋群岛上的土著和澳洲土著等七个不同的族群中选取了180多个样本,分析族群之间和族群之内的基因差异。结果是94%的差异发生在族群内部,族群之间的差异只占6%。[1] 从此之后,遗传学家用不同的抽样法做实验,证明传统上认为属于不同种族的族群之间只有10%左右的基因差异。科学的结论是,"种族"内的个体差异要比"种族"之间的差异大得多。

再说,种族之间的差异也不是优劣之分,一个种族的遗传特征在某一方面不如另一种族,但在其他方面则优于他们。没有遗传学的证据可以表明,在现存的人类各种族之间,一个种族在整体上要优于或劣于其他种族。

---

[1] 参见 R. C. Lewontin, "The apportionment of human diversity", in *Evolutionary Biology*, vol. 6, ed. by T. Dobzhansky, Plenum Press, New York, 1972, pp. 381–398.

有人忧虑,当前正在发展的基因技术对人类未来可能造成无可挽回的危害。如果这些忧虑是有根据的,那么其根据正是达尔文范式本身。人类基因的修复、嵌入和人工复制是对长期进化形成的人类基因库的变动。把基因技术运用于人而引发争论的实质是:个人或一部分人是否有改动人类基因库的权利。从更深的层次上来看,争论的焦点是人在自然界的地位问题。反对者认为,自然是完美的,自然不做无用功,看起来有缺陷的自然产物是自然整体不可或缺的一部分;人不能完全理解自然的整体和谐,不能预测未来,人工干预自然进程会产生难以想象的灾难。赞成者则认为,自然是有缺陷的,人有改变自然的能力和责任,人不但要改造自然界,而且要改造自然进程造就的人本身。不难看出,恰恰是反对变动人类基因库的立场更接近达尔文范式,而主张用人工方式大规模地改良人、复制人的立场属于非自然主义的人类中心论,这恰恰违反了达尔文范式。

运用"自然决定文化"的达尔文主义解释模式的目的是为了打通人的自然本性与社会文化之间的二元区分,用统一的科学世界观解释自然和人类社会。现在,人已经可以在基因的层次上认识和谈论人的自然本性。威尔逊等人承认基因与文化的相互作用,他用基因和文化的"同步进化"(co-evolution)来解释一个社会文化行为的总和。文化不是先天的,它包含着社会习俗的后天选择和传授,但是,威尔逊强调,后天选择受遗传的倾向和禀赋的影响,而遗传特征又是自然选择的结果。所以归根结底,能够有效地适应环境的文化选择是自然选择的基因的倾向。我们常用"文化沉淀"来解释传统,从进化论的观点看,"文化沉淀"只能靠基因的复制来传递,而习俗是后天的获得,是不能遗传的。

"基因和文化的同步进化"的概念解释了先天的基因控制与后天的文化习俗之间同步互动的进化过程。一种文化传统是由具有此种基因的人创造的,这些人最初在社会里只是少数,但他们创造的文化就是新的环境,它对基因的繁殖具有自然选择作用,使得具有这种基因的人能够在这一文化环境里获得较大的利益,后代数目较多;没有这种文化基因的人则逐步被环境所淘汰,直至社会的全部或大多数成员都与这一文化环境相适应,他们所"选择"的习俗其实不过是自然选择所保留的基因对环境的适应方式。

只要把"自然"理解为包括文化习俗之内的广义的环境,"自然选择"的模式也适用于对文化习俗的选择。这里似乎有一个循环：文化改变环境，环境选择文化。但如果我们把一种新的文化产生的根源归结为变异所产生的新的基因，那么环境与文化的逻辑循环便成为基因控制的行为改变环境、环境选择和保留适应的基因的进化过程。就是说，"自然选择"通过基因的变异和繁殖最终决定着文化的适应性和发展的方向。

9

物质与意识

统一的科学世界观需要打破的最后一个壁垒是物质与意识的二元区分，尤其是身心二元论。这也是最难打破的区分。19世纪的哲学家海克尔把身心关系称为"所有一切现象中最奇异的现象""心理学的神秘中心""理性难以攻克的坚壁"。[1]

20世纪西方哲学家和科学家为解开这一关于人自身的"宇宙之谜"所做的努力大都采取了唯物主义的解释模式，即把意识解释为人的大脑的活动和机能。但是，关于大脑活动和机能的物质基础，各派有不同的解释：行为主义以人的生理活动来解释，物理主义以神经系统的理化属性来解释，功能主义以机器的信息处理程序来解释。这些解释属于广义上的物理主义，其特点一是把大脑的属性和功能还原为物理规律决定的现象的还原主义，二是否认心理现象独立性的取消主义。

有些哲学家根据达尔文范式，针对物理主义的解释所暴露出来的还原主义和取消主义的问题，提出了修正和补充的解释。

根据进化论的解释，进化高级阶段出现的特性不能被还原为低级阶段的特性。卡尔·波普尔不满意物理主义解释的还原主义态度，创立了进化认识论，对人类意识的产生做了符合达尔文进化论（他称之为"形而上学的纲领"）的说明。

波普尔强调，生物有为适应环境而改变爱好和目的之主动性，并随之引起基

---

[1] 海克尔：《宇宙之谜》，郑开琪等译，上海译文出版社2002年版，第158页。

因的变异。最初,生物爱好的改变只是适应环境的一种保护性的本能反应。但到后来,爱好的改变编入开放性的基因程序,成为先天性的期待,使得动物能够采取尝试和试错的主动行为。有些动物还在神经中枢出现某些警告信号,如不安、不舒适或疼痛,警告信号使得动物改变行为方式,避免更大损害。随后,在神经系统中出现了代表警告信号的想象符号,使得动物能够采用"想象的试错法",代替以身试错的实际试错法。这样,它们能够在不受痛苦或损伤的情况下就可以排除错误。想象的试错之后出现的是动物对试错后果的反应,对有利的后果的反应是期待;对有害的后果的反应是逃避。期待和逃避都是合目的性行为,目的和意图便是意识的萌芽。进化到了人类阶段,出现了意识现象,伴随着意识出现了语言以及其他文化现象:艺术、宗教、道德和科学技术。虽然"从阿米巴虫到爱因斯坦仅有一步之差",但人类在进化中迈出的这一步极为重要和关键,不能被还原为动物行为的物质基础。人类不像动物,他们使用的是"符号试错法",人为错误所付出的代价是命题和理论的否定,而使用这些符号的人则免遭淘汰。

波普尔在他和艾克尔斯合作的《自我及其大脑》一书中,通过脑神经科学的研究,证明人获得理性知识的能力(他们称之为"自我")处于大脑的联络脑。联络脑区域非常巨大,包括优势半脑的大部分,特别是语言区,由大片连续的大脑皮层组成,拥有10万或数目更多的升级图式。但联络脑的神经结构只是"自我"的物质形式,正如纸张构成的书是思想的物质形式,但思想不等于纸张的结构。"自我"是连续脑的功能,它没有特定的物质结构,既不输入也不输出物质能量,它处在大脑的最高水平,是独立于身体和意识的存在。

严格地说,波普尔的思想并不符合达尔文范式,他强调的是思想或"自我"主动的适应性,以及进化的单向性,而不是变异的随机性和"自然选择"的决定性。波普尔本人长期拒绝承认达尔文的进化论是科学理论,直到逝世前几年才改变了态度。

丹尼特按照达尔文范式解释意识和语言现象。他原则上同意唯物主义的立场,否定有内在的心理实在,因此,心理学的术语,如"意识""相信""愿望""意向"等,并没有真实的所指。但是丹尼特不同意否认心理现象独立性的取消主义和物理主义,他强调说,民众在世世代代的日常生活中一直使用心理词汇来表达人的信念和愿望,这一事实证明心理词汇是一个在文化进化过程中自然形成的信念系统,这样的系统不可能是错误的。他说:"一个种属可以通过突变在一些无效力的体系里做'实验',但正因为这些体系的缺陷和无理性。它们不能被称作信念体系,因此,一个错误的信念体系在概念上是不可能的。"[1]

即使民众心理学不是一种关于实在的理论,也可以是一种意向系统,是解释、预测行为的策略,它有其殊胜、独到之处。丹尼特比喻说,民众使用心理词汇时,只是像拨动了算盘上的小珠;小珠并不是真实的数量关系,因而拨动了小珠并不是拨动了真实的存在,但不可否认,对小珠的拨动可帮助我们认识真实的数量关系。同样,表达和说明信念、意图并不涉及任何真实的过程和状态,却"碰巧"可帮助我们解释和预测人的真实行为的发生。民间心理学是解释人的行为的原因和预测其结果的一种行之有效的策略,如果不用这种预测、解释策略,完全用物理的观点和方法,那么就会遗漏掉客观的东西。

为什么没有客观实在基础的民众心理学能够"碰巧"成功地解释和预测人的行为呢?这是一个需要解释的问题。偶然性不等于无理由,而是可以理解的事实;否则,那就不是偶然,而是神秘了。对于民众心理学的"理由解释"是进化论的自然选择:如果我们不如此解释和预测人的行为,人类就不知道如何行动,也许早就被自然淘汰了;反过来说,人类的祖先由于使用了一些心理词汇来解释、预测自己的和他人的行动,恰好很好地适应了环境,人连同心理词汇一同被自然选择所保留,并且随着人类文化的进化,原初的心理词汇发展为民间心理学的系统。

虽然以上文字不足以显示近几十年来按照达尔文范式研究的大量成果的冰山之一角,但已初步表明,达尔文范式正在融汇一切与人有关的研究。传统世界观和社会理论分割出众多的二元对立领域:物理与心理、身体与意识、自然与文化、生物性与社会性、本能与理性、利益与道德、决定论与自由,现在,一条条鸿沟正在被达尔文范式所填平。人和生物以及无生命的物质一样,都是统一的科学世界观的对象,这些对象都可被统一的自然规律所解释。达尔文范式的解释模式是自然主义的,却不是物理还原主义和取消主义的。达尔文范式的自然主义是与进

---

[1] A. Dennett, *Brainstorms*. London, 1978, p. 17.

化的阶段相对应的分层解释模式,是自下而上的解释模式。前面还有很多路要走,但是人这一最高级、最复杂的自然进化现象最终能够得到科学的解释。这也许就是达尔文范式给予我们的信心和启示。

三、哲学的"进化论转向"

如同人性论和人的观念在西方面临着消解的危险,西方哲学本身也面临着终结的危机。在1993年发表的《20世纪西方哲学的危机和出路》一文中,我提出了这样的观点:古往今来的西方哲学经历了四次危机,前三次危机都迎来了下一阶段的哲学发展,但从19世纪末开始的第四次哲学危机至今还没有找到发展的出路,20世纪西方哲学的发展可被视为摆脱危机而做出的努力,但始终笼罩在哲学危机的阴影之中。我曾乐观地预言:"西方哲学将沿着跨学科、跨文化的大哲学的方向,最终将摆脱纯哲学带来的危机,这大概是没有什么问题的。"[1]这一结论向我提出了更深入的问题:哲学可以与哪些学科交叉?在哪些方面进行跨文化研究?哲学在当代跨学科、跨文化的研究中能够发挥什么作用?达尔文的进化论正在为一种新型的人性论提供研究的范式。这给予我们鼓舞和启示:走出哲学危机范式之路在于实现哲学的"进化论转向"。

1

哲学的"文化母体"

从历史的观点看,一种哲学理论不管多么纯粹,不管看起来与现实说多么遥远,都有它的"文化母体"(cultural matrix)。在广阔的历史视野里,不同历史时期的哲学有不同的文化母体。古希腊哲学所依附的文化母体是希腊人的世界观,它

---

[1] 赵敦华:《现代西方哲学新编》,北京大学出版社2002年版,第286页。

最早表现于希腊神话和宗教;希腊哲学的文化母体不但是神话世界观,还包括与它同时生成的戏剧、艺术、几何学、经验性的科学、医学和历史学体现出来的观察世界的"视域"和"焦点"。这样的文化母体中孕育出来的哲学是理性化的世界观,它当然也关心人。至少从苏格拉底开始,"人"成为哲学的中心,但希腊哲学家并不认为人是世界的中心("人类中心主义"是近现代哲学的副产品)。希腊哲学家把"人"定位在世界的一个合适位置,人的本质(不管是灵魂还是理智)和目的(不管是德性还是幸福)都是由人在世界中的地位所规定的。世界观对于希腊作用的重要性一直保留在以后的哲学里,以至于现在人们常把哲学定义为世界观。当我们听到这样的定义时,要注意它的定义域。希腊哲学以后的哲学虽然与世界观有密切关系,但不能像希腊哲学那样被简单地等同于理性化的世界观,因为它们的文化母体不是世界观。

继希腊哲学之后出现的中世纪的各种哲学就不是世界观。在中世纪,哲学的文化母体是基督教,基督教义的中心是人和上帝的关系,世界观出现在人神关系的视域,而不是相反。近代哲学摆脱了基督教和神学,但没有因此回归希腊的世界观哲学,因为它的文化母体不是希腊人的世界观,而是近代自然科学。近代哲学与自然科学的关系早已为人们所熟知,正如人们正确地指出的那样,近代哲学的两大派别——唯理论和经验论是分别以自然科学数学方法和实验方法为基础的认识论。但这一结论只是意味着近代哲学的文化母体是自然科学,而不是说哲学与自然科学有着同样的对象和方法。事实上,从自然科学这一文化母体中产生出来的近代哲学并不囿于对自然界的研究,从培根、霍布斯、洛克到休谟,从笛卡尔、斯宾诺莎到莱布尼茨,从法国启蒙学者到康德和其他德国唯心论者,人的内心世界比外部世界更加重要,内在的自我意识和天上的星辰同样奥秘和神圣。当然,他们对人的意识和社会行为的观点离不开自然科学设定的"参照系",这就是自然科学的理性标准和方法论。

2
脱离"科学母体"的哲学危机

不同时期的哲学与不同文化母体的关系,能够为历次哲学危机和出路的原因提供一个合理的解释。按照这一解释,当哲学与它所依附的文化母体的关系松弛、动摇的时候,哲学危机就发生了。两者关系的松弛、动摇是由于文化母体的变动所造成的;文化母体的变动可分强化和弱化两种情况。强化指文化母体因为增加了新的成分而发展壮大,附着在原来较为弱小母体上的哲学因为不能适应母体的快速成长而面临危机;弱化指文化母体的衰落,母体的弱化会引起相应的哲学危机。

两相比较,母体弱化所引起的危机比因母体的强化而引起的危机严重得多。文化母体犹如是一张皮,哲学就是附在上面的毛;母体的强化好比皮质腺分泌太旺盛,如果由此而影响到毛发的生长,可以通过机体的调节适应来治疗;母体的弱化好比皮的萎缩、退化,如果萎缩得太厉害,"皮之不存,毛将焉附"。哲学的危机也有母体的强化和弱化这样两种原因。第一次哲学危机是早期自然哲学的危机,它是由母体的强化而引起的。当原来的神话世界观发展得越来越丰富、明晰,希腊哲学也随之越来越丰富、深刻,在柏拉图和亚里士多德著作中达到巅峰。到了罗马帝国的晚期,情况就不同了。此时的希腊化的文化母体病入膏肓,已经到了奄奄一息,希腊哲学的第二次危机随着文化母体的衰落而逐步加重,最后无可挽回地消亡了。与此同时,基督教成为占统治地位的文化母体,附着在基督教文化母体的哲学随之成长起来,基督教文化不断受到异族入侵的破坏,因此发展缓慢曲折;直到11世纪以后,基督教文化母体才发育成熟,从中孕育出繁荣的经院哲学。到了中世纪晚期,基督教在文化精神领域逐渐失去统治地位。基督教文化母体的弱化造成经院哲学的危机,这在历史上是第三次哲学危机。第三次哲学危机的出路是新哲学代替了经院哲学,近代哲学从新兴的自然科学的母体中孕育产生,并随着自然科学的胜利进军而发展为哲学主流。

自然科学是近现代的强势文化,以自然科学为母体的哲学是强势哲学。这并不否认近现代哲学是多元的,近现代哲学史上充满着争论。谈到强势哲学所遭受的批判,需要区分两种情况:一种是遭到弱势哲学的批判;一种是强势哲学内部不同派别的争论。在自然科学的文化母体的成长期,强势哲学内部的争论(如经验论与唯理论之争)符合自然科学的发展方向,对哲学的发展不但没有障碍,反而起促进作用。这一时期的弱势哲学难以动摇强势哲学的根底,它们对强势哲学的批判罕有成效。但是 19 世纪后期起,自然科学的发展趋势不再是单一的方向。从发生学的观点看,单一方向对于自然科学的发育成熟是有利的,但成熟之后的科学下一步的成长是分化,向着多个方向多样发展。对于哲学而言,19 世纪后期以来,它的文化主体的变化是强化,而不是弱化。近代以来的哲学由于不能适应它一直依赖的科学母体的强化而产生了第四次哲学危机。这次危机的表现不是弱势哲学对强势哲学的挑战,也不是原来的强势哲学失去了它的文化母体的危机,而是科学母体的强化在强势哲学内部造成分化。

自然科学的强化表现为范式的转换。近代自然科学的主体是物理学,物理学的重要理论是其他门类的自然科学的"范式",如伽利略范式、牛顿范式以及爱因斯坦范式,这些都是影响自然科学整体的范式。1859 年,达尔文发表的《物种起源》具有划时代的意义,它不但使得进化论成为现代意义上的科学,而且使生物学在自然科学中的地位和作用越来越重要,使自然科学这一文化母体发生了重大的变化。

文化母体的变化迅速反映在哲学之中。19 世纪以来的现代哲学虽然流派繁多,但无不以生命和人为对象。生命哲学(包括意志主义)和存在主义自不必说,其他主要派别,如现象学对人的意识的考察,分析哲学对人类语言现象的分析,结构主义对社会和文化现象的分析,都是以人的生命运动的形式和特点为模式和参照,而不是以主体观察、反思客体那种认识论为模式和参照。我们能否说,现代哲学的对象和模式的转变标志着哲学已经或正在适应科学母体的变化?遗憾的是,答案是否定的。对这一问题做出否定回答意味着,即使有上述那些研究对象和模式方面的变化,现代哲学仍然没有摆脱危机。原因何在呢?

现代哲学的转向虽然与生命科学的重要性相适应,却没有采用来自生命科学的范式;相反,他们仍然按照近代形成的标准,把机械论作为整个自然科学的范式,把机械论的范式理解为科学主义。他们对那些以机械论范式为母体的哲学的批判被理解为"人本主义"或其他的什么主义与科学主义的对立。这是对作为哲学的文化母体的自然科学的极大误解。如前所述,自然科学这一母体的变化是内容上的强化,在机械论之外又增添了新的范式。新的范式限制了机械论范式的范围和作用,而不是限制了自然科学的范围和作用。以机械论为范式的哲学危机的出路在于摆脱或限制这一范式,而不是脱离或限制自然科学及其范式。相反,现代哲学不可能,也不需要脱离自然科学这一母体,它对机械论范式的批判和扬弃应该以自然科学的新范式为基础。哲学的转向归根结底是从机械论范式向来自生命科学的新范式的转化,哲学的出路在于对科学母体变化的自觉适应,而不是反科学主义。

由于缺乏对自然科学中范式变化的自觉,现代哲学出现了强烈的非理性主义思潮。非理性主义所要抵制的理性是适合于物理学研究的观察的、量化分析的理性,它同时也是以控制对象为目标的工具理性。非理性主义往往以人的意志和情感、欲望来与这种理性相抗衡。在生命科学的新范式中,生命活动服从相同的规律,研究者不需要在动物活动中区分理性、情感或意志,在人的生命活动中的理性与非理性也不是两个绝对分明的领域。这一区分的本身就是按照机械论的定性分析做出的,用非理性主义来批判理性主义的做法反映了对机械论范式的抵制,却不能摆脱工具理性给哲学带来的危机。只有建立一个新的理论,解释包括理性和非理性在内的所有人的心理意识活动,才是哲学的出路,而这一新的理论的建立,需要生命科学新范式的指导。

3

达尔文科学理论的范式性质

哲学所需要的生命科学的范式是达尔文范式。有人认为,达尔文的进化论仅仅是一个没有被证实的假说,这是不正确的。应该承认,任何科学理论的创立都经历了从假说到理论的过程。达尔文的进化论在早期被不少人当做假说来对待。但是,随着遗传学和分子生物学的新进展,达尔文的进化论成为生物学的综合理论。现在,无数的实验证据不但揭示出基因的遗传、变异所形成生物个体的差异和相似的过程,而且知道自然选择对基因的影响。

我们说达尔文的进化论已经通过了严格的经验检验,但这并不是说它是永恒不变的真理。它仍然有广阔的继续发展余地,这是因为,范式的问题域永远是开放的。在任何时候,一个范式都不会一劳永逸地解决所有问题;相反,它在成功地解决一些问题的同时留下了其他问题。这些有待解决的问题吸引科学家的关注,他们使研究方向集中于范式中的问题,使范式指导的理论越来越深入,这就是范式的"收敛"效应。达尔文提出的进化论留下了大量问题,其中的关键是物种的遗传和变异的机制问题,从孟德尔开始的遗传学回答了这些问题,遗传学的发展需要对遗传物质进行微观研究,由此产生了基因理论,以及在分子生物学层次上研究物种进化的群体遗传学。现在的生物学是最有活力的、对人类生活最有影响的科学,它的成果和应用日新月异,深入到人类生活的方方面面。从科学哲学的角度看,生物学不断深入发展的历史所显示的,正是达尔文范式的收敛性。

如果说现代生物学的发展方向集中表现了达尔文范式的收敛性,那么,达尔文的进化论在其他领域越来越广泛的运用则表现了它的发散性。达尔文范式比科学史上其他范式有着更广泛的发散性,它不仅是生物学的范式,也是自然科学的其他学科,如地质科学和环境科学的范式,而且是社会科学(包括人类学、考古学、心理学、社会学、政治学、经济学等)的范式;它可以并且正在成为传统上属于人文学科的研究领域,如哲学、历史学、语言学等学科的范式。统而言之,达尔文的进化论是一个涵盖自然科学、社会科学和人文学科的统一范式。现代学术的特点是高度的分化、专业化,自然科学、社会科学和人文学科分野明确,这三大领域内部学科林立,界限分明。达尔文范式如何能够跨越这么多的隔阂界限呢?那是因为它适应了对人进行综合研究的需要。

人对自身的研究要比对自然界的研究落后得多。在达尔文之前,人甚至还不知道人类的直接祖先是猿;当达尔文指出了这一真理,仍然有人拒绝承认。虽然大多数人现在已经把达尔文的理论作为研究人类起源的范式,但其他学科的研究者好像觉得他们对人的研究与达尔文的理论没有关系,仍然从各自的角度研究人。人是最复杂的研究对象,人不仅属于物质世界,也属于精神世界;人既有生物性,也有社会性;人既是社会成员,也是独立的个体;人既是可观察的行为者,也是在大脑这一"黑箱"里工作的思想者。没有一个综合的范式,没有一个工作总图,研究者只知道自己研究的那一个部分的一个片段,那无异于瞎子摸象。把达尔文的进化论作为研究人的范式,这不是我们从逻辑上分析出来的一种理论需要,而是当今最新研究的现实,已经成为科学研究的发展趋势。我们不妨看看近四十年来达尔文的进化论是如何发展成人理解自身所不可缺少的科学范式的。

4
达尔文范式关于人的研究

达尔文的进化论从诞生起就成为科学地理解人类起源的范式,考古学、人类学和动物学用不同的证据证明了从猿到人科动物,以及从早期人种到现代智人的进化过程。20世纪70年代以后,分子生物学加入人类起源的研究。对线粒体和血型DNA等遗传物质所做分析,可以揭示世界不同族群的分化时间,从而证明现代智人的共同起源,确定他们的起源地,以及迁移到世界各地的时间。从各族群分化的时间,也可以推断现存的5000多种语言有着共同的原始母语。世界各主要语系的分化,以及各语系内的进一步分化,与各族群和民族的分化是同一个过程。[1]

达尔文的进化论曾经被错误地推广到社会,出现过"社会达尔文主义"的错误学说,甚至导致臭名昭著的种族主义。达尔文范式指导的最新理论证明,世界上现存的所有人都属于同一人种,在生物学上有着共同的起源,按照肤色等外表特征划分的种族,看起来差别很大的种族,其实在基因上的差异还不到千分之一。"种族"不是一个科学的概念,种族主义更是与达尔文主义格格不入的谬论。

同样,人与动物在生物学上的差异也比外表形态的差异要小得多。人与动物在基因上的相似性为我们理解人的行为提供了一个重要的参照系。威尔逊于

---

[1] 参见卡瓦利-斯福扎《人类的大迁徙》,乐俊河译,科学出版社1998年版;Luca Cavalli-Sforza, *Genes, Peoples, and Languages*, North Point Press, New York, 2000.

1975年发表了《社会生物学:一种新的综合》一书,这本书所具有的里程碑意义在于,它用达尔文范式把动物生态学与社会科学理论综合起来。[1] 汉密尔顿在1964年发表的一篇题为"社会行为的基因进化"的论文已经预示了这样的方向,他用基因的亲属关系解释动物的"利他"行为。[2] 道金斯的《自私的基因》一书把这一思想应用到人的道德,说明了基因自我复制的"利己主义"与亲属之间的利他主义之间的联系。[3] 梅纳德-史密斯用博弈论的模式说明动物在自然选择的压力下形成的合作和竞争的行为模式。[4] 亚克塞罗德用计算机模拟实验,评估了不同的博弈论模式的后果,证明相互合作是最佳模式,是社会进化的基础。[5]

20世纪60年代产生的"新考古学"(New Archaeology)从另一个方面把达尔文范式推广到社会文化领域。新考古学的基本主张有两条:一是要对考古遗物的解释进行严格的经验检验;二是用经过严格检验的考古证据重建史前人类生活。严格的经验检验方法摆脱了长期困扰考古学界的"独立进化论"与"传播论"之争,为重建史前生活的新模式开辟了道路。新考古学的解释模式是用达尔文范式建立起来的文化进化论。这些模式纠正了过去对"进化"过程的误解,如认为社会按照人的需要和目的,朝向单一方向进步,被单一的决定性原因所支配,等等。新考古学按照达尔文范式,解释群体进化与环境选择之间的关系,用地理、气候环境、人口压力、群体的迁移和分化、亲属关系的结构等综合因素解释农业、畜牧业的起源,社会结构的变化,国家的产生。对人类文明的起源、发展和性质做出了符合达尔文范式的解释。

以上这些前沿知识向我们展示了一个事实:在达尔文的旗帜下,不同学科的科学家和文化研究者正在共同努力,解开"人是什么"这一千古之谜。人类的生存和发展面临着很多挑战,但正如一个格言所说,人的最大敌人是他自己。人只有理解自己,才能战胜自己。希腊神话里有一个"斯芬克斯之谜",它的谜底是"人",

---

[1] 参见 E. O. Wilson, *Sociobiology: The New Synthesis*, Harvard University Press, 1975。
[2] 参见 W. D. Hamilton, "The Genetical Evolution of Social Behaviour", in *Journal of Theoretical Biology*, 7 (1964), pp. 1 - 52。
[3] 参见 R. Dawkins, *The Selfish Gene*, Oxford University Press, 1976。
[4] 参见 J. Maynard-Smith, *Evolution and the Theory of Games*, Cambridge University Press, 1982。
[5] 参见 R. Axelrod, *The Evolution of Cooperation*, Penguin Book, 1984。

很多人因不知道人是什么而灭亡,俄狄浦斯揭开了这一谜而战胜了敌人;但这个俄狄浦斯却因为不知道自己的身世而酿成自我毁灭的悲剧。希腊神话的永恒魅力在于它的隐喻所含的深层意义,这就是,人的命运寄托于人对自身的理解。现在,达尔文范式在人类知识各个领域的胜利进军,标志着人类掌握自己命运时代的到来。这是人类思想史上又一激动人心的时代,在这一时代,哲学能否有所作为?这是涉及哲学是生存还是终结的问题。

5

按照达尔文范式的哲学转型

哲学家并非不知道人的问题的重要性,即使像康德这样用高度抽象方式进行思辨的哲学家,也把自己哲学要解决的问题归结为"人是什么"。我们在上面看到,现代哲学家更是把研究对象转向人或与人有关的主题。看来,问题的关键不在是否研究人,而是按照什么范式研究人。现代哲学对人所进行的专门的(specific)或主题的(thematical)研究,不是迷恋传统哲学的观点和范畴,意识不到达尔文理论的范式作用,就是以反科学主义的名义,有意识地抵制达尔文主义。

哲学的传统范畴和理论是为适应历史上其他知识形态而建立的,它们不能不加改造地用来综合关于人的现代知识。哲学只有以达尔文的进化论为范式,才能承担起时代赋予的新的综合任务。丹尼特把达尔文理论的综合作用比做一块能够融化一切的"万能酸",没有什么容器能够容纳"万能酸",它所接触到的一切东西,不管是什么庞然大物或高深莫测的神圣,都被一点点地溶解在这块"万能酸"中。[1] 作为生物学的达尔文理论本身并不具备只有神奇的综合作用,但达尔文范式借助于哲学,却可以综合人所具有的一切。

我们前面介绍的社会生物学已经是跨学科的综合知识,但社会生物学的综合并没有离开哲学。社会生物学的创始人威尔逊后来把自己的主张命名为"科学唯

---

[1] 参见 D. C. Dennet, *Darwin's Dangerous Idea*, Penguin Book, 1995, p. 63。

物论"。他说:"我曾主张,生物学,特别是神经生物学和社会生物学将成为社会科学的另类,现在进一步主张,生物学所体现的科学唯物论通过对心灵和社会行为基础的重新考察,将成为人文学科的另类(antidiscipline)。"[1] 如果说现有的社会科学和人文学科以传统的和现存的哲学为基础,那么所谓的"科学唯物论"就是哲学的另类。由此,毫不奇怪,社会生物学被很多哲学家和社会科学家批评为"还原论""生物(基因)决定论"或"自然主义"。贴在社会生物学上的这些哲学"标签"提醒我们,社会生物学的"新的综合"所引起的问题是哲学问题,它所产生的争论是哲学争论,有如我们在哲学史上看到决定论与自由意志论之争,"自然"与"文化"、"科学精神"与"人文精神"的二元对立。

达尔文范式为哲学提供了比社会生物学更有力的综合范式。需要说明的是,社会生物学不是用达尔文的进化论来解释人类社会和文化现象的唯一模式。实际上,被人们笼统地称为社会生物学的解释包含着不同的倾向,比如,在伦理问题上,威尔逊和德沃金等人强调亲属关系的重要和人性的自私,而特里弗斯等人则强调社会合作的重要和"相互利他主义"(reciprocal altruism)的人性倾向。另外,新考古学以及与之有联系的文化进化论也依据达尔文范式来解释社会与文化,但不归属于社会生物学的范畴。重要的是,社会生物学和新考古学的综合所指向的更大范围的综合需要哲学来完成,"进化哲学""生物学哲学""考古哲学"等新的哲学分支应运而生。哲学要自觉地遵循达尔文范式,就要广泛地接受生物进化论的新理论,以社会生物学和新考古学的新综合为基础,总结"进化哲学""考古哲学"等方面的新思考,探索人性、行为、环境、文化与社会之间的复杂关系,努力建立新的综合学说,并接受事实和科学的检验。

---

[1] W. O. Wilson, *On Human Nature*, Bantam Books, New York, 1979, p. 212.

6
实现哲学转向的方法

有人可能会质疑哲学是否有能力描述和解释进化论的机制。确实,生物进化论依赖经验观察、实验和数学方法,它在社会文化领域的应用也依赖田野调查和数学统计方法。遵循达尔文范式的哲学比历史上任何时候都重视经验科学方法及其成果,但哲学所要做的综合也需要运用它在历史上行之有效的直观、解释和思想实验的方法。

科学的范式是简明的真理,比如牛顿的万有引力定律可被直观为熟了的苹果掉在地上的现象,爱因斯坦的广义相对论可以被想象为空间被重力拉弯曲所产生的效应。同样,达尔文通过大量的观察和复杂的分析所达到的结论是任何知道如何培育家畜良种的人都可以想得出来的道理,以至于赫胥黎看了《物种起源》之后懊丧地说:"我为什么如此愚蠢,竟然没有想到这一点。"很多人也是出于对达尔文揭示的简明规律的叹服,而像赫胥黎那样成为达尔文的坚定的追随者。哲学所依赖的直观不是感性直观,胡塞尔的现象学把"本质直观"作为"回到事物本身"的途径,现象学的方法要求把事物当做意向对象来对待,尽可能细致地分析对象,用合适的概念加以分类,从不同层次和角度详尽地描述对象。这种方法适合于把错综复杂关系中的进化机制明晰地显示出来,是以达尔文的进化论为范式的哲学可以借鉴的方法。

哲学的解释与科学的解释有着相同的路数,现代哲学的解释学对进化论的解释模式也大有用途。解释学关心的是对历史文本的解释,它使解释者和解释对象处于界域融合的历史之中。如果把进化看做漫长的历史过程,把生物化石和史前时代的遗物、遗迹看做历史性的文本,那么解释者与他所解释的进化现象都处于进化过程中,虽然他们所处的进化阶段不同,但这些阶段的连续性意味着"界域融合",解释学的方法可以深化我们对进化论证据和解释模式的历史性、相对性和合理性的认识。

进化论的历史性和科学性是一致的,解释学和科学哲学的解释理论是相互补充的。科学哲学的证实的和证伪的解释模式对新考古学的兴起和发展起过关键性的作用。与进化论相关的理论不但需要"硬科学"的检验方法，如考古学的碳14方法的应用，基因检测在生物学中的应用；同时也需要猜想、假设，或用一次性的证据直接地检验假说，或用推理的结果间接地检验假说。后者虽然不如前者那样"过硬"，那样强势，但对于缺少可重复的、齐一的证据，相反却充满着随机性和不可逆性的自然选择和进化现象，假设和弱的检验方法可能有很大的应用范围。哲学能够为不同于"硬科学"的强检验的其他方法提供合法性。实际上，本文所谈的"范式"就是一个能够为各种可能的科学方法提供合法性的科学哲学的概念。达尔文范式的应用和发展离不开哲学的方法论。

哲学家也做实验，他们的大脑是实验室，思想实验是哲学的重要方法。所谓思想实验，指为相关论题设计一个合乎逻辑但不同于日常经验的实验环境，在排除与论题无关的条件之后，推想解决论题的必然结论。传统哲学中有些思想实验与进化论论题有关，比如，对于人性的理解，向来有"天性还是教养"（nature or nurture）的争论。早期基督教教父阿诺毕乌斯设计了一个"隔离的人"的实验，设想把一个刚出生的婴儿放在与世隔绝的房间里，由一个沉默的、无感情的人抚养成人，那么这个人将没有思维和语言，以及作为一个人所具备的一切。结论：人是后天教养的结果。中世纪阿拉伯哲学家伊本·西纳设计了一个"空中人"的实验，设想一个突然被创造出来的人悬浮在空中，眼睛被蒙蔽，身体被分离，此时他将没有任何知识，甚至连感觉也没有，但他不可能不意识到他的存在。结论：人的存在是先天的自然本性。[1]

传统的哲学家通过思想实验不可能解决关于人性的争论，因为他们设计的实验环境不同，事先排除的因素不同，关于人性的结论自然也不相同。达尔文范式为思想实验设定了限制，进化机制决定了哪些因素可以排除，哪些不能排除；但进化机制中有很多变数和不确定的因素，因此不能把思想实验全都转变成经验实验，而是使思想实验的结论更有说服力。

---

[1] 参见赵敦华《中世纪哲学长编》，江苏人民出版社2023年版，第258页。

7
哲学转向对中国哲学的意义

　　以上立论以西方学术进展为主要依据,这是因为西方哲学的危机最为明显,达尔文范式的形成和应用也主要表现于西方学术界。但这并不是说,哲学的进化论转向与中国的哲学发展无关。确实,中国的哲学和学术迄今为止还游离在达尔文范式的思想主流之外。达尔文的进化论虽然是最早被引进中国的西方思想,但20世纪下半叶形成的综合进化论以及达尔文范式在社会和文化领域的广泛应用,在中国还处于翻译介绍阶段;这些思想成果的价值或被忽视,或被贬低。中国学术发展的当务之急是认识到达尔文的进化论的范式作用,用这一范式把分散在各个学科中的有关人的研究综合起来,为此,中国的哲学同样需要实现进化论的转向。我们的主张是要使中国的学术发展融入世界学术的主流,但这并不只是模仿或跟随西方的学术成果,起步时的学习阶段是不可缺少的,但在学习的基础上,中国的学术研究必将以自己的特有方式做出创造性的贡献。

　　与世界上其他民族相比,中华民族在形成和历史发展的过程中产生出适应环境的特有方式。从达尔文范式的观点看,这种特有的适应方式起码有两点值得研究:一是中国人的基因多样性;二是中国文化传统的连续性。据复旦大学遗传学研究所2003年的研究,早在距今三万年的时间,现代智人从南到北进入中国境内的土地。[1] 到距今六七千年的时间,形成了炎黄、东夷和南蛮三大部落集团[2],以及七个文化区域,[3] 他们通过通婚和战争等方式融合为统一的民族。中央集权国家形成之后的汉族经历了与周围民族的多次融合,最终形成的中华民族不但是世界上人数最多的族群,而且在人类基因库中的比例最大。中国人的形成同时也是创造中国文化的过程,中国文化的起源可追溯到远古传说,有文字的历史开始于殷商,文化经典出现于春秋战国,在此后的2000多年时间里,中国文化的传统一直持续地、稳固地、多方面地发展,直到现代仍然有很强的生命力。可以说,中国

---

1 参见新华网2003年4月7日新闻"复旦大学研究证实东亚人群祖先来自非洲"。
2 徐旭生:《中国古史的传说时代》,科学出版社1960年版。
3 苏秉琦:《华人·龙的传人·中国人》,辽宁大学出版社1994年版,第120、69页。

| 人性与伦理

文化有着世界上连续时间最长的文明传统。

中国人的基因多样性与中国文化传统的连续性为达尔文范式的应用提供了丰富的材料。把达尔文范式应用到社会文化领域的关键问题是人的生物性与社会性、基因与文化的关系问题。社会生物学用动物学方面的材料，考古学用史前遗物的材料，人类学用世界上残存的原始部落的材料来研究这类问题，得出的结论是不全面的、不一致的。从这些材料得出的理论只适用于文化形成之中或文明之前的人类状况；在这一时期，人类行为在较大程度上受基因控制的生物性状的限制，自然环境的变化是自然选择的主要力量。但在一个成熟的文化传统和高度分化的社会里，人的思想和社会政治对人的行为和环境的影响越来越大，文化与基因、行为与环境的关系越来越复杂。威尔逊等人承认基因与文化的相互作用，但他所说的基因和文化的"同步进化"(co-evolution)只是抽象的原则[1]，因为他所擅长的动物学不能提供这方面的充足证据。我相信，中国人的历史和中国文化传统的丰富性和长期稳固性可以通过基因、行为和环境相互作用的模式得到解释。这一解释将是丰富的历史性材料与达尔文范式的结合，这将对达尔文范式在社会文化领域的推广具有决定性的意义，这一推广的成功也将使中国文化传统获得新的意义。

---

[1] C. J. Lumsden and E. O. Wilson, *Genes, Mind and Culture: The Coevolutioanary Process*, Harvard University Press, 1981.

四、道德哲学的新范式

本节要讨论的道德哲学的新范式是向应用伦理学转向。有些读者可能会提出这样的质疑：道德哲学说明伦理学的基本原则，而应用伦理学是道德哲学原则的具体应用，伦理学的基本原则及其应用总是一致的，两者的关系是"体用一源，显微无间"[1]；难道应用伦理学还能偏离伦理学的基本原则吗？把应用伦理学作为研究道德哲学的范式，岂不是如同南辕北辙那样荒谬吗？我承认，这个批评很有逻辑性，它是这样一个逻辑推理：

大前提：应用伦理学是道德哲学原则的具体应用；

小前提：道德哲学的原则及其应用总是一致的；

结论：应用伦理学不可能成为道德哲学的范式。

因此，"道德哲学的应用伦理学转向"是矛盾的说法。

我的答辩是，这一推论的大前提恰恰是我所不能同意的。我的这一回答大概会出人意料，因为"应用伦理学就是应用性的伦理学，或者是伦理学的应用"似乎是一个顾名思义的流行见解，一个无可怀疑的常识。但是哲学的分析不能顾名思义，哲学的问题往往是通过怀疑常识而提出的。本文的第一个任务是要用哲学分析的方法，提出"什么是应用伦理学"的问题，说明一个不同于流行见解和常识的关于应用伦理学性质的概念。

在我看来，应用伦理学不是伦理学原则的应用，而是伦理学的一个独立学科体系和完整的理论形态；应用伦理学的意义不是应用的伦理学，而是被应用于现

---

[1] 程颐：《周易传》序。这句话虽然是在解释中国哲学中"形而上"和"形而下"的关系，但对一切伦理学体系都是适用的。

实的伦理学的总和；它的意义不是相对于伦理学一般或道德哲学而言的，而是相对于现在已经不能被应用于现实的传统伦理学而言的；就是说，应用伦理学是伦理学的当代形态。

伦理学的传统形态和当代形态是两个相对独立的学科体系，两者都有基本原则、中间原理和应用规则这样三个部分。传统的伦理学各种不同体系都有这三部分，比如亚里士多德的伦理学的基本原则是幸福主义的目的论，其中间原理是实践智慧的"中道"，而它的应用规则是个人德性论和城邦政治学；再如，儒家伦理学的基本原则是心性学说，其中间原理是义务论的"纲常"，而它的应用规则是对士农工商阶层的道德训诫，如"官德""家训""儒商"等。

作为独立的学科体系，应用伦理学也要有这样三个部分。现在流行的各种应用伦理学不是部门伦理学，就是行业自律和职业道德。前者如政治伦理、经济伦理、环境伦理、生命伦理、科技伦理等，后者包括商业伦理、企业伦理、司法伦理、医学伦理、教育伦理、体育伦理、网络伦理等。但是这些并不是应用伦理学的全部。部门伦理学属于应用伦理学的中间原理部分，行业和职业伦理属于应用规则部分，除此之外，应用伦理学还应有属于自己的基本原则。现在的问题是，应用伦理学应有却还没有属于自己的基本原则。

既然应用伦理学还没有它的"体"，人们只好把传统伦理学的"体"借用过来，似乎应用伦理学只是传统伦理学在各部门、各行业的应用。这种情况有点像清末张之洞提出的"中体西用"。严复批评这个观点说，中学有中学的体、中学的用，西学有西学的体、西学的用，把中学的体和西学的用结合在一起，无异于"牛体马用"。[1] 目前应用伦理学的问题也存在"牛体马用"、体用不合的问题。我们今天讲的道德哲学的应用伦理学转向，主要是指在道德哲学这个最高层次上从古典形态向当代形态转移。

那么，为什么应用伦理学的"体"与传统伦理学的"体"不同呢？难道仅仅是因为现代社会和古代社会的不同吗？不尽然，传统道德哲学本身也有它自身的内在矛盾，它必须要改变，我们今天要强调的重点是转向的内在根据。传统伦理学有

---

[1] 参见《严复集》第三册，中华书局1986年版，第558页。

三种类型：目的论、义务论、功利论。

这三种类型有两个共同特点：第一，它们都是规范伦理学。传统伦理学认为，规范来自价值，而不是来自事实；价值与事实是二分的，价值是应然，事实是实然，这是传统伦理学的基本设定。但是传统伦理学的许多规范恰恰是从人的存在的事实中推导出来的，这就和传统伦理学的基本设定是有矛盾的。不过，传统伦理学认为他们对人的存在事实的各种判断都是天经地义、毋庸置疑的自明真理，而不是有待考察的事实，这样就掩盖了矛盾。比如，目的论对人性事实的判断是：人都是追求幸福的，幸福是所有追求的终极目的，但是幸福为什么会成为人生的最高目的？人一定会追求"至善"吗？目的论认为这些问题是无须讨论的。又比如，义务论认为人的义务是从道德律来的，而道德律反映在每个人的良心之内，这也是自明的道理。但是，人是不是都有良心？人到底在多大程度上有良心？关于这些问题，义务论是疏于继续考察的。同样，功利论假定的人性基本事实是：人总是追求利益的最大化，所以，功利就成为善良价值的来源，但是人为什么要追求利益的最大化？为什么不能毁灭自己的利益？功利论认为相反的假定是匪夷所思的。

第二，它们都有心理主义的倾向。所谓心理主义倾向，就是用人的心理状态来解释和描述道德规范。心理状态一般被分成三种：知、情、意。从"知"的角度研究伦理学即理智主义，强调认知功能在道德行为中的作用，理智主义与目的论有密切关系；从"意"的角度研究伦理学即意志主义，强调意志在道德行为中的作用，意志主义与义务论有联系；从"情"的角度研究伦理学即情感主义，它与功利论有很大关系；心理主义的问题在于：它往往会忽略伦理行为常常是人们的一种习惯的产物，并不总是伴随着意识活动，有时甚至是无意识、下意识的，并不是任何一件道德行为都有明确自觉的理智、情感、意志的参与，要是真的经过一番"知、情、意"的算计和选择，就往往不"行"了。"伦理"这个词就是最初从希腊文中的"习惯"（ethos）而来的，从词源上来讲是这样；从中国历史上看，孟子首先讲"五伦"，人伦也是一种习惯性的人际关系。人和人交往中的习惯并不总伴随着意识，这并不是说他没有这样的意识，而是说他在行为时并不需要这样的考虑。如一个英雄做了一个惊天动地的事，事后记者采访他时会问："你当时是怎么想的？"英雄往往都是这样说的："我什么也没想，当时就想救人要紧。"这就是道德行为的真实状况,因为他已经养成了这个习惯,他并不需要意识始终支配自己,而"知情意"就是要求意识状态,而且是个人意识状态,如此描述道德行为,是不符合实际状况的。

总之,通俗一点说,传统伦理中的规范伦理学把人想得太好了,伦理学的心理主义又要人想得太多了。而这都是和道德实践的真实状况有出入的,这就是传统伦理学存在的根本问题。传统伦理学家们也觉察到了传统伦理学理论和实际生活有格格不入之处,为了打破这些隔膜,他们又加了很多补充性说明,比如中国有对"知行关系"的探讨,对"经权"问题的探讨。在西方,比较著名的有"苏格拉底悖论",即"德性就是知识,无人有意作恶"。苏格拉底为了解释生活中大量存在的恶,只好加了"作恶是因为无知"的补充说明,可是生活中有多少错误是明知故犯的啊!经权关系在西方思想史上称为"决疑法"(casuistry),即在实践中出现与原则相悖的情况时,加进来一些补充性原则,使实践与原则恢复一致,使实践在道理上讲得通。伦理学本身是实践的学问,在一个彻上彻下的伦理学理论中,知和行、经和权的关系本来不应该有问题的,至少不应该是基本的问题、严重的问题。如果出现了这种性质的问题,那就说明伦理学理论本身有问题。

西方伦理学界也意识到了这种理论困境,出现了一些新的道德哲学学说,比如正义论、德性论、商谈伦理学等,它们意在弥补传统伦理学的缺陷,但它们还是没有从根本上摆脱传统伦理学的困难。正义论与商谈伦理学从根本上讲还是属于规范伦理学的范围,要建立一些新的原则和规范来指导道德实践。德性论因此反对正义论和商谈伦理学的规范伦理,它采取历史的叙事法。麦金太尔的《德性之后》和《谁之正义?何种合理性?》实际上是用历史叙事法来削减规范伦理,这是他的德性论的特点,因此被看做是后现代的。但德性论也没有解释人为什么要追随德性,而只是用历史的角度考察德性是什么概念,是怎么发展的,有什么作用等,它只是一种历史描述,缺乏反思意识,也没有对人的道德做理论上的反思,不能称之为"道德哲学"。西方学者的补救不是很成功。正是在这种背景下,伦理学必须向它的当代形态转变,只有这样,才能推进我们的伦理学研究。这个转变体现于以下几个方面。

1
抛弃价值和事实的二元论

伦理学属于人对自身的反思，要从人的存在这个最简单的事实出发。人究竟是怎样的存在？达尔文的进化论告诉我们，人的最简单、最基本也是最容易忽视的事实是：人是自然界的物种，人是自然进化的产物，人的存在是经过自然选择，不断适应环境的性状。有人认为这是一种还原论，即把人的存在还原为物的存在，其实并非如此。所谓还原论是把复杂问题简单化，而从生物的角度考察人的存在，只是强调从一个最简单的起点出发，一点一点地叠加，一点一点地推进，直到得出一个较为复杂的结论，这是与还原论根本不同的方向。

如果从人的最基本的存在事实出发，那么人和动物在很大程度上没有区别。传统伦理学把人想得太好，认为人与动物有根本的、不可逾越的界线。孟子的"性善论"特别强调人与禽兽的区别，讲道德四端：恻隐之心、是非之心、羞恶之心、辞让之心，认为没有这"四端"就"非人也"。但是孟子有什么事实证据呢？很少。他只是举人们在看到孺子快要掉到井里时都有"怵惕恻隐之心"的例子，来说明人人都有恻隐之心。但这个证据能说明问题吗？我们现在看到的是相反的。请看新闻媒体公布的两则消息。

新华社海口2003年4月4日电：3日上午8时40分左右，在海口港新码头8号泊位，一辆载有5人的汽车掉进海里，造成车上4名儿童溺死的惨剧。"我跪下来，抱住他们的腿、拉着他们的手，求求他们救救我的孩子。可是，他们都不肯下水救我的孩子。"谈到在海口港惨剧中死去的孩子，李小英早已泣不成声。

新华网湖南频道2003年5月12日电："湖南一男子高楼跳下身亡，数百名看客竟鼓掌欢呼。"5月9日11时30分左右，有人发现姜某站在二三六地质勘测队办公楼6楼楼顶欲跳楼，就兴致勃勃地吆喝着在楼下围观，一时竟聚集了数百人。中午12时左右，110巡警接到好心群众报警后，立即赶往现场，并马上通知了该市消防支队组织营救。民警和姜的亲友上楼与其展开周旋，劝说他放弃轻生念头，姜一度被劝动情而痛哭流涕。同时，消防官兵迅速确定了一套营救方案，在楼下铺开了救生气垫，并准备万不得已时将其制服。然而，就在此时,楼下围观的数百名看客却不断发出欢呼声,有人甚至高喊"快跳啊","我都等不及了"……下午 2 时 30 分左右,姜某就猛喝一口酒,把酒瓶一甩,纵身跃下了二十多米高的楼房。"砰"的一声,血流满地,围观人群一阵悸动,随之竟爆发出热烈的鼓掌声与欢呼声。一名在现场营救的民警愤怒地质问一旁的看客:"你们怎么这么无耻,鼓什么掌,要不是你们这样大呼大叫,他是不会这样跳下来的!"几分钟后,突降的倾盆大雨将血污了一地,围观人群也迅速散去。

这些事实与孟子所讲完全相反。这些人有恻隐之心吗?没有!能因此说他们不是人吗?把"不是人"作为道德谴责,可以这么说,但这并不是说这些人事实上不是人。20 世纪 60 年代开始,有一门新兴学科——社会生物学,它探讨社会集体的生物学基础,社会不是人所特有的,动物也有,如蚂蚁、蜜蜂,为什么蚂蚁、蜜蜂社会能形成,是因为它们也有利他的行为。动物没有利他意识,但有利他行为,这是在自然选择中保存下来的适应环境的性状;如果没有利他行为,蚂蚁、蜜蜂等社会就会毁灭,就没有蚂蚁和蜜蜂的种类了。而正是因为这种行为,才使它们保存下来。同样,人类为什么有利他行为?因为自然选择,如果没有利他的道德行为,人类就没有社会,就不能生存。这样看来,蚂蚁、蜜蜂等动物与人类并无本质区别,都是有社会、有利他习惯的物种。亚里士多德曾说:"人是有理性的动物",同时他也说过:"没有德性的人是最邪恶、最野蛮、最淫荡、最贪婪的动物。"[1]即使是孟子,他虽然主张人性善,但也承认了"人之所以异于禽兽者几希"。从基因学上讲,人的基因与黑猩猩的基因只相差 1% 多。波普尔也说:"从阿米巴到爱因斯坦只有一步之差。"当然,这个 1% 多,进化的这一步造成的实际后果是十分巨大的。我们要从进化和自然选择的观点出发,来理解人类存在的事实,并进一步解释人类道德和理性的特征。

---

[1] 亚里士多德:《政治学》,1253a 35—37。

2
从"义"到"利"的转变

　　西方哲学史上有一个著名的概念：奥康剃刀，这就是简单化原则，要把不必要的假设都剃掉。应用伦理学也要从最简单的事实出发，尽量少对人性做出太多的假设，而是把利益作为一个基本的出发点。国际政治有一条原则："没有不变的敌人，也没有不变的朋友，只有不变的国家利益。"应用伦理学也要承认："没有不变的善，也没有不变的恶，只有不变的利益。"那么不变的利益是什么呢？就是更好地生存，这本来是功利主义的基本原则，用利而不是义作为衡量道德的标准。功利主义刚开始时，被人理解为抛弃道德，遭到普遍反对。正如现在社会生物学也引起轩然大波，认为它把人下降为动物，是对人的亵渎。功利主义在应付批评时，不断对"利"的概念做修改，结果是对"利"做了过多的假设。功利主义的集大成者是西季威克（H. Sidgwick），把情感性的功利主义转化为原则性的改良主义，他认为功利不是个人情感的快乐，而是一种原则。他的《伦理学方法》很复杂，讲了不少原则，但归根结底就是两条：合理化原则，利益最大化原则。就是说，用合理的手段实现利益的最大化，这就是道德的本质。[1] 其实问题没有那么简单。正如非理性主义对功利主义提出的挑战：人的很多行为、思想都不一定是理性的，人也不一定追求利益的最大化。弗洛伊德就说，人不仅有爱欲，还有死欲；不仅服从快乐原则，还服从毁灭原则。毁灭自己和别人的利益就是所谓"损人不利己"，这样的事在日常生活中太多了。义和利不是对立的，公与私也不是对立的，它们都是可以互相转变的。应用伦理学的原则应该遵循从私利到公利，再从公利到公义的路径。

　　我以为，利益、人性和道德构成了一个三角形，每条边既可以表示符合关系，也可以表示反对关系。如功利论认为利益与道德之间有符合关系，而目的论和义务论大多（不是全部）认为两者是反对关系。再如，性善论认为人性与道德之间有

---

[1] 参见西季威克《伦理学方法》，廖申白译，中国社会科学出版社1993年版；特别见"第六版序言"，第12—20页。

符合关系,而性恶论者则认为两者是反对关系。还比如,经验主义的伦理学倾向于认为利益与人性之间有符合关系,而先验主义的伦理学倾向于强调两者的反对关系。当然,这些只是大概的倾向,思想史上总是有一些一般的规律、倾向和特征所不能概括的特例。

研究利益、人性和道德这一"伦理三角形"的目的,不只是为了概括历史,更重要的是指导现实。我们所处的现实是现代社会,"现代化"(乃至"全球化")、"现代主义"(乃至"后现代主义")、"现代性"(乃至"后现代性")等新的名词术语都是对我们所处的这一现代社会的特征的概括。现代社会的一大特征是"多元化",生活方式、价值判断、思想方式、国际关系等等,一切似乎都是多元的,但这一切的"多元化"都是以利益为轴心,利益多元化是现代社会最显著的一个特征。道德家常用"物欲横流"来谴责现代社会,但这不能阻止现代社会的利益多元化的潮流。与其愤世嫉俗地谴责社会,不如冷静地、理性地面对现实、解剖人性、重建道德。

按照以上构想,"伦理三角形"的"利益"维度应该占据中心地位。在人性与利益的关系上,现在兴起的社会生物学提出了一些新见解。其逻辑是从利益来推断人性:人类的利益归根结底是人种的生存和发展,而人性则是自然选择的产物,是人类的生存和发展所必备的。如果没有"唯利是图"的人性,也就没有现实存在的人类,甚至连种种关于高尚人性言谈的声响也不会留下。但是同样需要注意的是,与"人性"相符合的"利益"是人类利益,它既可以表现为个体利益,也可以表现为群体利益。从社会生物学的角度来看,"基因利他主义"和"基因利己主义"对于一个物种的保存是同样重要的。

在利益与道德关系问题上,进化博弈论用数学模型弥补了功利论的经验主义。对利益的算计有多种博弈论模式,有些会损害群体利益,甚至导致物种的灭亡,但自然选择总会保留最佳的利益博弈模式。就人类而言,最佳的利益博弈论模式与道德规则是符合的。

3

从金律、银律到铜律的转变

所有的道德律都是价值律,但反之则不然;有些价值律可以是非道德,甚至是反道德的。价值律是人们选择取舍可欲事物的准则,不同的准则以对可欲事物价值的不同判断为基础。对可欲事物价值的判断于是也有高下之分。价值律本身是有价值的,如果用金属的价值来类比,我们可以把价值律分为"金律""银律""铜律""铁律"这样四个由高到低的类别。

在这四类价值律中,"金律"和"银律"是道德律;"铜律"本身是非道德的,通过政治的、经济的、法律的等各方面的道德导向,它可以产生合乎道德的社会后果;但如果没有这些方面的道德导向,非道德的"铜律"就会沦为反道德的"铁律"。

《论语》说:"己欲达而达人,己欲立而立人";耶稣基督说:"你们愿意人怎样待你们,你们也要怎样待人。"这是伦理学的"金律"的标准表达。金律就是"欲人施诸己,亦施于人",而"己所不欲,勿施于人"是"银律"。"金律"和"银律"不只是同一个道德律的肯定和否定两个方面,而且是这一道德要求的高低两个层次,"金律"的肯定性要求比"银律"的否定性要求更高,因而有更大的伦理价值。"己所不欲,勿施于人"要求人们不加害于人,不做坏事;"欲人施诸己,亦施于人"进一步要求人们尽己为人,只做好事。"不做坏事"与"只做好事","避恶"与"行善"不是同一行为的两个方面,而是两个层次上的对应行为。"不做坏事"是消极的,被动的;"做好事"是积极的、主动的。"不损人"相对容易,"利人"则比较难,"专门利人"最难。

简单地说,"人施于己,反施于人",别人怎样对待你,你就怎样对待别人,这就是"铜律"要求人们根据他人对自己的行为来决定对待他人的行为。一些行动准则,如"以德报德,以怨报怨""以牙还牙,以眼还眼""以血还血,以命抵命"等等,都是"铜律"的具体主张。

"铜律"不要求对人性的善恶做出先验的预设,但要求对他人行为的好坏做出经验判断,还要对自己对他人所做出的反应所引起的后果做出进一步的判断,如同下棋一样,每走一步,要考虑到以后几步甚至十几步的连锁反应。"铜律"是关于利益和价值的博弈规则,而不是关于道德行为规则。

与"铜律"密切联系的利益博弈蕴涵着基本预设。一是"利益最大化原则":每一个人都追求自己的最大利益;二是"理性化原则":人的理性可以认识什么是自己的最大利益,并且决定如何实现这一目标的途径。如果这两个预设的原则能够成立,"铜律"就可以导向道德的原则;反之,如果它们不能成立,"铜律"就会导向反道德的"铁律"。

简单地说,"铁律"就是"己所不欲,先施于人"。"先施于人"的"先"不仅指时间上的先,而且指策划在先;策划于对方的报复之先,使对方的报复行为失效,从而摆脱了"铜律"限制。"先施于人"的策划与"铜律"所预设的理性的博弈不同,这完全是赌徒式的非理性博弈。赌徒心理的非理性具有冒险性、侥幸心理和一次性心理。冒险的、侥幸的、一次性等非理性的行为所实现的并不是个人的最大利益,而是自己的和他人的利益的共同毁灭。

希腊神话把人类的历史分为黄金时代、白银时代、青铜时代和黑铁时代。借用这一比喻,我们可以把古代社会比做黄金和白银的时代,把近代社会比做青铜时代。这一比喻的意义是,古代社会的道德原则是"金律"和"银律",近现代社会的社会道德基础依赖于"铜律"。当代社会既不能返回到黄金和白银的时代,也不能维持在青铜时代,更不能沦为让"铁律"占主导地位的"黑铁时代",只能走向一个"黄铜时代",即"金律""银律""铜律"共同发挥作用的时代。

"黄铜时代"是这样一种社会环境,它最大限度地保障理性的利益博弈的实施,同时让赌徒式的非理性博弈失效。"铜律"在这样的社会环境里成为公共利益的道德基础,并能有效地限制"铁律"的范围和作用。"黄铜时代"注意继承"金律"和"银律"的道德传统,使之与"铜律"相适应,把社会公利转变为社会公义。社会公义反过来促进了"金律"和"银律"的实施,形成"铜律"与"金律""银律"之间的良性循环。

4
方法论的转变

传统道德哲学的方法是从上把人拔高,即先建立一个道德形而上学,从最高原则出发,把人的境界提升;而应用伦理学的方法正相反,它是把人从低向高推举。美国哲学家丹尼特做过一个比喻,说现代人与传统人的思路有一个区别,传统的思路是吊车(skyhooks)型的,现代人的思路是起重机(cranes)型的。[1] 所谓吊车型,就是立足于高处往上拔高;所谓起重机型,就是立足于低处向上推举。这个低处,甚至可以低到把人看成动物,然后一步步往上推。这两条路的结果是殊途同归,最后都要达到道德境界的目的,但过程是不一样的,吊车型的思路做起来往往不是很通畅,需要打通很多隔阂关节,做不到彻上彻下;而从低到高的上升路线,因为不需要太多假设,往往进行得更通畅、更有效。

5
发掘中国伦理传统的解释模式的转变

发展中国的应用伦理学,离不开挖掘中国传统文化的资源,诠释的重点应从儒释道转向墨荀韩。儒释道思想是中国传统伦理学的主体,它们都有浓厚的"心性论"的色彩。儒家是中国传统伦理学的主体;佛教谈"心"和"性";到了宋代,理学吸收了佛、道教一些因素,发展了一个完整的、道德形而上学的心性学说。

中国传统文化的资源中墨荀韩这一部分的意义常常被忽视。墨子、荀子、韩非子的思想更适合应用伦理学的基本原则。墨子是一种功利主义学说,主张兼爱,但人为什么要兼爱?就是为了交相利;他也从功利的角度谈国家的起源,国家就是为了不使大家争斗、为了达到大家的利益而建立的公义,这可以说是中国的"社会契约论"。

---

[1] 参见 D. C. Dennett, *Darwin's Dangerous Idea*, Penguin Books, p. 73。

荀子主张"性恶说",他所谓的恶其实不过是人的自爱好利、趋乐避苦等非道德本能。非道德并不等于反道德,相反,通过圣人的"化性起伪",人类被引向礼义社会。"化性起伪"是从非道德的本能走向道德社会的过程,这一过程也就是现在所说的利益博弈过程。荀子说,圣人和常人的本性并没有什么不同,"君子与小人,其性一也"。这就提出了一个问题:为什么与众人同样"性恶"的圣人能够做出创立礼义的善举呢?荀子回答说,圣人的高明之处在于善于积累人类的经验智慧,"故圣人者,人之所积而致也"。"积"用现在的话来说,就是善于进行利益的博弈,知道人的长远利益所在。"积"不同于孔孟所说的"推"。孟子说:"圣人者,善推己及人也。""推"是类比,"积"是积累;"推"是道德的延伸,"积"是在经验积累的过程中进行步骤越来越复杂的利益博弈,达到了对人类的长远利益的认识。"积"本身是一种非道德的能力,但其结果却是"圣"。荀子把这一过程刻画为:"伏术为学,专心一志,思索孰察,加日县久,积善而不息,则通于神明,参于天地矣。"从理论上说,每一个人都有成圣的认识能力,"涂之人可以为禹"。但实际上,"圣可积而致,然而皆不可积"(《荀子·性恶》)。常人对利益的博弈局限于个人的暂时利益,眼光短浅,博弈几招也就罢了,这就是"不可积"。

法家不但讲人性是"自利"的,而且提出人的"自利"之心即是"算计之心"。《韩非子·六反》中甚至说:"父母之于子也,犹以计算之心相待也。"君主不应该违反这个事实,而要顺应它,这样才能使利己之心、算计之心为国家服务。这就是"凡治天下,必因人情"(《韩非子·八经》)的道理。以上用了几个例子,为了说明墨荀韩的理论特点,这些特点与应用伦理学方向有一致之处。如果充分发掘吸收这些传统的思想资源,中国应用伦理学将会得到更坚实和广泛的道德哲学的基础。

第三部分

比较与对话

在这一部分,我们首先比较"轴心时代"的中西伦理。按雅斯贝尔斯(Karl Jaspers)的说法,轴心时代大约发生在公元前 800 至公元前 200 年之间,这是人类文明精神的重大突破时期,虽然中国、印度、中东和希腊之间有千山万水的地理横亘,中国的孔子和老子,印度的耆那教和佛教,波斯的琐罗亚斯德教,犹太教的先知,希腊的哲学,它们标志着人类精神的重大突破,标志着对全人类的共同目标和道德精神的形成。虽然 2000 多年过去了,但轴心时代的遗产至今仍然是人类精神生活的主要资源。中国先秦时代的思想与古希腊的哲学分别代表了中国和西方文化传统的源头,我们即从源头处来比较中西伦理传统的特征。中西思想的比较不应该是任意的,首先,研究对象要有可比性。孔子与苏格拉底分别是中国和西方伦理思想的奠基人,两者是中西文化传统比较研究的典范。第一节以孔子和苏格拉底为比较对象,希望从这个老题目阐发出新道理。其次,思想的比较有两个层次:一是命题的层次,二是概念的层次。第一节比较孔子和苏格拉底的几个核心命题;第二节从《论语》术语的翻译入手,比较中国与西方伦理学关键概念的意义。

"轴心时代"之后,儒家与基督教分别成为中国和西方的主流思想。从伦理上对中西两大文化传统加以比较,是一件非常困难的工作,人们看到的是两者在历史上的传统和在理论上的差异。我们在第三节首先阐明基督教伦理的一些特征,然后在第四节探讨基督教伦理与儒家伦理对话的可能,第五节以孔汉思的"全球伦理"为例,说明两者进行对话的重要性和必要性,最后对宗教与伦理之间关系的理论模式做探讨,也是为了给基督教和儒家伦理的对话提供理论上的框架。

一、"轴心时代"中西伦理比较的一个范例

1

孔子的"仁"和苏格拉底的"德性"

比较孔子和苏格拉底是一个老题目,也是一个普及的题目。老题目难写出新意,普及题目难做学术文章。我为什么还要比较孔子和苏格拉底呢?为了说明本文的主旨,我们不妨首先回顾一下,过去的学者是如何比较孔子和苏格拉底的。

从17世纪开始,西方人就开始比较孔子和苏格拉底,对最早的比较者的趋同,是于1712年法国大主教费内龙(Fénelon)发表的第一部比较孔子和苏格拉底的著作《死人的对话》(*Dialogues des Morts*)。这本书的目标是反驳18世纪欧洲的"中国之友"(sinosophia)对孔子的崇尚。当时的启蒙学者把中国作为欧洲效仿的模范,把孔子当做人类理性的导师。伏尔泰写下了这样的诗句来赞美孔子:"唯理才能益智能,但凭诚信照人心;圣人言论非先觉,彼土人皆奉大成。"[1]正如利奇温所总结的那样,"孔子是18世纪启蒙运动的保护神"[2]。正是在这样的环境里,费内龙极力表达出反潮流的声音。他认为不应该把古代的中国与当代的欧洲相比较,而应该从起源处来比较中西文化的优劣。孔子和苏格拉底分别代表了中国和西方文化的源头,费内龙因此借苏格拉底和孔子的对话,宣扬西方文化比中国文化更优越的观点,他甚至认为中国文化起源于西亚地区,是从西方传到中国的。费内龙在18世纪属于少数派,但到19、20世纪,他的论点却在西方广泛流行。在

---

[1] 伏尔泰:《哲学辞典》上册,王燕生译,商务印书馆1991年版,第322页。
[2] Adolf Reichwein, *China and Europe*, Routledge, 1996, p. 77.

不少西方学者的心目中,西方文化高于中国文化,苏格拉底是真正的哲学家,而孔子不过只是一个道德常识的普及者,他没有哲学思想,也没有一个系统的道德哲学的学说。黑格尔甚至说:"为了保持孔子的名声,假使他的书从来不曾有过翻译,那倒是更好的事。"[1]

从20世纪下半叶开始,越来越多的人认识到,中国的和西方的文化是几乎同时诞生和发展的,两者之间存在着共时的、对应关系。根据这样的认识,人们把孔子和苏格拉底作为这两个伟大文化传统的代表人物,比较他们思想的相同和相似之处,同时把他们之间的差异归结为各自所处的不同的社会环境。我们在报刊上不时可以看到的比较孔子和苏格拉底的文章,基调都是为了说明中西文化的相似性或差异性。

本节拟从一个新的角度来比较孔子和苏格拉底,看一看两者对人类精神所做出的共同贡献。本文的这一角度与雅斯贝尔斯提出的"轴心时代"的概念有关。按照雅斯贝尔斯的说法,轴心时代的孔子和苏格拉底不但分别启迪了中华民族和希腊人的道德自觉意识,更重要的是,他们对全人类的共同目标和道德精神的形成做出了重大的贡献。围绕这一论题,我们从下面三个方面,对孔子的"仁"和苏格拉底的"德性"做出新的诠释,即:第一,道德的统一性;第二,道德的认知;第三,道德的普遍性。

2

道德的统一性

虽然孔子和苏格拉底的思想分别在中国哲学和西方哲学中具有划时代的意义,但耐人寻味的是,两人都没有发表自己撰写的著作。孔子自称"信而好古","述而不作",他用耳提面命的方式孜孜不倦地教诲弟子;苏格拉底则自称"无知",用辩证的对话方法与人们探讨真理。孔子在古代中国被尊为"先师",现代人也同

---

[1] 黑格尔:《哲学史讲演录》第一卷,贺麟、王太庆译,商务印书馆1981年版,第132页。

意把孔子作为中国文化传统的第一个教师。虽然与苏格拉底同时代的智者的职业也是教师，但苏格拉底才是名副其实的教师，因为他的辩证法被证明是真正的教授方法，这就是通过清除心中的蒙蔽而让真理显现出来的方法。希腊文的"真理"（altheia）的原意就是"除蔽"，按中国传统的说法，这就是"解惑"。孔子和苏格拉底还分别在中国与西方开始了解惑除蔽的学统，人们把他们分别尊为中国和西方第一个教师，确是恰如其分的评价。

但是，孔子和苏格拉底都没有发表自己撰写的著作这一历史事实，毕竟给后人理解和研究他们的思想造成了很大的困难。孔子的《论语》由孔子的弟子编辑而成，其中充满着警句箴言、名言隽语，各章之间几乎没有什么联系，甚至同一章的各段之间也没有密切联系。由此，人们通常说孔子并没有系统的哲学学说。苏格拉底也有同样的问题。柏拉图写的所有的对话集均以苏格拉底为主角，但学者知道，这些对话是柏拉图在不同时期写成的；其中，中期和晚期对话不过是借苏格拉底之口，表达柏拉图自己的观点；只是早期对话，尤其是《申辩篇》《克里同篇》《尤西弗罗篇》《拉刻斯篇》和《普罗泰戈拉篇》等对话，通常被认为是对苏格拉底言论的真实记录，被人们称作"苏格拉底的对话"。这些对话和色诺芬尼写的《回忆苏格拉底》《会饮》《家政》《申辩》等著作是我们现在了解苏格拉底思想的主要材料。不管是《论语》，还是"苏格拉底的对话"，似乎都缺乏一个主题。《论语》中的孔子用了很多具体问题，但没有给任何一个普遍概念下明确的定义，给人留下了支离破碎、没有系统性的印象。因此历史上有人指责《论语》不过是"断烂朝报"是可以理解的。即使对孔子满怀好感的美国学者芬格莱特也说："孔子对于同时期的希腊和近东人所关心的道德实在的中心问题，并不予以特别关注。"[1] 人们对苏格拉底也有类似的印象。虽然苏格拉底在对话开始声称要讨论某一美德的定义，如什么是虔诚，什么是勇敢，但对话总是无果而终。亚里士多德在《诗学》里把"苏格拉底的言谈"称为诗意的模仿，而不是成熟的思想。

然而，我们不能满足于表面现象。只要仔细地阅读《论语》和"苏格拉底的对话"，就不难发现，前者有一个中心概念，那就是"仁"，后者也有一个概念，那就是

---

[1] H. Fingarette, *Confucius: The Secular as Sacred*, Harper Torchbooks, New York, 1972, p.19.

"德性"(arete)。"仁"字在一本只有 2 万余字的《论语》里出现了 109 次之多,足见其重要性。弟子多次向孔子问仁,孔子的回答也是多种多样的。有一段话最为重要:"子曰:'参乎!吾道一以贯之。'曾子曰:'唯。'子出,门人问曰:'何谓也?'曾子曰:'夫子之道,忠恕而已矣。'"(里仁)冯友兰对这句话有这样的解释:"忠恕之道同时就是仁道,所以行忠恕就是行仁。"[1]为什么说"仁"的意义是"忠恕"呢?《中庸》说:"仁者,人也。"郑玄注曰:"人也,读如相人偶之人,以人意相存问之言。"就是说,"仁"表示一种相互关心的人际关系。一个人可以有很多办法去关心别人,所有这些具体的办法和行动可以用忠恕之道来加以概括。"忠"和"恕"都从"心"。人心不偏不倚,没有一己私心,这就是忠;待人如己,推己及人,这就是恕。可以看出,"忠"和"恕"是有区别的,"忠"比"恕"的要求更高。一个人很难没有私心,但将心比心,设身处地为他人着想,这应该说是人之常情,并不难做到。孔子把"仁"的否定意义表达为"己所不欲,勿施于人。在邦无怨,在家无怨。"(颜渊)推己及人便能无怨,无怨就是"恕"。至于"忠",则是要尽己为人,即孔子所说的"己欲立而立人,己欲达而达人",这是"仁之方"(雍也),仁的最高标准。

顺便说一下,"忠"和"恕"是"仁"的意义的肯定的和否定的两个方面,这一点为不少西方学者所忽视。比如,《论语》的一个早期翻译者理雅格把孔子所说的"己所不欲,勿施于人"称为"银律",因为《福音书》里的金律更高,"金律"就是耶稣所说的"你们愿意人怎样待你们,你们也要怎样待人"(《马太福音》,7:12)。理雅格没有看到,"仁"的意义不仅是"恕"的否定性表达,也是"忠"的肯定性表达。如果说"金律"是肯定性的表达,而"银律"是否定性的表达,那么可以说"仁"是"金律"和"银律"相结合的道德原则。

需要强调的是,孔子的"仁"是指内心的道德原则。把"仁"翻译为"仁慈"或"完德",可能会使人产生误解,以为"仁"指具体的德目。但"仁"不是具体的德目,而是统摄一切德目的道德原则,是一切德性的总纲。

在轴心时代,印度、中东和希腊的经典中也有"金律"的表达。据说,公元前 6

---

[1] 冯友兰:《中国哲学简史》,北京大学出版社 1995 年版,第 39 页。

世纪的希腊"七贤"中的两位——皮塔考斯和泰勒斯已经表达出"金律"的意思。[1]到苏格拉底时期,人们已经不再用"金律"表达道德观念,不同的思想家用不同的术语表达不同的道德观念。苏格拉底所使用"德性"这一概念的意义不是单一的,它包含了各种道德观念,并把它们统一起来。正如伏拉斯陶斯在《〈普罗泰戈拉篇〉中德性的统一性》一文所指出的那样,这篇对话中的苏格拉底表达了一个"统一性的论题",就是说,"正义""虔诚""节制""勇敢""智慧"都只是"同一个东西的不同名称而已"[2]。彭内尔在《德性的统一》一文中进一步阐明了"德性是一"这一命题的意义如下:

> 一个人是勇敢的,当且并仅当且他是智慧的;
> 当且并仅当且他是节制的;
> 当且并仅当且他是正义的;
> 当且并仅当且他是虔诚的。[3]

伏拉斯陶斯和彭内尔的分析都表明这样一个道理,苏格拉底所说的德性并不表示一个具体的德目,而是所有德目的一个通名。"德性"是一个表示一切道德行为的本质的名称。苏格拉底认为,智慧是把握对象的本质的能力,因此,一切德性的本质与智慧的本质是相等同的。这样,德性的统一性可以被表述为:"一个人是有德性的,当且仅当且他是有知识的"。这一表述正是苏格拉底所说的"德性就是知识"的含义。[4]

苏格拉底和孔子一样,一生都在追求人心中的道德原则。他们分别用"德性"和"仁"来表示这一道德原则,但他们都没有给这些概念以明确的定义。因为具体规范是可以被定义的,而那些存在于内心之中的道德原则只能被表达为普遍的道

---

[1] 参见 Diehls/Kranz, *Die Fragmente der Vorsokratiker*, 10th. ed., 1961, 10e 4; and Diogenes Laertius, *Lives of Eminent Philosophers*, Loeb Classical Library, vol. 1. p. 36。

[2] G. Vlastos, "The Unity of the Virtues in the Protagoras", in *Socrates: Critical Assessments*, vol. Ⅳ, ed. by W. Prior, Routledge, 1996, p. 47.

[3] T. Penner "The Unity of Virtue", in *Socrates: Critical Assessments*, vol. Ⅳ, ed. by W. Prior, Routledge, 1996, pp. 81–82.

[4] 同上书,第 85 页。

德命令。"己所不欲,勿施于人"和"德性就是知识"就是这样的道德命令。他们关于道德原则的陈述虽然不同,但两者的功能是相同的,这就是,把各种不同的德目统一起来,并以德目的统一性来解释日常道德行为的共同本质。

3

道德的认知

苏格拉底关于"德性就是知识"的命题经常被人们当做道德理智主义的样板来批判。亚里士多德首先对苏格拉底的"不可能的观点"进行了多方面的批判。他说:"把德性当做科学的观点摒弃了灵魂的非推理部分,从而把激情和道德品格都给摒弃了。"[1]亚里士多德又批评说,苏格拉底的原则陷入了道德决定论,因为按照苏格拉底的说法,人们知道什么是善,就会行善,无人有意作恶;亚里士多德反驳说,如果是这样的话,"人们也不会有意行善了"[2]。亚里士多德的另一个批评是,苏格拉底混淆了德性和技艺。他说:"正如健康比知道什么是健康更好,处在好的状态比知道什么是好的状态更好。"[3]德性是处在好的状态的行为,而知道什么是好的状态仅仅是知识,两者是不同的。亚里士多德总结说:"苏格拉底认为德性是推理的一种形式,而我们则认为德性涉及推理",但德性不是推理,苏格拉底的观点"明显地与事实相矛盾"。[4]

亚里士多德把苏格拉底所说的"知识"理解为"科学"(episteme)和"推理"(logismos),这是他的批评的主要根据。我们要问,亚里士多德如此理解苏格拉底是否正确呢?亚里士多德很可能是根据《普罗泰戈拉篇》来理解苏格拉底原则的。在这篇对话中,有这样一句话,苏格拉底"极力要证明所有的德性都是知识

---

[1] 亚里士多德:《大伦理学》第一卷第一章。
[2] 同上书,第一卷第九章。
[3] 亚里士多德:《优台谟伦理学》第一卷第五章。
[4] 亚里士多德:《尼各马可伦理学》第六、七章。

（episteme）"[1]。需要注意的是，"德性就是知识"并不是苏格拉底自己说的话，而是和苏格拉底一起的一个对话人对苏格拉底思想的陈述。这个对话人的目的是为了说明苏格拉底和普罗泰戈拉两人的观点都有不足之处。把"德性"等同于科学意义上的"知识"（episteme）在这里有一个特殊的目的，那就是为了说明德性的可教性。正是为了说明"德性"和"教育"之间的联系，柏拉图才在他的对话里用 episteme 这一词来表示"德性"。如果仅从这篇对话中的这段话，就断定苏格拉底是一个道德上的理智主义者，那未免要得出以偏概全的结论。亚里士多德对苏格拉底的批评也有以偏概全之嫌，正如一个学者所质疑的那样："亚里士多德笔下的苏格拉底是否只复述了柏拉图对话中的苏格拉底，而不是历史上真实的苏格拉底吧？"[2]

依我之见，苏格拉底、柏拉图和亚里士多德这三位最伟大的希腊哲学家的气质彼此不同。如果说苏格拉底是纯粹的道德家的话，那么柏拉图就是纯粹的哲学家，而亚里士多德堪称纯粹的科学家（注意：道德和科学在古希腊也属于哲学）。三者之间的不同差别决定了他们对知识的不同理解。柏拉图使用的 sophia（智慧）、episteme（科学）和 mathesis（数学）等词汇都可被翻译为"知识"，以与"信念"（pistis）和"意见"（doxa）相对立。亚里士多德区别了三类知识：智慧（sophia）、实践智慧（phronesis）和技艺（techne）。他之所以批评苏格拉底的理由是因为他以为苏格拉底混淆了这三类不同的知识。他不了解，苏格拉底所说的"知识"正是他所说的"实践智慧"。苏格拉底本人所声称的"德性就是知识"这一命题被色诺芬尼所记载，其原话是："他（指苏格拉底）还说，正义和其他德性是审慎。"[3] 这里的"审慎"正是希腊文 phronesis，也可译为"实践智慧"。当然，"实践智慧"或"审慎"与"科学"和"技艺"有密切联系。在柏拉图的《查米德斯篇》中，我们可以看到苏格拉底是如何把"审慎"与"科学"联系起来的。概括地说，"审慎"与"节制"有一定联系，但"审慎"要求对自己的行为做进一步反思，通过这样的反思，"节制"的定义

---

[1] 柏拉图：《普罗泰戈拉篇》，361B。
[2] A. H. Chrous, "Sorates: A Source Problem", in *Socrates: Critical Assessments*, vol. I, ed. by W. Prior, Routledge, 1996, pp. 46–47.
[3] Xenophon, Memorabilia, Bk. III, ch. IX, sec. 5, trans. by J. S. Watson, ed. by A. D. Lindsay, in *Socrates Discourses by Plato and Xenophen*, J. M. Dent & Sons, London, 1930.

"做你自己的事"被深化为"认识你自己";认识自我的知识不属于任何特殊门类的科学,但也并非没有任何实际用途,它的实际用途在于它的特殊对象——善和恶。结论因此是:实践智慧是关于善和恶的科学。[1] 在《普罗泰戈拉篇》里,苏格拉底用"工匠的类比"来说明"知识"和"技艺"之间的联系。他说,高明的工匠知道什么是好的工作,什么是坏的工作,但"工具本身并不教人们如何使用它",只有通过工匠自身的学习和知识才能获得成功;生活中的成功也是如此,也要通过学习和知识,才能掌握德性。[2]

我们在第一节已经看到,"德性"和"仁"之间有着原则上的相似性。在本节,我们首先克服亚里士多德对苏格拉底的误解。下面我们利用"德性"和"仁"的相似性来克服西方学者对孔子的误解。西方学界有一种流行的观点,认为孔子的思想缺乏反思,没有或很少有西方传统所强调的自我意识或主体性。比如,黑格尔说,孔子的伦理处于历史的"非反思"的开端,他所说的"非反思"的意义是实体还没有认识到自身就是主体。[3] 另一方面,当代的美国汉学家芬格莱特虽然赞赏孔子的思想,但也说孔子的任务是"试图客观地评价某些对象或行为是否正当",孔子的依据是知识而不是选择。[4] 这两种看似不同的评价实际上都是对孔子关于"知"的观念的误解。黑格尔把孔子的"知"理解为"非反思的主体性",忽视了其中的理性思想成分;芬格莱特赞扬孔子的客观知识,却又忽视了"知"的实践功能。为了比较准确地理解孔子关于"知"的观念,我们不妨把苏格拉底的"德性"所包含的"审慎""知识""技艺"观念与孔子的"仁"所包含的"知""智""艺"的观念做一比较。

孔子的"仁"离不开"知"。当孔子被问及"仁"时,"子曰:'爱人'";当他被进而问及"知"时,"子曰:'知人'"(《论语·颜渊》)。"爱人"和"知人"是不可分的。一方面,只有"知人",才能"爱人",这就是孔子所谓的"知者利仁";另一方面,"知人"的目的和内容都是"爱人",孔子因此说:"唯仁者能好人,能恶人","苟志于仁矣,

---

[1] 参见柏拉图《查米德斯篇》,166c,172c,174b-c。
[2] 参见柏拉图《普罗泰戈拉篇》,319a-328d。
[3] 参见 Hegel, *The Philosophy of History*, trans. by J. Sibree, Dover, New York, 1956, pp. 120-121。
[4] 参见 H. Fingarette, *Confucius: The Secular as Sacred*, Harper Torchbooks, New York, 1972, pp.19,22。

无恶也。"(《论语·里仁》)"知人"的确切含义应该是知道人的善恶,知道人的善恶能够使人正确对待别人,正确对待自己。"能好人,能恶人"是对别人而言的,即喜欢善人,不喜欢恶人;"无恶"是对自己而言的,一个人知善恶之后就不会作恶,这与苏格拉底所说的"无人有意作恶"是一个意思。就是说,孔子的"知"与苏格拉底关于善和恶的知识是一致的。

苏格拉底所说的"知识"和"德性"相当于中国哲学里的"知"和"行"的关系。与苏格拉底把两者等同起来的观点不同,孔子明确区分了"知善"和"行善"。"子曰:'知之者不如好之者,好之者不如乐之者。'"(《论语·雍也》)这里的"之"应该代表"善"或"德"的意思。孔子区别了"善"的三个不同层次:知善、好善和乐善。知善处在较低的层次,因为有的人知善而不行善;好善和乐善都是行善,好善是对善的追求,而乐善则因为追求善而感到愉悦,这是最高层次的善。现在中文有"好善乐施"这样的成语,却没有"知善"这样的词语,这反映了孔子对中国人思想的深远影响。在中国人看来,"善"不是"知"的目标,而是"行"的目标,心甘情愿、满心欢悦地行善才是善的最高境界。

善虽然不是"知"的目标,却是"学"的目标。古文的"知"有"学"的意义,"知善"的确切含义应该是"学善"。孔子的教育思想强调后天的知识,通过学习而获得的知识。他区分了三类知识:"生而知之者,上也;学而知之者,次也;困而学之,又其次也"(《论语·季氏》)。孔子虽然把"生而知之"作为最高的知识,但承认"吾非生而知之者",他还说自己不是"不知而作之者"。就是说,他是学而知之,知而作之。他的学习过程是"多闻择其善者而从之,多见而识之,知之次也"(《论语·述而》)。这是一个在实践中学习道德的过程,不仅要求"多闻""多见",而且要求识别善恶,选择善,践履善。孔子不但强调知识的实践性、道德性,而且突出了道德的可教性。对他来说,道德是学习和实践的过程,道德是知识的主要内容。

"仁"是德性的总纲,"知"是一个德目,"仁"当然高于"知",但两者在实践中是连续的。"仁"是在获得关于善恶的知识之后还要继续实践才能达到的境界。虽然没有明说,但孔子已经分别了亚里士多德所说的灵魂的"推理"和"非推理"部分。他说,仁的意义是"爱人",又说:"唯仁者能好人,能恶人。""爱人""好人""恶人"都是"非推理"的,但"知人"却不是。"知人"是一个学习、辨别和判断的过程,更多地涉及亚里士多德所说的"推理"。

孔子要求的"爱人"并不是一个义务的重负,而是朝向生命价值的愉悦的活动。《论语》中的仁者是有乐趣的。"一箪食,一瓢饮,在陋巷。人不堪其忧,回也不改其乐。"(《论语·雍也》)这是颜回之乐。"莫春者,春服既成。冠者五六人,童子六七人,浴乎沂,风乎舞雩,咏而归。"(《论语·先进》)这是曾点之乐。"夫子喟然叹曰:'吾与点也!'"(《论语·先进》),这也是孔子之乐。宋儒把"孔颜之乐"作为一个大问题来研究。《论语》中区分了两种生活方式:"知者乐水,仁者乐山。知者动,仁者静。知者乐,仁者寿。"(《论语·雍也》)"知者"和"仁者"的生活都是"仁"的外显,"知者"有仁,"仁者"亦有知。两者的区别是膺服不同的生活价值。这些生活价值用现代语言来说,仁者是现实的、负责任的、严肃的;而知者则是浪漫的、创造性的、有幽默感的。

孔子所从事的"知"包括"艺",他的教学科目称作"六艺":礼、乐、射、御、书、数。"六艺"的范围包括理论、实践和技艺,但都是道德内容。

通过分析孔子关于"知"的概念及其与"仁"的关系,再把它们与苏格拉底关于"德性"和"知识"的说法相比较,我们可以得出这样的结论,虽然所用术语不同,孔子的"仁"和苏格拉底的"德性"都包含着理性的思想、实践的智慧和技艺这三类不可或缺的成分。

4

道德的普遍性

孔子和苏格拉底都强调道德的可教性。他们一生都在传授道德,并且为后人树立了崇高的道德榜样。更为重要的是,他们对道德可教性的强调包含着德性普遍性的要求。德性只有在能够被社会所有成员所接受的条件下,才能被公开地传授,这似乎是不言而喻的道理。但在轴心时代之前,这个道理却不是不言而喻的。孔子和苏格拉底对人类精神所作的一个伟大贡献在于,他们突破了狭隘的等级观念和相对主义的观念,把德性普遍化,使之成为社会所有成员都必须服从的准则,从而实现了一场道德上的革命。

早在西周初期,"德"的观念就已经流行。周公提出的"以德配天""敬德保民"的思想是周礼的道德基础。但是,周代统治者的道德观是天命观的一部分。"德"的本意是"得",道德是得到天命的必要手段。"天命"是上天授予的统治权。"以德配天"的思想既是对当权者的警告,也是对他们的鼓励:无德的统治者(如商纣王)将会丧失天命;而有德的统治者(如周文王、武王)一定会得到天命、保持天命。既然"德"是"得天命"的手段,对于那些不可能获得天命的被统治的庶民而言,"德"是没有价值的,民众根本不需要"德"以获得他们命定没有的统治权力,"德"只是少数贵族统治者享有的特权和特殊义务。"仁"并不是孔子最先提出的概念,但孔子赋予"仁"以传统所没有的新意。周礼的"德"是对统治者的特殊要求,而"仁"则是人人都必须且可以遵守的普遍道德原则。"仁"又是判断人的普遍标准,符合"仁"的标准的是"君子",反之就是"小人"。在此之前,"君子"和"小人"是社会等级之分,社会等级决定了他们与"德"的关系;"君子"能够"得天命",故有"德";"小人"不能"得天命",故无"德"。"仁"的标准却把道德水准和社会等级的关系颠倒过来:"君子"有德,故能治人,"小人"无德,故受制于人。统治者的合法性不再是"天命",而是"仁"所宣示的道德普遍性。自孔子之后,儒家政治皆以"仁政"相标榜,根源即在于此。

苏格拉底和孔子一样,在一个社会激烈变革的时代发动了道德普遍化的精神变革。与孔子不同的是,苏格拉底变革面临着两种障碍:除了传统的氏族习俗外,智者在批判传统习俗的同时,走上了道德相对主义的道路。柏拉图在《普罗泰戈拉篇》里记载了苏格拉底和智者普罗泰戈拉的对话。据普罗泰戈拉说,宙斯派赫尔墨斯把敬畏和正义分给每一个人,使人在共同认可的道德原则之下组成国家。这些原则是人为约定的,需要通过传授和学习才能得以维持。普罗泰戈拉借神的名义反对传统的氏族习俗,却根据"人是万物的尺度"的信念对道德原则做出了相对主义的解释。苏格拉底不反对说德性是可以传授的,但反对说道德原则是约定的。他认为,道德的可教性在于它的普遍性。正因为道德原则普遍地存在于人的心灵之中,人同此心,心同此理;人与人之间才能在道德问题上互相沟通,通过对话相互交流,发现普遍的道德原则。与苏格拉底同时代的喜剧作家亚里斯托普所写的《云》这部戏剧,为我们理解当时雅典的道德氛围提供了第一手材料。努斯鲍姆(Nussbaum)对这出戏的主题有这样一个概括:"这里的关键问题总是:'我能得到什么?'关键的心理原则是自我享乐主义。"[1] 剧里除了苏格拉底的所有角色都只关心他们自己的满足,《云》的作者甚至宣称,所有这出戏的观众也抱着同样自私的态度。苏格拉底在戏中是一个被丑化的角色,他反对享乐主义的态度被描述为不现实的笑料。但在柏拉图和色诺芬尼的著作中,我们才能理解,被当时大多数人所不能接受的苏格拉底的道德教导具有何等重大的划时代意义。

如前所述,苏格拉底教导的中心是 arete,这个希腊词通常被译作"德性",但并不指称具体的德目。实际上,苏格拉底用这个词表示人的生活的完好或完善。他告诉雅典人说:他的使命是"关注你们的道德完善(epimeleisthai aretes)"。他还说:"人的完好(arete)并不来自金钱,反之,个人的和城邦的金钱和其他好处来自他们的完好。"[2] 当苏格拉底敦促人们关注德性的时候,他发现经常会遭遇这样一个问题:"我为什么要成为一个有道德的人?"这与亚里斯托普在《云》里提出的"我能得到什么?"是同一个问题。面对这一问题,苏格拉底努力使人们相信这样的道理:德性是值得为此而生活的最高的价值,通过道德的完善,人们将会得到最大的好处。正是由于这种联系,"德性"同时也是"好处",而且是"完好"。正如苏格拉底所说:"再没有什么比每天谈论人的完善更为幸福的了……没有经过如此审视的生活是不值得过的生活。"[3]

苏格拉底把"好生活"(eu zen)、"公正的生活"(eu prattein)和"幸福"(eudaimonein)作为同义词来使用。他的这种使用不仅因为这些词有着同样的词根 eu,更重要的是,他为"德性""好处""幸福"的同义性提出了论证和理由。在《欧绪德谟篇》和《高尔吉亚篇》中,苏格拉底使用了"心灵上的好处或坏处"和"身体上的好处或坏处"的类比来证明他的幸福观。他说,正如每一个人都想要身体上的好处,避免身体上的坏处,每一个人和城邦也要选择心灵上的好处,避免心灵上的

---

[1] M. Nussbaum, "Aristophanes and Socrates on Learning Practical Wisdom", in *Socrates: Critical Assessments*, vol. I, ed. by W. Prior, Routledge, 1996, p. 105.
[2] 柏拉图:《申辩篇》,31b,30b。
[3] 同上书,38a。

坏处；或者说，趋善避恶是最大的好处，这也是幸福。[1] 苏格拉底把道德的善和实际幸福相联系的论证，在柏拉图后来的对话《理想国》里得到淋漓尽致的发挥。苏格拉底与智者的幸福主义的一个根本不同点是，智者追求的幸福是身体的、有形的、物质的好处，而苏格拉底则坚持认为，幸福归根结底是心灵的、无形的、精神的好处；德性存在于人的心灵之中，追随德性也就是"关注自己的心灵"（epimeleia tes psyches）。苏格拉底在《申辩篇》中说，他以前的自然哲学家想要找到一个比撑天神阿特拉斯更伟大的本原，却没有想到这个本原正是"善"。他认识到这个错误之后就"求助于心灵，在那里寻找存在的真理"。苏格拉底引用德尔菲神庙的铭文"认识你自己"（epimeleia heautou），要求人们把关注的对象从外部世界转向自己的心灵，在心灵中寻找一个"最强的原则"。那么，这个内在于心灵的原则是什么呢？苏格拉底说，这个原则就是德性，人心中包含着道德原则，反求诸己，审视内心，就能够发现并履行这一原则。

我们知道，没有道德自律，没有普遍的规范，也就不会有真正意义上的道德。孔子的"仁"和苏格拉底的"德"标志着人类的道德意识上升到自觉的普遍性的高度，两者分别对中国和西方的精神产生了划时代的影响。孔子和苏格拉底在不同的社会环境中遇到了相同的问题："我能得到什么？"他们通过价值转变实现了道德上的变革。孔子把传统的"德"（得）的观念转变为"仁"的普遍原则，使所有社会成员得到了共同生活在一个和谐社会的理想和希望。苏格拉底把智者的享乐主义的幸福观转变"德性"，鼓舞人们为不断获得完好的生活而净化心灵。孔子的"仁"和苏格拉底的"德性"牵涉个人的和社会全体的好处，他们的思想尚无个人主义和集体主义的分野。现在有一种说法，认为中国文化传统重视集体主义，而西方传统崇尚个人主义，这种区分过于简单化了，但并非完全没有道理。我们在轴心时代的文化始点，已经可以看到孔子的"仁"和苏格拉底的"德性"确有不同的侧重：前者侧重人的行为，后者侧重人的心灵；前者侧重人际关系，后者侧重个人理性。这些不同的侧重点对后来的文化传统当然有着深远影响，但这已经超出本文的话题。

---

[1] 参见 D. Zeyl, "Socratic Virtue and Happiness", in *Socrates: Critical Assessments*, vol. IV, ed. by W. Prior, Routledge, 1996, pp. 153–166。

二、中西伦理术语的双向格义的一个范例

1

何谓"双向格义"

"格义"原本是魏晋时期流行的解释佛经的方法:"以经中事数拟配外书,为生解之例,谓之格义。"(《高僧传·竺法雅传》)对于这句话,《哲学大辞典》的解释是,"将佛经中名相与中国固有的哲学概念和词汇进行比附和解释,认为可以量度(格)经文正义"。冯友兰说:格义"就是用类比来解释"[1]。既然是类比,当然不会确切,据说,"格义"之法被鸠摩罗什更加确切的翻译法所取代。但我很怀疑确切的翻译能否离开两种语言之间的类比,比如,汉语佛经中"有""无""空"等术语的意义,是否能够离开与道家思想的类比呢?

"格义"在佛经翻译中的作用这个问题现在以另外的形式出现。不少中国学者抱怨说,近代以来,国人是按照西方哲学的观点和立场来解释中国传统哲学思想的,用中国传统哲学原本没有的、来自西方的哲学术语,如"唯物论""唯心论""存在""心灵",以及大量二元对立的概念来概括中国传统哲学的观点,这种解释和概括不符合中国传统哲学的原意。那么,如何恢复传统思想的本意呢?显然,我们现在已经不能不使用现代汉语中来自西方的哲学术语,否则我们连"哲学"也不能讲了。在我看来,问题不在于要不要使用现代汉语中来自西方的哲学术语,而在于在什么语境中、在什么样的意义上使用它们。对于一个哲学术语,单单只

---

[1]《哲学大辞典·中国哲学卷》,上海辞书出版社1985年版,第533页;冯友兰:《中国哲学简史》,北京大学出版社1994年版,第207页。

是用西方哲学的语境和用法来类比它在中国传统哲学中的意义,那是片面的、狭隘的;很多人所抱怨的西方哲学对中国传统哲学的曲解,大致与这种做法有关。如果我们在这样做的同时,也用中国传统哲学的语境和用法来类比它在西方哲学中的意义,就可以对这一术语在西方哲学和中国传统哲学中的意义有比较全面的理解;从而防止和避免片面、狭隘的解释。这种既用西方哲学类比中国传统哲学,又用中国传统哲学类比西方哲学的解释方法,就是本文将要说明的"双向格义"。

现代汉语中的哲学词汇,大部分来自日文,它们是日本人在把西方哲学术语翻译成汉字的词汇时创造出来的。注意:这是从西语到汉语的翻译,翻译者所做的"格义",是用西语格汉语,用西方哲学类比中国传统哲学。比如,用 metaphysics 类比"形而上学",用 philo-sophia 类比"希—哲学"。正是因为这个缘故,日本最早的双语哲学字典是西—汉字典,而不是汉—西字典。[1] 从那时起,现代汉语文字中的哲学词汇的使用基本上沿用西文格中文的解释,有意或无意地用西方哲学来类比中国传统哲学思想。我们现在强调"双向格义",不但用西语格汉语,更要用汉语格西语。虽然用现代汉语中的哲学术语理解和表述中国传统哲学的思想是不可避免的,但我们不能满足于这样的做法;更重要的工作是用中国传统哲学的术语来类比西方哲学概念的意义,即用汉语格西语。正如用西语格汉语最初表现为西译汉,用汉语格西语也表现为汉译西。但"双向格义"不仅仅是西语与汉语之间的双向翻译,更重要的是涉及对中国传统哲学性质的基本理解和现代表述。

现在有一种解释中国古代文化的"逻辑":古汉语中所未见的,也是中国人所不具备的思想观念。"自我"(self)、"个体"(individual)、"人格"(person) 和"自由意志"(free will) 等词汇都不见于古汉语,于是断定在 20 世纪之前中国人一直没有"自我",没有"个人人格",没有"个人主义","自由"对他们是陌生的。但这些观念为道德自觉意识所必需,因此最后的结论是中国古代没有道德自觉意识,没有道德"自律",只有"他律"。推而广之,古汉语没有"科学",于是中国古代没有科学;古汉语没有"哲学",所以中国古代没有哲学;虽有"形而上"之"道",但没有名

---

[1] 参见井上哲次郎等《哲学字汇》,日本丸善株式会社 1884 年版。

| 人性与伦理

词性的系词 being,因此也没有以此为对象的形而上学。如果说这可以算做逻辑的话,那么逻辑中的"无知丐词"(ignorance fallacy)——因为这件事不为人所知,所以它必定不存在——也要被当成有效论证了。

按"双向格义"的观点看问题,上述词汇既然是用西语格汉语的产物,当然不见于古代。如果用汉语格西语,人们会发现,中国人其实早就用一些古汉语的词汇,表达与西文概念(或现代汉语中哲学词汇)相同或相似的意思。以下以《论语》的几个关键术语为例,显示用汉语格西语的解释方法的运用。

2 "仁"

"仁"是《论语》的核心概念。一般用以翻译"仁"的西文概念,如 benevolence, human-heartedness, humaneness, perfect virtue, humanity 等,都不太贴近"仁"的原初意义。前三个译法突出了"仁"的"爱人"之义,但"爱人"不是"仁"的唯一的意义,这些译法没有表示"爱"与"仁"的其他意义的联系。perfect virtue 的译法是另一个极端,它泛指"仁"的全德,但没有指出其特殊的含义。Humanity 的译法强烈地表达出"仁"所蕴涵着的"人性善"的含义。不能说孔子没有人性论,只是他的人性论不明显、不系统,尤其没有解释人性的来源。他把人性当做天赋禀性,在与"生"通用的意义上谈论人性。但问题是,孔子不愿在"与生具有"的意义上谈人性的善恶,"性相近,习相远"的重点是"习相远",孔子强调的是后天实践对人的塑造,这个道理和他否认自己"生而知之"是一致的。

为了确切地翻译"仁"的意义,需要回到它的原初意义。从词源学上考察,"仁"从"人二"。《中庸》说:"仁者,人也。"郑玄注:"人也,读如相人耦之人,以人意相存问之言。"许慎也说,"仁从人二,于义训亲"。"人耦"即现在所说的人际关系,但不是泛指的 human relationship,而是两个人之间的 personal relationship,如"人二"所指的 relation between two persons。

"仁"所特指的个人之间的关系是一种特殊的人己关系,《论语》中称之为"忠恕"。朱熹对"夫子之道,忠恕而已"一句做的注释是:"尽己之谓忠,推己之谓恕";"或曰:'中心为忠,如心为恕,于义亦通。'"(《四书集注》《论语·里仁》)黄子通对此传统解释做了新的诠释,认为"恕"从消极方面讲"爱人",即"己所不欲,勿施于人";"忠"是从积极的方面讲"爱人",即"己之所欲,必施于人";但"忠"比"恕"要求更高,"恕"是初步的"忠","忠"是完成的"恕",等等。冯友兰在《中国哲学简史》中也持此说。[1] 孔子没有说过"己之所欲,必施于人",用这句话表述"忠"的意义也是不确切的。"忠"的确切意义应该是:"夫仁者,己欲立而立人,己欲达而达人"(《雍也》,6)。"忠恕"包含的人己关系是以己推人,爱人之所爱,恶人之所恶,以此才有"爱人"或"存问"之意。

"忠恕"所表示的人己关系有三个特殊之处。

第一,"忠恕"是两个个人之间的关系,"己"是一个人,与己相通的是另外一个人,而不是一群人,或泛指的任何人。在后一种情况下,儒家谈"群己"。群己关系也是人际关系,但还不是"忠恕"最初的意思。

第二个特点是,"忠恕"以两个人的愿望、意图等情感因素相通为基础。"忠恕"表现为行动,但在行动之前,首先要有一个对人的态度,而这个态度是从自己内心生出来的;就是说,"忠恕"首先表现为以己意推人意的两个人的内在关系。

第三,这两个人之间的内在关系是双向的,不是只有"推己及人"这一个方向。"己意"是对另一个人应该或不应该如何对待自己的思忖,然后再思忖自己应该或不应该如何对待另一个人。要另一个人如何对待自己是"由人及己"的推理,自己要如何对待另一个人是"由己及人"的推理。"忠恕"以人己之间内心的这种双向交流为基础。

《论语》中有一段对话很能说明问题。子贡问:"如有博施于民而能济众,何如?可谓仁乎?"孔子的回答是:"何事于仁,必也圣乎!尧、舜其犹病诸!"(《论语·雍也》,6:28)孔子的意思恐怕不是在说,在"仁"之上还有一个更高的"圣"的境界。尧舜是孔子心目中的继天立极的圣人,是道德理想的象征,"巍巍乎!唯天

---

[1] 参见黄子通《孔子哲学》,原载于《文史论丛》卷一,见《北京大学百年国学文粹·哲学卷》,北京大学出版社1998年版,第128—130页;冯友兰:《中国哲学简史》,北京大学出版社1994年版,第38页。

为大,唯尧则之"(《泰伯》,8:19)。"必也圣乎！尧、舜其犹病诸"可能是一句反诘的话：如果连尧舜都达不到,这样的"圣"还有什么意义？"何事于仁"一句也并不是说"博施济众"比"仁"更高级,而只是说那不是"仁"。所以接下来是孔子对仁的解说："夫仁者,己欲立而立人,己欲达而达人。能取近譬,可谓仁之方也已。"(《雍也》,6:28)博施济众之所以不能被称作"仁",就是因为那只是爱的单方面施与,而没有人己之间内心的双向交流,不符合"能取近譬"的标准。

"忠恕"的三个特点表明,"仁"的原初意义是人我之间的一种特殊个人关系,它以两个人之间内心的双向交流为基础。为了突出两者间的双向交流的意义,有的汉学家把"恕"翻译为 reciprocity,比较贴切地表达了"仁"的原初意义。但这种译法没有表达出"忠恕"这种人我关系的相互亲善的意思。因此,"仁"的确切意义是 reciprocal kindness。

人们通常把孔子所说的"己所不欲,勿施于人"称为伦理学的"金律"。理雅格正确地指出,那不是金律,而是银律；耶稣基督说："你们愿意人怎样待你们,你们也要怎样待人"(《马太福音》,7:12),这才是金律,它是比"己所不欲,勿施于人"更高的伦理规则。[1] 但是,理雅格没有看到,"仁"的意义不仅是"恕"的否定性表达,而且也是"忠"的肯定性表达。耶稣基督所说的"你们愿意人怎样待你们,你们也要怎样待人",就是孔子所说的"己欲立而立人,己欲达而达人",这句话被认为是对"忠"的唯一表述。但应该注意,"立"和"达"不是指高贵的价值,而是指善良的人我关系。如果这里所说的"立"指"立功"或"立业",那么"己欲立而立人"对长沮、桀溺耦、荷蓧丈人这些隐者(见《论语·微子》,18:6,7)来说,就不适用了。"达"也不是指"官运亨通"或"财运发达"之类的意思,否则,"己欲达而达人"对伯夷、叔齐等"逸民"(见《论语·微子》,18:8)来说,就不适用了。为使这句话不具有把特定的外在价值强加于人的意思,有必要把"立"理解为"尊重人",把"达"理解为"帮助人"。《论语》中的"立"和"达"确实也有这样的意思。如,"民无信不立"(《颜渊》,12:7),是说不讲信用就得不到尊重；"臧文仲其窃位者与！知柳下惠之贤,而不与立也。"(《卫灵公》,15:13)柳下惠是鲁国大夫,臧文仲没有尊重他,这就

---

[1] 参见 J. Legge, *The Chinese Classics*, vol. 1, Clarendon, Oxford, 1893, p. 177。

二、中西伦理术语的双向格义的一个范例

等于窃取了他的位置。再如，孔子把"达"与"闻"对举，"闻"是徒有虚名，"达"则是给人实在的帮助："夫达也者，质直而好义，察言而观色，虑以下人。"(《颜渊》，12：20)如是，"己欲立而立人，己欲达而达人"的意思是：你想得到别人的尊重，你就要尊重别人；你想得到别人的帮助，你就要帮助别人(Always respect others as you would like them to respect you. Always help others as you would like them to help you.)。这不正是耶稣所说的"Always treat others as you would like them to treat you"的意思吗？

3

"直"

历来把"直"作为"正直"(uprightness)来解。朱熹对"以直报怨"的注释是"于其所怨者，爱憎取舍，一以至公而无私，所谓直也"。这未免把"直"抬举得太高了。从上下文来解读，孔子是针对"以德报怨"而提出"以直报怨"的。他说，如果以德报怨，那么用什么来报德呢？回答应该是以德报德；但如此就显示不出"报德"与"报怨"的区别了，孔子于是才提出"以直报怨，以德报德"(《宪问》，14：36)。"以直报怨"与"以怨报怨"其实没有实质性区别，都肯定了对应的报复。《礼记·表记》中干脆用"以怨报怨"代替了"以直报怨"；"以德报德，则民有所劝；以怨报怨，则民有所惩。"

如果把"直"解作"公而无私"，那么儿子举报父亲攘羊之过，大义灭亲应该是典型的"直"了；但孔子恰恰否认了这是"直"。相反，他说："父为子隐，子为父隐，直在其中矣。"(《子路》，13：18)父子相互隐瞒彼此的过错，既有违于社会公正，也是亏欠于受害者的不道德行为。孔子为什么还称之为"直"呢？"直"在这里只能被合理地解释为对应的回报。父子之间有恩有惠，一方隐瞒另一方的过错，是"以德报德"的对应。至于受害方向过错方讨还公道，那涉及他们之间的对应的回报，与父子关系无关。

孔子与宰我关于三年丧期的辩论同样说明"以德报德"的对应。宰我认为三年时间太长,一年就可以了。孔子说,人在襁褓时三年才能离开父母的怀抱,父母死后,"也有三年之爱于其父母"。三年的丧期是必不可少的对等回报,宰我要把丧期减少到一年,对父母之爱的回报不对等,孔子谴责他为"不仁"(《阳货》,17:21)。

"直"在孔子的思想里首先指人的天性。他说:"人之生也直,罔之生也幸而免"(《雍也》,6:17)。"生"与"性"通,"罔"可作"无知"解;这句话是说,对等回报("直")是人的天性,不知道这一天性的人是没有的,这真是人类的幸运啊!违反"直"的天性就不免会虚伪。有人向微生高借醋,微生高没有,却不肯直说,到邻居家借醋来给人。"孰谓微生高直?"孔子认为他的行为不是直(《公冶长》,5:23)。

在《论语》中,"直"不仅是人的天性,而且是一个德性。这一德性与"仁"和"知人"相关。它们的相关性蕴涵在《颜渊》"樊迟问仁"章:"樊迟问仁。子曰:'爱人'。问知。子曰:'知人。'樊迟未达。子曰:'举直错诸枉,能使枉者直。'"樊迟还是不解其意,下来问子夏,子夏解释说,舜、汤举贤人,"不仁者远矣"(12:22)。

孔子以"举直错诸枉"解释"知人"。"知人"是知道"仁"和"不仁"两边。《论语》里有一个从"仁"和"不仁"两边"知人"的案例。"子贡问曰:'乡人皆好之,何如?'子曰:'未可也。''乡人皆恶之,何如?'子曰:'未可也。不如乡人之善者好之,其不善者恶之。'"(《子路》,13:24)"善者好之"是"仁"的评价,"不善者恶之"是"不仁"的评价,有了这两边的评价,孔子才能断定这个人是善恶分明的人。

只有"直"才能分清"仁"与"不仁"的区别,而"枉"则分不清。因此,"知人"首先是分清直枉,举直错枉,以直矫枉。子夏以处理政务为例,解释孔子的"知人",能分清"仁"与"不仁"的是贤者,分不清则不贤;"举直错诸枉"就要举贤,避不贤。

如前所述,"直"是"以德报德"、"以直报怨"的天性。凭着它能够"知人",即能够划清"仁"与"不仁"的界限而区别等待之。在此意义上,"直"又是"能好人,能恶人"、"好仁"而"恶不仁"的德性。

不管"直"是天性还是德性,它的意义相当于亚里士多德所说的"相互公正"(reciprocal justice)。亚里士多德在《尼各马可伦理学》的讨论中,肯定了"以德报德"(return good for good)、"以怨报怨"(return evil for evil)。他把对收益的回报归功于恩惠女神,说如果没有这样的回报,人类就不能交往,就不能组成城邦。这与孔子所说的"直"是幸运的天性的说法是一致的。亚里士多德同时强调："与交往相联系的这种正义使人们团结，这是合乎一定比例关系的交互关系（reciprocity），而不以完全对等的回报为基础。"[1] 亚里士多德强调的回报的比例包括商业交换的价值关系，也包括政治正义所依赖的法律规定。在后一种情况下，他讨论了正义与非正义之间的关系，类似于孔子所说的"举直错枉"的德性。

亚里士多德认为，在人际关系范围内，"正义"是"全德"和"至德"。[2] 孔子处理人际关系有两个标准：一个是"忠恕"；另一个是"直"。虽然这两个标准都是人我关系的交互性（reciprocity），但有不同的意义。"忠恕"是用我希望别人对待我的方式来对待别人，"直"是用别人实际对待我的方式去对待别人，包括"以德报德"和"以怨报怨"两个方面。如果我的希望和实际一致，我以"忠恕"之心善待别人，以"直"去"以德报德"，这两个方式的结果都是善待别人。但即使在这种情况下，孔子也要求主动地"爱人"，而不是消极地回报别人的爱，因此不说"以直报德"。同样，亚里士多德说："恩惠的特点是，我们不仅要回报那些施恩惠于我们的人，还应该在其他时候主动地施恩惠。"[3] 孔子不直接说"以怨报怨"，而是肯定"以怨报怨"的依据是"直"，因此说"以直报怨"。同样，亚里士多德也说："正义的行动用于对不正义行动的矫正。"[4]

孔子处理人际关系的原则除了"金律"和"银律"之外，还有"铜律"。简单地说，"铜律"就是"人施于己，反施于人"。"铜律"因其伦理价值比"金律"和"银律"低而得名，但与"金律""银律"有着同等的效力。"金律"和"银律"适用于人我之间的道德关系，其范围是孔子所说的"仁"。"铜律"的一般意义是"恩怨的回报"，这是处理一般人际关系的公正标准，其范围包括"仁"与"不仁"两个方面。只要人际关系还不能被归约为以内在双向交流为基础的人己关系，只要有"不仁"之人和事的存在，"铜律"就是必要的。

---

[1] 亚里士多德：《尼各马可伦理学》，1132b 31 - 1133a 429。
[2] 参见上书，1129b，25 - 27。
[3] 亚里士多德：《尼各马可伦理学》，1133a，4.
[4] "act of justice is applied to the correction of the act of injustice"，亚里士多德：《尼各马可伦理学》，1135a，13。

4 "己"

孔子生活的轴心时代是人类精神的突破时期,其中一个表现是人类道德自觉意识的滥觞。西方人认为,道德自觉意识是个人的自我意识。我们承认孔子是轴心时代的代表人物,就不能不承认他开创了道德自觉意识。他的"仁""忠恕"与"己"密切联系,使得"己"的意义表达出西方人所说"自我""个体""人格"等观念的意义,孔子所说的"己"在孟子那里发展成为"心"的概念,进一步彰显出"自由意志"的观念。"己"的意义标志着道德主体和道德自觉的意识的重大突破,这不仅对于中国伦理精神,而且对于人类精神,都有普遍的价值。

上文所说的人己关系,应该理解为两位"个人"(individuals)之间的个人关系(personal relation),每一方都是"带人格的个人"(person),其中的主动方"己"就是"自我"(self),他把另一个人看做另一个"自我",因此才能有内在的双向交流(reciprocity),才能推己及人。我们说,"忠恕"的基础是人己之间内在的双向交流关系,也就是说,"忠恕之道"的基础是自我意识。

西方人认为,自我意识是反思性的意识;或者说,"自我"在"反思"(reflection)中显现出来。西方人的道德意识的自觉开始于苏格拉底,他提出"认识你自己",把人们的目光从天上拉回到自己的心中,在内心发掘道德的自觉意识,"自觉意识"是知识,因此"知识就是德性"。在轴心时代,同样的思想也发生在中国。在《论语》中,曾子的"三省吾身"(《学而》)和孔子说的"内省"(《颜渊》),《孟子》中的"反求诸己",都有"反思"的意义。苏格拉底的"认识你自己"相当于孔子所说的"为己之学"(self-reflective knowledge)。

"子曰:古之学者为己,今之学者为人。"(《宪问》,14:25)《论语集注》引程颐注:"为己,欲得之于己也。为人,欲见知于人也。"又说:"古之学者为己,其终至于成物。今之学者为人,其终至于丧己。"我以为第一句话恰中鹄的,第二句就偏离了。

孔子把"仁"与"知"并举。如,"仁者安仁,知者利仁"(《里仁》,4:2);"知者乐水,仁者乐山"(《雍也》,6:21);"仁者不忧,知者不惑"(《宪问》,14:30),等等。"知"与"仁"的关系类似于苏格拉底所说的"知识"和"德性"的关系。孔子所说的"知"有多重意义,但当"知"被说成是"仁"的先决条件时,其意义相当于苏格拉底所强调的道德自觉意识。令尹子文忠于职守,但孔子认为他不够自觉,不能算做仁;崔杼弑君,陈文子不愿参与而逃亡,逃亡时还打着崔杼旗号,孔子认为他洁身自好("清"),却没有分辨大是大非,也不能算做仁。他用这两个事例说明"未知,焉得仁"(《公冶长》,5:18)的道理,即不自觉地做好事或不做坏事,都不是仁。

孔子主张"学而知之","学"的目的首先在行动中完善"仁"。如果不好学,就会产生"六蔽",头一条就是:"好仁不好学,其蔽也愚。"(《阳货》)他说:"博学而笃志,切问而近思,仁在其中矣。"(《子张》,19:6)博学、切问是手段,笃志、近思是结果,最后达到为仁的目的。"笃志"和"近思"是内心的修养所达到的自觉意识,有了这种自觉意识,才会有自觉的道德实践。孔子说:"我欲仁,斯仁至矣""求仁得仁"(《述而》);孟子说:"为仁由己。"(《公孙丑下》)这些都在强调个人的自我意识("己")对于"仁"的决定性意义。但自我的道德意识不是天生的,必须通过后天的学习和实践。这一过程就是"为己之学"。

通过"为己之学","得之于己"的收获是自我意识和道德自觉,孔子并不认为还会有其他的外在功效,如程颐所说的"成物"之功效。子路问君子,孔子说:"修己以敬。"但子路不满足,孔子于是说:"修己以安人。"子路还不满足,孔子说,是否要说"修己以安百姓",你才满意呢?但这是不可能的,"修己以安百姓,尧、舜其犹病诸!"(《宪问》,14:45)。这里的句式与《雍也》说"博施济众"的句式一样,是反诘句式,否定"修己"有"安百姓"的功效。在另一个场合,子路说:"有民人焉,有社稷焉,何必读书,然后为学?"孔子指斥他为"佞者"(《先进》)。从这些话来看,孔子所谓的"修己"是"为己之学",其效果首先是培养自尊自律的人格,即"修己以敬";其次是和谐处人,即"安人"。至于"安百姓",孔子认为那超出了"修己"的范围;正如"博施济众"不属于"仁"的范围一样。

5

"中庸"

孔子说:"中庸之为德也,其至矣乎!民鲜久矣。"(《雍也》,6:27)《论语》中只有这一条提到"中庸"一词,其他地方或以狂狷说"不得中行"(《子路》,13:21),或以"过"和"不及"论弟子的偏颇(《先进》),人们从中还看不出中庸有什么"其至矣乎"的高明之处。这样就产生了一个问题:后来达到了"其至矣乎"高度的《中庸》是后儒的创造,还是《论语》中的"中庸"思想的继承呢?我想,要了解一种思想,首先要了解它所针对的问题,如果了解到"仁"与"不仁"划界问题的重要性,《论语》中的"中庸"思想的意义也就突显出来了。

"仁"与"不仁"的界限对孔子十分重要。孟子说:"孔子曰:'道二,仁与不仁而已矣。'"(《孟子·离娄下》,4A:2)孟子对孔子的理解是准确的,但孟子不重视孔子的"中庸"。在孔子那里,"中庸"是"仁"的范围,在此范围之外是狂与狷、"过"与"不及"的两个极端。孔子说:"攻乎异端,斯害也已"(《为政》,2:16),又说:"我叩其两端而竭焉。"(《子罕》,9:7)。朱熹注:"两端,犹言两头。言始终、本末、上下、精粗,无所不尽。"清朝宋翔凤在《论语说义》中却有另一种说法:"中则一,两则异,异端即两端。"[1] 依我之见,这两种说法都未得要领。"异端"固然是偏离正道的两个极端,但"叩其两端"的"两端"却是《孟子》中的"道二",即"仁"与"不仁"而已。只有涵盖了这两个方面的学问才全面,故有"叩其两端而竭"之说。

"仁"与"不仁"是"两端",而"过"和"不及"是两个"异端",这两种分别的意义是不一样的。为了说明这一点,我们可以把孔子的"中庸"与亚里士多德的"中道"(mean)做一个比较。亚里士多德认为,"中道"不是程度上的适中,而是与一切邪恶相分离的善;"要想在不义、卑怯、淫佚的行为中发现一种中道、一种过分和不足,同样是荒谬的。"[2] "中道"不像一条直线的中点,而像直线以外的顶点。如下图所示。[3]

---

[1] 转引自钟肇鹏《孔子研究》,中国社会科学出版社1990年版,第80页。
[2] 亚里士多德:《尼各马可伦理学》,1107a 10—20。
[3] 引自赵敦华《西方哲学简史》,北京大学出版社2001年版,第79页。

二、中西伦理术语的双向格义的一个范例

```
                    中道
              善
   过分 ————————————————— 不足
  （主动的恶）        恶         （被动的恶）
```

同样,"中庸"也不是程度上的适中,尤其不是孔子斥之为"德之贼"的"乡原"(《阳货》,17:13);"中庸"也不像一条直线的中点,毋宁说,"中庸"好像是一个圆圈,圆圈之内是"仁",之外是"不仁"。如下图所示。

```
      过        ( 仁 )        不及
    （不仁）                 （不仁）
```

如图所示,"仁"与"不仁"是两端,而"不仁"又有两个极端。孔子说:"人之过也,各于其党。观过,斯知仁矣。"(《里仁》,4:7)"人之过也"一句说明人的过错多种多样,其意如亚里士多德所引诗句:"人们行善只有一途,作恶的道路却有多条。"[1]"观过知仁"一句说明以"不仁"反衬出"仁",恰如圆圈内外总是相互参照。孔子用"过"和"不及"以外的"中行"划分"仁"与"不仁",正如亚里士多德用"过分"和"不足"以外的"中道"来区分善恶一样。

---

[1] 亚里士多德:《尼各马可伦理学》,1106b 35。

三、基督教伦理的特征

在希腊哲学家的伦理学之后,基督教伦理成为西方人的道德规范的主流。中西伦理的比较不能不比较儒家与基督教伦理。为此,我们首先要比较全面地了解基督教伦理的特点。基督教伦理的特点可以而且应当从多种角度加以理解。既然我们的目的是为了比较基督教与儒家,我们对基督教伦理的特点的概括,主要侧重于它与儒家伦理的可比之处。

1
作为价值论的基督教伦理学

价值论(axiology)是世纪之交发展起来的一门哲学学科。文德尔班(W. Windelband)说:"判断的真假、意志和行为的善恶,艺术创造的美丑,分别对应科学、道德和历史、艺术。除了这三种文化功能之外,还有一个最伟大的文化支配力,这就是宗教。宗教之目的、规范和理想的价值取向是神圣。"价值论的对象是真、善、美、圣,涵盖了一切哲学对象,哲学只能作为普遍有效的价值科学而存在。

世俗价值论有两个主要困难:一是混淆了事实和价值,把事实的真假也归属于价值领域;二是无法说明价值的联结。神圣被认为是最高价值,它与其他价值如何联系,为什么会有这种联系?价值论的哲学家只把宗教看做诸多价值体系中的一个,无法回答这些问题。

基督教是一种价值体系,上帝是一切价值的最终来源。真与善、真与美、善与圣都是统一的,基督教伦理学的主要任务是说明善与圣、道德与宗教的关系。

三、基督教伦理的特征

据笔者观察,在伦理与宗教的关系问题上,大致有三种立场:第一种立场把宗教归结为伦理,如康德在《单纯理性限度内的宗教》一书中所表述的那样;第二种立场把伦理归结为宗教,如新教神学家哈纳克所说:"耶稣基督把宗教与道德合为一体,在此意义上,宗教是道德的灵魂,道德是宗教的形体"[1];第三种立场认为宗教超越伦理,如克尔凯郭尔提出,并被巴特(K. Barth)所发展的那种说法。通常,第一种立场被视为非神学的世俗主义,第二种立场被视为自由派神学,第三种立场被视为保守派神学。我以为第二种立场是比较合理的。

基督教伦理学有两个特点:一是以神圣为最高价值,善来自神圣;二是把基督教义"恩典""罪""因信称义"等引入信徒道德生活。这些教义本来并无伦理意义,却起到转变价值观的作用。

2
基督教伦理是一种价值转变的历史过程

基督教伦理并不是永恒不变的学说、规范,而是动态的价值转变(Transvaluation),尼布尔(H. R. Niebuhr)说,基督教信仰并没有创造前所未有的新价值,而是把已有的价值强化、普遍化,更认真地对待、更彻底地践履这些价值。这就是价值转变。

从历史上看,基督教实现了三次较大的价值转变:第一次,早期基督教从幸福主义到福佑主义的转换。基督教的传播实际上是一场道德革命,因此能够成为占统治地位的文化形态。耶稣基督首先在犹太教内部进行价值观转换,他说不是要废除律法,而是成全律法,要人认识到律法的价值在于内心的虔信善良。基督教在希腊化地区传播,以信仰的素朴性、坚定性代替了希腊伦理学的空谈清议,用道德实践代替了罗马人的道德堕落。晚期希腊哲学已经伦理化,当时有288种哲

---

[1] Adolph Harnack, *What is Christianity*, trans. by T. B. Saunders, Putnam's Sons, New York, 1901, p. 79.

学,都以"幸福"为目标。基督教把"幸福"转化为"福佑"(blessedness),以拯救为目的。只有上帝的福佑,才能达到永恒的幸福。不以现世幸福和个人快乐为目标,在现世生活要奉献、互助、互爱、牺牲,开创新的道德风尚。

第二次,宗教改革时期从神权等级到个体神圣的价值转换。中世纪的教阶制度蜕变为政治等级,甚至精神等级,"神圣"的价值蜕变为权力,与世俗价值相混合,造成教士生活的世俗化,甚至腐化。路德、加尔文等发起的宗教改革并不是反对天主教信仰和道德规范,而是针对神权等级,即路德所称的保护罗马的三道围墙:解释《圣经》的精神特权、神职人员的等级特权和权皇的财政特权。新教把"因信称义"的教义强化、普遍化。称义不是外在的渐变,不需要他人的帮助,而是内在的精神转变,是自己可以确信的。个人可与上帝直接沟通,直接获得恩宠,不需要教会的恩准。这些把个人的价值神圣化了,不只是内在的精神价值,个人创造的外在物质价值也是信仰的产物。新教徒热衷于经济、政治、科学活动,是资本主义的推动力。资本主义所需要的不是一般意义上的个人主义,而是个体神圣价值观指导的个人主义。

第三次,当代基督教从宗教戒律到友爱主义的价值转换。历史上的基督教伦理属于规范伦理学,其规范是上帝颁布的戒律。这些神圣的戒律受到现代主义伦理学的冲击。现代价值观的核心是人本主义、人道主义,其伦理学的基础主要是情感主义,把个人的快乐作为伦理行为的基础。情感主义的伦理学把个人的快乐作为伦理行为的基础,其特征是多样性、不稳定性、矛盾性,造成道德相对主义、怀疑主义和虚无主义,当代基督教伦理学的一人转变是重新发现了"爱"的伦理价值,这不是对耶稣的"爱"的戒律的简单重复,而是对现代情感主义所作的价值转换,把个人主义的快乐主义价值观转变为同伴间的友爱主义价值观,使极端的世俗价值观转变为神圣和世俗相结合的价值观。但这场价值转换尚未完成,受到后现代主义的干扰。后现代主义把现代主义的世俗价值观推向极端,它企图超越现代主义,却不能提供一种积极的价值体系。摆脱后现代主义的出路在于认识"爱"的普遍价值,并完成这场价值转换。

3
基督教伦理学的基本原则

（1）"爱人如己"。耶稣基督说爱是最大的诫命。《圣经》中用希腊文 agape 表示爱。希腊人所说的爱是 eros。尼格林（Nygren）曾说明两者十大差别：eros 是欲求，自下而上的运动，人向往上帝之途，人的自我拯救的努力，自我中心的爱，寻求永恒的神圣的生命收获，占有的意志，人类之爱，由对象的性质（美和用途）所引起的，在对象中寻求价值；相反，agape 是牺牲的奉献，自上而下运动，上帝对人的关怀，上帝拯救人的恩典，无私的忘我的爱，舍弃包括生命在内一切，自由的意志，上帝之爱，对象的主宰，在对象中创造价值。舍勒（M. Scheler）也区别了希腊人的理性之爱和基督教的精神之爱。

（2）"因信称义"。按照基督教义，人类有"原罪"；只有依靠上帝的恩典，人才能获救。"因信称义"所说的"信"是来自上帝的恩典，"称义"不是自义，不是对主观努力的报酬。"因信称义"的实质是因恩典而信，因恩典而称义，但也不是消极地接受恩典，而要对耶稣的救赎做出积极的回应，相信耶稣基督之死是为人类赎罪，耶稣基督的复活建立了新的人神关系，使信徒成为新人。"因信称义"使基督徒能够摆脱"原罪"的重负，以对上帝的依赖感和被上帝获救的信心，义无反顾地投身于社会的政治、经济、科学和教育等事业，积极地参与并改造社会，以在世俗中的功绩荣耀上帝的恩典。"因信称义"既是教义的核心，同时也是把神圣价值与世俗价值结合起来的道德命令。16 世纪的宗教改革运动强调，"因信称义"具有核心的重要意义，是"第一和主要的信条"，具有"统摄和判断基督教其他学说"的作用。[1]

（3）"意志自由"。意志自由是与"创世说"和"原罪说"教义联系的道德观念。自由的意志是上帝按照自己的形象赋予人类的能力，意志自由在善恶之间做出抉择，使人承担责任，让上帝的判决公正。意志自由不是行善和作恶的平等的能力，而是趋善避恶的能力和趋向。"意志自由说"强化了人在善恶选择面前的道德责

---

[1] 引自信义宗世界联盟和罗马天主教会的《关于因信称义的联合声明》，第一款。

任感,为人们的道德实践提供了必要的动力,是基督教对人类伦理的重要贡献。

(4)"道德律"。基督教的一些最普遍的伦理规则,像"十诫""登山宝训""爱的诫命",都是道德律。它们既是他律,又是自律;既是上帝颁布的绝对命令,采取"这是你应该做的"义务论形式,又是自然律,是人的趋善避恶的自然倾向,表现为良心的发现和在上帝面前的罪责感;同时又符合追求神圣和至善的目的论。

(5)基督教伦理的德目。基督教伦理是美德伦理,其主德是仁慈、谦卑、正义、自制和坚毅等。奥古斯丁说美德都是爱的表现,"自制是向被爱对象的完全奉献,坚毅是为了被爱对象而承受一切,正义是对爱的对象的服务和正当统治,谨慎是关于阻碍爱和帮助爱的区分"。托马斯·阿奎那区别了理性德性和神学德性,认为神学德性是信、望、爱,理性德性是仁慈、正义、自制和坚毅"四主德"。这些主德是人类理性的原则,不只是神学德性的运用。谨慎是理性对自身的思虑,正义是理性规则被应用于自身之外,自制是以理性约束情欲,坚毅是理性束缚情欲的羁绊。

4

基督教伦理学基本形态

历史上最常见的形态是规范伦理学,即以戒律、信条为一切行动的规范、准则,以此为判断善恶是非、正当与不当之准绳。犹太教、伊斯兰教都以戒律为中心。耶稣基督看到犹太教律法的缺陷:一是不顾实施条件,为了包罗一切而条分缕析,繁琐不堪,二是只能管辖外在行动,而不能使内心虔诚、信仰。耶稣批评犹太教的律法是为了成全戒律。基督教戒律强调内外一致,表里如一,但在中世纪和清教的一些派别中,道德的戒律仍不免有过严过细之赘。

现代基督教中出现了德性伦理的思想和实践。德性伦理以德性为中心,修养身心,完善人性,把罪人转变为新人。德性不是抽象的规定性,德性就是有道德的生活,具有某种德性与一定的生活方式、习惯是完全一致的。德性伦理学有强烈的实践性,其规范是榜样。基督教德性的榜样是"效仿基督"。

德性伦理的主体是个人,为了使基督和圣徒的榜样推广到集体和社会,往往需要规范伦理的配合。

从本质上说,基督教伦理以人神关系为基础,是一种关系伦理学。它以上帝为最高标准,以人与人的关系为中心,依靠爱的纽带,组成这样一个道德三角形。

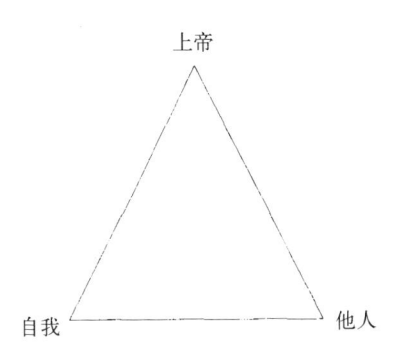

```
            上帝
           /  \
          /    \
         /      \
        /        \
      自我——————他人
```

人与上帝的关系是"我"和"你"的面对面的直接交流,而人际关系却是"我"和"他人"的关系。联系上帝和人,以及人与人的纽带是"爱"。"爱"不仅仅是精神,而且是一种合约(Torch,Covenant)。神圣的合约是人与人的契约(Contract)的样板,而且是后者的保障。合约关系产生另外两种关系:"正义"和"合作"。关于伦理学也是一种以正义理论为代表的契约主义。强调在共同的信仰和精神的基础上,人与人之间的互利互助,按照正义的原则调节利益关系,形成社会凝聚力和团结。这种关系伦理与现代世俗社会的伦理学有很多交叉点,能够适应当代政治、经济和文化的发展,可望在将来有较大发展。

四、基督教伦理与儒家伦理之比较

1
基督教与中国文化的历史冲突

基督教在中国的传播,若从唐初的景教算起,至今已有1300多年的历史。在漫长的历史岁月,基督教在中国时断时续。景教的传播被晚唐唐武宗的"灭教"政策所断;元代的"也里可温教"随着蒙古人和色目人成为中国的统治者而流行,但也随着元王朝的灭亡而被驱逐;晚明时耶稣会的传教士在中国取得不小的进展,但由于"礼仪之争"而被清王朝所禁;最后,基督教(包括天主教和新教)随着西方列强对中国的入侵再次进入中国,对中国近代文化起到重要作用;但从20世纪20年代开始,知识界和文化界就有反基督教运动,基督教在中国现代社会发展所起的作用受到各方面的限制。基督教的传播在中国可谓是"四起四落",一再受挫。难怪早期耶稣会传教士曾发出"岩石何时开裂"的感叹。

确实,在基督教传播史上,能够一再把基督教完全排拒出外的国度实属罕见。基督教虽然于近代卷土重来,并在中国社会已占有一席之地,但仍然没有改变大多数中国人对它的"洋教"印象。洋者,异己之谓也。中国人虽不像历史上的西方人那样激烈地在宗教上排斥异教异端,但在文化上却有鲜明的"华夷之辨"。任何不能适应于中国文化的外来文化,不是被拒之于国门之外,就是游离在社会的边缘。

基督教不见容于中国文化的成分,概而言之,无非有二:一是基督教伦理与儒家伦理的冲突,二是基督教传统与中国现代文化走向的分歧。基督教伦理与儒家伦理之间的历史碰撞集中表现在明末清初和清末两个阶段。不管是士大夫对基督教义的批驳(如《破邪论》所示),还是普通民众的反教流言(如清末教案所示),都基于伦理本位的理由和感情。孟子在辟扬墨时说过一句义愤填膺的话:"无父无君,是禽兽也。"这句话也能恰当地表达出儒家卫道者对基督教的基本态度。虽然以儒家学说为正统意识形态的封建统治者为了实际利益,可以暂时利用传教士,利玛窦也曾提出"以儒补耶"的权宜之计,但双方的让步未能弥合两种意识形态的巨大鸿沟,更不能缓解两者争夺正统的激烈程度。在"礼仪之争"和历次教案之中,儒家和基督教的对立如水火不相容,其因概出于此。

基督教在近代中国的传播,得益于儒家正统地位的跌落与最终丧失。但是,此时的基督教是伴随着它的强劲对手一同输入中国的,这个强劲的对手就是受过启蒙运动洗礼的现代西学。近代以来中国知识分子所热衷的西方文化并不是基督教,而是现代西学。不管是"物竞天择"的进化论,还是"科学与民主"的潮流,或是马克思主义,都可归诸"现代西学"的范畴。它们之间虽然也存在着巨大分歧,但对宗教却持有大致相同的批判立场,对基督教的批判尤为激进。启蒙运动之后的很长一段时期,基督教在这种批判面前处于守势或劣势地位,在理论上都采取招架或迎合的立场。基督教在西方世界的处境决定了它在中国社会的作为:总的来说,它在学术界并无重要建树,对中国近现代思想发展也无明显影响;但这并不妨碍它在社会的基层,尤其是农村和边远地区赢得一些信徒,并从中培养出一些知识分子。

2
基督教与儒家伦理对话的可能性

温故而知新。我们今天回顾基督教在中国的历史遭遇,可以对当今和未来中国文化建设有新的反省和自觉。中国社会现代化的过程仍然充满着中学与西学、传统与现代性这样两种精神张力。对待文化传统,存在着保守主义与批判主义两种立场的分歧;在主张以传统遗产提供现代化所需要的文化资源的人们之间,存在着中学本位与中西合流两种立场的分歧。这些分歧为基督教伦理在中国文化体系中的重新定位确定了一个坐标。重新评价基督教伦理与儒家伦理的关系，则可以对这些引起分歧的文化建设走向起到定向的作用。

说基督教是伦理化宗教，儒家是伦理化哲学，大概不会引起多少异议。基督教诞生时期曾与伦理化哲学（比如斯多亚派）接触融合，但这毕竟发生在共同的社会环境和历史条件下。儒家和基督教在完全不同并彼此隔绝的社会环境和历史中，分别独立形成了伦理化哲学和伦理化宗教，分别代表了两个完整的、自足的价值体系，它们在各自社会里执行并完成一定的特殊功能。撇开社会的、历史的以及价值功能等方面的不可比因素，我们可以把这两种价值体系分析为几个可对应的层次，在相应的层次上比较这两个体系构成要素的地位、性质、联结和作用，系统地比较基督教伦理和儒家伦理的异同，不可避免地涉及神圣本体、绝对命令和伦理动因、道德责任等层面。

3

神圣本体：上帝与天

儒家和基督教都是以神圣本体为最高价值的价值体系。神圣本体在这两个价值体系中具有这样一些共同的作用：(1) 作为一切价值的创造者和赋予者，(2) 作为道德律的来源和依据，(3) 唤起人心的神圣感，保障道德律的尊严。

(1) 基督教信仰的上帝是世界万物的创造者和支配者。《圣经》说："神看着一切所造的都甚好"（《创世记》，1：30）"好"就是价值。价值是连同整个世界被创造出来的。后来的神学家都肯定世界是一个完善的整体，恶不是上帝创造出来的。要之，按创世说，人的价值也是上帝赋予的，世界上并不是只有人才有价值，相反，人的价值因世界的完善而高扬；人还会因为自己的罪恶失去在世界中应有的价值。该隐杀死他的兄弟亚伯，耶和华说："地开了口，从你手里接受你兄弟的血；现在你必从这地受咒诅"（《创世记》，4：11）。这个故事不禁使人想起"天作孽，犹可违；自作孽，不可活"的古语。

当孟子引用"天作孽"的古语时，并非以天为不善，只是说天有拂人意的时候。

当儒家从本体论层面阐发天的义理时,都肯定天地间万物都有普遍价值。《易传》曰:"天地之大德曰生。"这里的"大德"不限于现在所说的道德,而是指万物所具有的价值,这种价值就是生命。儒家推崇的生命价值包括"富有""日新""不已""继"等。除了生命价值之外,儒家还肯定天有现在所说的"秩序""和谐""目的"等价值,这就是为什么"天"常与"天道""天命"通用的原因。

(2) 基督教的上帝是绝对命令的颁布者,《旧约》的"十诫"是耶和华与以色列人的誓约,《新约》记载了耶稣所颁布的"登山宝训"和"爱"的戒律。上帝的至上和全善赋予基督教戒律神圣的价值和约束力,宗教和伦理不可分割地体现在这些戒律之中。

儒家不是宗教,至少不具有宗教戒律。儒家的信条是道德戒律,而且道德戒律的制定者是"圣人"。但历代儒家都强调,圣人依照天道制定道德准则和戒律。《易传》提出"大人与天地合德"的思想。所谓"合"并不是合一,而是效仿,即"天生神物,圣人则之,天地变化,圣人效之"之意。后来朱子提出"上方圣神,继天立极",也是就圣人按照天的神圣价值确立道德准则。至于张载提出儒者"为天地立心",并不是说把心强加给自然,而是说让天道显露于人心,成为道德法则。

(3) 人的神圣感与外在的神圣本体相对应的主观情感和体验。奥托(R. Otto)说,神圣是人们在一种特殊的实在面前感受的"神秘的畏栗"(mysterium tremendum)。他和其他一些宗教学者如舍勒、文德尔班都把"神圣感"作为宗教体验。其实,这只是适用于基督教的观点。《旧约》描写的以色列人对耶和华公正和大能的畏惧,基督徒对耶稣的福音召唤回报以忘我的敬爱,都是这种宗教情感的表达。

儒家也有"敬天""畏天"的神圣感,但这却不是像子女对严厉而仁慈的父亲的那种情感,而是一种道德使命感、尊严感。孔子讲"三畏":"畏天命,畏大人,畏圣人之言",并说"获罪于天,无所祈也"。《易传》引用孔子话说小人"不畏不义",这些都指出"畏"和"不畏"的道德内涵。孟子后来更明确地提出"存心养性以事天",把道德修养作为"敬天"的途径。

有一种观点,认为"天"缺乏基督教上帝那样至高无上的超越性,难以在人心中引起神圣感。按照我们在(1)和(2)所作的解释,"天"也是超越人的神圣本体,只是没有基督教上帝那样的人格,但"天"是有形象的,并且这种形象足以引起畏心神圣感。我们可以读到这样的颂辞:"巍巍乎,唯天为大,唯尧则之""天油然作云,沛然下雨""天之高也,星辰之远也"等等。这是对高远浩大的天空产生的敬仰,但并不只是自然情感的流露。现在人们区分了"自然之天"和"义理之天",两者其实是天的表里两个方面,天既有自然形象,又有义理内涵。儒家重视的是义理,但如果没有自然形象,他们也无从寄托敬畏之情。另一方面,没有义理内涵的自然之天,更不能引起神圣感。荀子抽掉天的义理内涵之后,反对"大天而思之""从天而颂之"。后来宋儒反其道而行之,用无形的"理""太虚"代替"天",使之失去自然形象。这两种倾向造成了"自然之天"和"义理之天"的割裂,也削弱了孔孟之道里的神圣感。

4

绝对命令:天道与自然律

基督教的戒律和儒家的准则都采取了"这是你应当做的"这种绝对命令的形式。"绝对"的意思是无条件和普遍适用。基督教的"绝对命令"是上帝颁布的,但其基本形式是"自然律",以自然的方式铭刻在人的心灵中,被人的自然能力(理性和良心)自觉或不自觉地遵守。儒家视"天道"为人性和道德的来源。孟子、孔子对《诗经》"天生烝民,有物有则,民之秉彝,好是懿德"一句的评论:"为此诗者,其知道乎!故有物必有则,民之秉彝也,故好是懿德"(《告子上》)这也说明了"天道"与"德性"的关系,圣人"继天立极",但道德规则不是强加在民众身上的,而是符合人的本性的。

自然律思想与中国儒家的"天道"之间有可比性和相似性。自然律不完全是自然的规律,也不完全是神用以统辖世界的最高法则,它主要指的是人凭借自身的自然能力即可认识(或感悟)和践履的神圣规律。自然律的神圣性、权威性和合理性来自造物主,但其效用、表现和可知性却完全在人。自然律的这一核心观念与儒家倡导的天道和人道合一的传统有不少相似之处。两者都承认道德的普遍性,最高道德准则不但适用于全人类,而且充斥于天地万物之间,并且把这种普遍性归结为本性。自然律的"自然"的本义即"本性",既是世界的本性,也是人的本性,因此有贯通神人之效。同样,儒家以心性之学贯通天人,心性之学是下行上达之学,即从天到人、由人达天。西方人从自然律到人律民法是下行的径路,用道德良心折射自然律的内容则是上达的径路,如此等等。这些都反映出中西文明共同的崇尚道德的习俗、强调统一、普遍性的思辨特征,以及追求神圣与世俗相结合的价值取向。

当然,西方自然律与儒家"天道"之间的差异也很明显。古典自然律思想的依据是普遍理性,属于希腊理性主义传统,基督宗教的自然律思想的依据是上帝,在理性主义之中又加入了信仰主义的因素。由于来源的多样性,西方自然律充满着理智与意志、理性与信仰、宗教与道德的张力。如同西方思想史的其他论题一样,自然律问题也是各种思想流派的战场,没有形成一个思想主流。儒家传统的稳定性和单纯性是由心性学说的连贯性来保障的,没有产生理性主义和信仰主义的条件和背景,内部也不存在理性与信仰、宗教与道德的张力,而以人性论为中介,以伦理学为基础联系天道与人道。西方自然律思想缺乏人性论这一中介,而以知识论为基础联系形而上学、神学与伦理学、政治学。这些差异造成了两者不同的区分、辩证、范畴和概念。

西方自然律与儒家"天道"在不同的历史条件下各有不同的优势。儒家的"天道"是主流传统,从孔子的"仁"的学说,到孟子的性善论,再至宋明的心性之学,形成了"道统"。道统虽然也遭到自然主义和宿命论两个极端的干扰,但这些毕竟是围绕着"中道"的波动,没有另立门户。道统的连续性和稳固性使得天道与人道的联系不可分割,崇高的天道和神圣的道德原则牢固地统治国家、社会和人心。这是中国古代社会、政治制度长期稳定不变的理论基础。相对而言,自然律思想不是一以贯之的传统,在西方思想大传统里也不占统治地位。古希腊开始有"自然说"与"约定说"之争,后有神权政治论的滥觞,大大约束了自然律思想的发展。自然律虽经斯多亚派提倡而成为罗马法的哲学基础,但其影响毕竟是局部的。在基督教诞生期,教父对自然律思想的接受是有条件的、局部的,在其中加入宗教信仰成分。因为有托马斯·阿奎那的综合和强调,天主教会尽量接纳自然律思想,使之成为天主教伦理、社会、政治思想的重要组成部分。但基督新教对自然律的重新理解与托马斯·阿奎那的解释分庭抗礼,致使自然律思想未能在基督宗教中形成统一的传统。西方自然律思想的多样性和矛盾性导致了旁枝蔓延的发展方向,其中有两次重要的发展:第一次是自然律由神圣领域下降到世俗领域,成为西方近代政治、法律思想变革的催化剂;第二次是自然律与道德律的分离,成为价值中立的、但又不失其神圣性与可知性的普遍法则。自然律的这种意义已转变为自然规律,这一转变适应了近代自然科学发展的需要。从比较研究的角度看问题,儒家学说在历史上之所以没有开出民主和科学之花,恰恰在于其道统太牢固,天道与人道难以相分,传统的优势变为现代化的劣势。

基督教的自然律与儒家的"天道"对于中西方都具有现实意义和互补性。近代以降,西方自然律思想虽经两次嬗变,但它作为道德律的传统依然存在,不但天主教恪守托马斯主义关于自然律的解释,新教神学家中也不时有要求把自然律作为道德基础的声音,从17世纪自然神学的代表者巴特勒到20世纪现世神学的代表者朋霍费尔(Bonhoeffer)那里,人们都可以听到这一声音。基督宗教在现代条件下重提自然律,不完全出于传统(因为自然律思想并非牢固之传统),而主要是为了适应现代,其主要用意不在"分",而在"合",即在经历了道德与神学、政治与道德、科学与价值的分裂之后,重新谋求世俗与神圣在价值观上的统一。在此方面,中西思想具有广阔的相互对话、取长补短的空间。儒家的道统和基督宗教的自然律的思想对于弥补现代价值的失落,对于神圣价值与世俗价值的结合,都具有现实的意义。

5

道德动因:性善与原罪

儒家关于人性的看法大致都可分为性善论、性恶论和介于两者之间的调和观点(性有善有恶论或性无善无恶论),但性善论是主流。基督教持"原罪说",但在形而上的层面,神学家肯定上帝创造的世界为善,一切事物的本性来自上帝,人的本性也不例外，故《创世记》说上帝按照自己形象造人。在人性论层面，大多数神学家同意原罪造成人性堕落，但这不意味着本性的完全丧失。他们或多或少肯定现实人性的正面价值。如此肯定的人性在基督教传统中首先指自由意志（libero arbitio），其次指良心（synderesis），再次指理性（ratio）。这些都是现实的人所具有的善的本性。按照康德的区分，神学家在人性善恶问题上的不同立场有：那些认为性善与性恶是非此即彼的对立关系的人被称作"严格派"，不承认这种对立的人被称作"自由派"。自由派又分两种：认为人性既不善也不恶的人是"中立派"；认为人性既善又恶的是"调和派"。神学家与儒家对人性善恶问题上有着相似的分野。

就理论的系统性和连续性而言，儒家的人性论比西方各家人性论更胜一筹。儒家对善恶的不同层次进行了辨析，对人性的善恶加以辩说，对各种观点加以比较、综合，建立起与形而上学相通，涵盖认识论、伦理观、政治历史观等各领域的性命心性之学，形成了关注人性问题的学术传统。相比而言，西方关于人性的观点分散在各家各派理论之中，很少自成体系，各种观点也缺乏横向交流和纵向承袭。在大多数情况下，只是对人性的一个方面，如灵魂、理智、意志、幸福等等，进行深入探讨，没有把人性作为中心问题和关注焦点加以研究。

儒家对人性做出道德本质和感性情欲的区分，通常在"性"与"情"、"理"与"欲"二元对立的框架里讨论人性的善恶，缺少"意志"这一维度。虽然孟子的"志气"之说和陆王心学充满着对意志的推崇，但在性情之分的格局里，其理论意义未能凸现，实践意义也没有拓展。相反，意志主义对西方人性学说具有十分明显的影响。这是非理性主义、信仰主义和神秘主义得以长期发展的一个重要原因。

基督教的"意志自由说"把意志当做道德实践的直接动力，其他精神因素如理性、欲望，只有通过意志才能影响行动。意志的伦理特征在于，它决定着人的善恶品性，也决定着人要对自己选择所负的道德责任，意志自由和道德责任有不解之缘。"意志自由说"的伦理的内涵在于提供内在的道德动因。这一学说不满足意志所具备的趋善避恶的自然倾向（不管这一原初禀赋是否在现实中起作用），而使个人始终面临着善恶抉择，并为选择的后果承担全部责任。意志是发自每个人内心的行为支配力，强调意志的自由选择，能够提供严峻的道德压力和不可推卸的道德责任,激励人们在任何恶劣环境中也要恪守普遍的道德规范,增强个人的道德主体意识。这些都是"意志自由说"对西方伦理学最有特色、最有价值的贡献。

基督教的"自由意志说"与儒家伦理的性善论在理论上可以互补,取长补短,相得益彰。儒家性善论把道德实践和准则看做是本性的自然流露,把人心作为人伦关系的根源和基础,其中包含着道德自律的思想。另一方面,西方关于意志自由的学说由于强调选择自由以及由此而产生的个人责任,能够为个人道德实践提供强烈的动力。如果说,道德自律是道德主体意识所追求的目标,那么道德动因便是达到这一目标的手段。缺乏手段的目标仅仅是良好愿望,缺乏目标的手段会导致盲从。道德自律思想不应局限于康德的实践哲学(这一哲学已面临着严峻的挑战),而且可以从儒家源远流长的性善论传统汲取养料;另一方面,一向以儒家提倡的"心志""气节"来砥砺德性的中国人,也可以从基督教的"意志自由说"接受更多的道德实践动力。

6
儒家与基督教对话的困难

上述分析的基督教与儒家伦理的相似性和互补性只是为两者的对话提供了一种可能性,但从可能性到现实性还有一段很长的路要走,路上荆棘丛生,障碍重重。赵紫宸是最早研究基督教与中国文化的学者之一,他深有体会地说,虽然基督教的本真精神与中国文化精神传统有融会贯通、打成一片的必要,"可是这种见解到现在还是理想还没有成绩"。他说,很多人想把基督教本色化,但实际做的工作只是:"来一个洋教,勉强戴上儒冠,穿上道袍,蹈上僧鞋。"[1]他提出了一个重要的问题,基督教与儒家的对话不能貌合神离,既看到相似,也承认差异。同和异不是同等重要的两个方面,如果对话的最终结论是差异性比相似性更重要,那么对话的结果将不是加深理解和交流,而是扩大分歧和对立。唐君毅早就看出了中西

---

[1] 张西平、卓新平编:《本色之探》,中国广播电视出版社1999年版,第1、6页。

文化比较应侧重同还是侧重异的问题。他引用庄子的话说："自其异者视之,肝胆楚越也;自其同者视之,则万物皆一也。"但他不同意这种相对主义态度,主张应该注重比较中西文化之异,其理由是："唯知其大异者,乃能进而求其更大之同。"[1]新儒家沿着这样的思路在基督教与儒家比较研究中,在"知其大异"方面取得不少进展,却未能"进而求其更大之同"。比如,唐君毅说,基督教对现实世界不够重视,首先是罪孽观最突出,基督徒常感到自己无法靠自己的能力除去罪性,必须依靠一个超越的主宰;同时又强调基督的救赎,世界由神创造,其存在不属于自己,随时可被毁灭,凭神的慈爱才能苟存,纵贯地向上诉求。"依于其心灵之向上提升,以成其自升下而上之纵观,而及于神存在自肯定。"[2]牟宗三也基本上否认了基督教与儒家交流相通的可能性,他质疑比较方法的可行性："比较哲学谈何容易!对于所比较的两方能进入始能比较。若根本不能入,能比较什么结果来?"[3]他本人比较过儒家伦理与康德,那是可以比较的,至于比较儒家与基督教,在他看来是不可能的。比如,儒家认为"人人都可以成圣人",基督教能够承认"人人都可以成耶稣"吗?这两种观点形同水火,不可同日而语。新儒家的这些说法与现代相对主义的"无公度性"的学说甚为契合。按照这一学说,不同文化、宗教和伦理分别有不同范式,没有交流意义和判断价值的共同标准;如果对两者加以比较,只能是以一方为主,消解另一方,不可能有平等的对话和互补的交流。

7

当代宗教对话理论的批判性分析

儒家与基督教对话的困难主要是观念上的障碍,没有一个能够为双方所接受的对话理论指导。为了寻求合理的对话理论,参照当代基督教关于宗教对话的理论是有益的。在基督教内部,类似上述新儒家的反对平等对话的意见也很多。在

---

[1] 唐君毅:《中西哲学思想之比较论文集》,台北,学生书局1988年版,第5、140、141、9—11页。
[2] 唐君毅:《生命存在与心灵境界》下册,台北,学生书局1986年版,第11、76页。
[3] 牟宗山:《时代与感想》,台湾鹅湖出版社,1984年版,第148页。

宗教间对话（inter-faith dialogue）有无可能性的问题上有三种立场：排斥论（exclusivism）、包容论（inclusivism）和多元论（pluralism）。排斥论认为只有基督教是真宗教，其余都应被排斥在真宗教之外。排斥论否认不同宗教对话的可能性，其代表人物是德国新教思想家巴特。包容论亦认为基督教是真宗教，但同时认为其余宗教也是真宗教的部分表现，因此应被包容在基督教之中。包容论为了发展自己的目的而与其他宗教对话，其代表人物是天主教神学家拉纳（K. Rahner）。宗教多元论则认为各种宗教都以共同的神性和人性为基础，应在此基础上进行求同存异的对话，达到共存的目的。很明显，宗教多元论体现了宗教宽容和文化多元的时代精神，它的主要代表人物，如希克（John Hick）、史密斯（Wilfred Cantwell Smith）、海姆（Mark Heim）以及奥特（Heinrich Ott）、伯劳克（Michael von Brueck）和劳伯（Johanna Laube）、孔汉思（Hans Kung）等人的著作被许多宗教信徒和宗教学学者所接受。

但现在，以宗教排斥论为一方（简称甲方），以宗教包容论和多元论（简称乙方）为另一方的争论中，乙方指责甲方的态度是"知识论的自我主义"[加里·古廷（Gary Gutting）]，"理性的骄傲"（W. C. 史密斯），"有害的骄傲的表现"（希克），甚至是"压迫式""帝国主义式"[约翰·柯布（John Cobb）]的。对此，甲方的普兰提加（Alvin Plantiga）和托伦斯（Alan Torrance）进行了反驳。简单地说，他们的理由是：基督徒有权坚持自身的信念为真而把其他信念斥之为假；这是知识论的权利，而不涉及信仰自由的公民权利；真理观上的相斥主义与政治上的宗教宽容无关；进一步说，排斥错误不是不宽容，不是压迫，而是把相信错误的人从错误的压迫下解放出来，是对真理的皈依。

对此，我们的评论是：如果我们真正理解基督教为什么要讲宽容的理由，就没有理由认为基督教排斥论与宗教宽容的信念无关了。我们的理由如下：

第一，《圣经》反对的骄傲不但指"理智上"的骄傲，更重要的是指自以为义的骄傲（《路加福音》，18：11－12）和因自己的信取代了别人的不信而骄傲（《罗马书》，11：20）。《约伯记》的中心思想也是反对这种类型的骄傲。

第二，基督教所提倡的"被造感"（creature-feeling）和谦卑出自人对上帝的绝对性和无限性的信赖以及对自身的相对性和有限性的反省，它要求完成从人所固有的"以我为中心"的本性到"以上帝为中心的实在"的根本转变。

第三,理由一和二决定了基督教知识论对待神圣真理的态度只能是可错论,而不是独断论,更不是排斥论。以为神圣真理全都在自己手里,其余人那里只有错误,这难道不正是骄傲吗?

第四,基督教知识论还应该对神圣真理持一种过程论的立场。神圣真理是一个向人类显示的过程,在此过程中,每一种宗教都(1)或多或少地接受了真理;(2)有权坚持自己的信念为真;(3)贡献自己所坚持的真信念,使之成为真理显现过程的一个组成部分。

第五,上帝向人类显示真理的过程是历史的,主要表现为人类活动。在现代,人类表现神圣真理的一项主要活动是宗教对话。根据(1),宗教多元论是正确的;根据(2),排斥论是正确的,在不同信仰的对话开始时,对话各方不可避免地持排斥论;根据(3),包容论是正确的,对话的结果包含着对话各方的真信念。

但我们的结论不是调和主义,多元论具有指导宗教对话的现实意义。这是因为,神圣真理的显现之所以能够表现为对话,那是因为宗教多元主义和宗教宽容的态度;这一显现过程虽然开始于相斥主义,结束于相容主义,但在对话的时代已经开始、对话所能产生的和解与融合还只是遥远的目标的现实条件下,以宗教和伦理的多元价值为基础的对话,是现代化、全球化时代的唯一合理的选择和能够造福于全人类的共同实践。

我们在下面以孔汉思的全球伦理为例,说明基督教如何通过自身的价值转变,与其他宗教和伦理传统进行平等对话。这一宗教对话的理论和实践可以为我们从事儒家与基督教的对话开辟一条新路。

五、"全球伦理"和基督教价值的转换

"全球伦理"的口号首先由德国神学家孔汉思于1990年在《全球责任》一书里提出。[1] 孔汉思等人还召集世界各大宗教会议代表,签署孔汉思起草的《走向全球伦理宣言》以及美国神学家斯威德勒(Leonard Swidler)起草的《全球伦理普世宣言》。后来又由联合国教科文组织哲学与伦理学处出面,于1997年分别在巴黎和那不勒斯召开了两次关于全球伦理的国际会议,于1998年在北京召开了"普遍伦理:中国伦理传统的视角"专家研讨会。此次会议之后,"全球伦理"在国内引起很多讨论。[2]

孔汉思等人提出"全球伦理"的初衷是为了解决国际争端。按照他们的分析,"许多国家和平正受到来自各种各样宗教基要主义——基督宗教的、犹太教的、印度教的、佛教的威胁",正是这些不同的宗教支持并激发仇恨、敌意和战争。他们认为,解决国际争端不能治标不治本,这个"本"就是宗教信仰之间的冲突。孔汉思在《全球责任》一书中提出并被1993年世界宗教会议采用的一个响亮口号是:"没有各宗教间的和平就没有各民族间的和平,没有各宗教间的对话就没有各宗教间的和平。"[3] 这一口号把宗教对话在全球化背景下的作用突显出来,也充分显示了"全球伦理"的宗教基础和实践意义。这就是,通过宗教对话寻找冲突各方在价值观上的共识,通过价值观上的共识达成和解与共同发展。可以说,全球伦理也是对话的伦理。这种对话伦理对于中国伦理与世界各民族的伦理传统的对话,特别是儒家与基督教的对话具有启发和推动作用。

---

[1] 参见 Hans Kung, *Global Responsibility*, Continuum, New York, 1991。
[2] 关于国内讨论"普遍伦理"的近况,见王志萍《普遍伦理研究综述》,载《哲学动态》2000年第1期。
[3] Hans Kung, *Global Responsibility*, Continuum, New York, 1991, p. 105.

1
全球伦理和宗教对话

对于很多中国学者而言,"普遍伦理"与"全球伦理"这两个概念似乎是等同的。从道理上说,伦理道德自然是普遍的,没有普遍性的道理或规则不能是伦理。在此意义上,"普遍伦理"这一概念的修饰语"普遍"似乎是多余的。然而,我们必须理解,"普遍伦理"这一新概念的提出,也有其用意和针对性;"普遍伦理"所强调的"普遍"有两方面的含义:其一,针对当前哲学和思想文化领域流行的价值多元论和道德相对主义,强调伦理道德是绝对的,而不是相对的,各种伦理价值是统一的,而不是孤立的、各不相关的;其二,针对全球化所引起的政治、经济、和平发展、环境保护等一系列各国面临的共同问题,强调各国政府和人民都有义务遵守的全人类共同的伦理规范和道德准则。就其普适的范围而言,"普遍伦理"也可称为"全球伦理"。

但是,对于"全球伦理"的提倡者孔汉思而言,"全球伦理"绝不等同于"普遍伦理"。他在关于全球伦理的《为了全球政治和经济的全球伦理》一书中明确地指出,以为全球伦理是没有宗教的伦理,那是"对全球伦理计划的根本的误解"。他说,自启蒙运动以来,"要伦理,不要宗教""要伦理教育,不要宗教教育",已经成为广为流行的口号。他承认,可以在普遍人性的基础上建立没有宗教的伦理,这样的伦理可以是普遍的。但是,他接着从以下四个方面阐述了这种"普遍伦理"相对于宗教的局限性:

> 宗教而不是普遍伦理能够传达一个特殊深度、综合层面的对于正面价值(成功、愉快、幸福等)和负面价值(苦难、不公正、罪感、无辜等)的理解……
>
> 宗教而不是伦理自身能够无条件地保证价值、规则、动机和理想的正当性,并同时使它们具体……
>
> 宗教而不是普遍伦理能够通过共同的仪式和符号以及共同的历史观和希望前景,创造精神安全、信任和希望的家园……
>
> 宗教而不是伦理能够动员人民抗议和抵抗非正义的条件……[1]

---
[1] Hans Kung, *A Global Ethic for Global Politics and Economics*, SCM, London, 1997, pp.142–143.

我们知道,伦理道德有精神和实践两个层面,孔汉思把伦理道德的精神层面归结为上述宗教功能的前三个方面,伦理道德的一个主要功能("动员人民抗议")被归结为上述第四个方面。他当然承认伦理具有宗教不可替代的功能,世俗伦理不需要宗教的指导也可以承担调节人际关系的功能。他把伦理自身具有的一般功能和世俗伦理的基础归结为普遍人性的作用,把世俗宗教看做"纯粹的人的宗教"。他呼吁:"宗教,尤其是基督教,与伦理之间存在着互补的关系,两者不要相互排斥。"[1]

在伦理与宗教的关系问题上,大致有三种立场:把宗教归结为伦理,把伦理归结为宗教,以及宗教超越伦理。孔汉思提倡的全球伦理一方面反对把宗教归结为伦理,另一方面也反对把伦理归结为宗教,更反对超越伦理的宗教。他把宗教狂热视为全球伦理的一条"绝路"(dead end)。他指出:"全球伦理的具体形式当然可以被受宗教动机推动的人们所用。他们认为经验世界不是终结的、崇高的、绝对的精神实在和真理。但是,如果全球伦理的具体形式只是连接着宇宙意识、全球和谐、精神创造、博爱和对美好世界的精神期待,或对'大地母亲'的歌吟,那么,这样的做法没有充分地、严肃地对待当今高度复杂的工业社会的经济、政治和社会现实,这种具体形式终究与现实是隔离的。"[2]

这段话表明了孔汉思力图通过宗教对话来建立全球伦理的基本想法。这就是:全球伦理的精神基础是宗教性的,但它所表现的普遍要求和具体内容却不能局限于一门具体的宗教;相反,全球伦理必须能够应付当今世界的经济、政治和社会问题,必须吸收世界各主要宗教的历史资源。根据这样的分析,我们似乎可以说,全球伦理以宗教对话为基础,适应世俗伦理的现代化、全球化的需要。

---

[1] Hans Kung, *A Global Ethic for Global Politics and Economics*, SCM, London, 1997, p. 143.
[2] 同上书,第 106—107 页。

2
转换基督教价值的全球伦理

从根本上说，基督教能否与其他宗教平等对话交流、相互学习，取决于基督教能否实现伦理价值的现代转换。孔汉思认识到，现代世界的特点是世俗化、工业化和意识形态多元化。现代社会的价值观是通过对以宗教信念为代表的传统价值观的扬弃而建立的，但是随着现代化的加速发展，现代价值观也随之分化和复杂化，以至于失去了统一的基础和标准。以"解构"和"颠覆"为特征的后现代思潮所表现的，并不是对现代社会的超越（后现代社会并不存在），而是现代社会的价值失落。"现代性"（modernity）与"后现代性"（post-modernity）的对立发生在世俗的现代价值观内部，是现代价值观之中的肯定与否定、批判与危机（注意 critique 与 crisis 之间的联系）、综合与分化之间的张力。现代价值观产生伊始，这些张力业已存在，只不过当时以肯定的、批判的和综合的方面为主，而现在则以相反的、否定的、危机的和分化的方面为主，这才出现了表面上的现代性与后现代性之争。实际上，现代价值观本身就包含着对自身的否定和被分化瓦解的危机。正因为如此，现代价值观无力进行价值重构，不能摆脱面临的危机。它的出路在于从传统的价值观中，特别是传统的宗教价值观中，吸收必要的文化的、理论的和精神的资源，实现世俗的与神圣的价值观的结合。

在我看来，全球伦理的目标正是要实现神圣价值与世俗价值的结合。两者结合的可能性取决于双方。我们已经看到，现代价值观的危机呼唤着两者的结合。但是，现实的需要只是神圣价值观与世俗价值观结合的一个必要条件，而不是充分条件。俗话说，一个巴掌拍不响。只有世俗方面的需要，而无神圣方面的提供，两者的结合也是不可能的。全球伦理的一个贡献是从基督教方面为当今现代社会提供了一些神圣价值观的资源。

孔汉思作为一个神学家，一直致力于天主教的改革事业，他的改革主张受到梵蒂冈教廷的压制，没有获得成功。但是，他关于基督教价值观转换的思想却在教内外广为流传，获得令人瞩目的成就。他的《论基督徒》一书就是面对现代世俗主义的挑战而做出的一次价值转换，把基督教的价值观转换为以拿撒勒的耶稣为中心、"从根本上做人"的价值观。这一价值观得到思想界和学术界的青睐。他从20世纪90年代开始提倡的全球伦理是面对全球化的时代趋势所做出的另一次基督教价值观的转换。

"价值转换"(transvaluation)又称"价值重估"。尼采利用这一口号反基督教。尼采提出的"重估一切价值"就是要否定一切传统价值,首先是被他蔑视为"奴隶道德"的基督教价值;要推翻一切偶像,首先是"上帝"这一偶像。尼布尔(H. R. Niebuhr)在《基督与文化》一书中采用这一概念阐明了基督教的一个重要特点,这就是,基督教信仰并不创造前所未有的新价值,而是把已有的价值强化、普遍化,更认真地对待、更彻底地践履这些价值,这就是价值转变。[1]

从历史上看,基督教并不是永恒不变的学说、规范,而是动态的价值转变。按照我的看法,基督教实现较大的价值转变计有三次。早期基督教把希腊哲学的幸福主义转换为追求永恒幸福的福佑主义;宗教改革时期基督教实现了中世纪神权等级到"因信称义"的神圣价值的转换;现代基督教努力把现代主义的情感主义转变为"效仿基督"的友爱主义。这场价值转换尚未完成,孔汉思提倡的全球伦理在更大的全球化范围内运用并推广了现代基督教友爱主义的价值观。

孔汉思最近在北京发表了"全球化时代的全球伦理"的讲演。他在讲演中提出了一个重要观点:"随着全球化的到来,全球化必然会带来一个什么是伦理道德的问题。伦理学必须应用于全球化,我们需要一个伦理的全球化。"[2]当孔汉思提出全球伦理时,他经常遇到的批评是,全球伦理大而无当,空洞抽象,没有实际用途。现在,他明确提出,全球化是全球伦理的应用领域,全球伦理就是为了应付全球化带来的伦理问题而设计的一个方案。在此意义上,全球伦理可被归诸应用伦理的范畴,我们必须联系全球化带来的一系列复杂的经济、社会、政治、文化、环境等问题,来思考全球伦理的一般原则。孔汉思并不讳言,这个方案的设计理念离不开基督教伦理;全球伦理离不开宗教,而与基督教有特殊联系。那么,基督教的价值观是如何经过转换而被应用于全球化的呢?被应用于全球化的哪些方面呢?

---

[1] 中译本见《基督与文化》,香港道声出版社1992年版。
[2] 孔汉思2000年9月24日在北京学术报告会讲稿。

这是我们接着要理解的问题。

3

从"自我中心"走向平等对话

伦理的全球化有一个特殊的困难,那就是各种不同的宗教和伦理传统都以全人类的名义大行其道。中国古代伦理学自认为适用于天下一切人,基督教伦理学自以为是一切人弃恶从善的必由之径,近代以来英国、法国、德国等西方国家的伦理学更是自觉地要为全世界人立法。有那么多的普遍的伦理,究竟以哪一个或者哪几个为根据呢? 当今世界如果要有一个真正能在全人类行得通的"全球伦理",那只能在不同文化传统的对话和融合中才能逐步达到。

伦理传统的融合是一个漫长的、艰难的磨合过程。伦理道德主要是习惯性的生活方式,不同的伦理传统表现为不同的风俗习惯,它们之间的关系不能简单地归结为思想观念的异同,它们之间的变异比理论言谈所能表达的复杂得多。现在奢谈各种伦理传统的"融会""综合"尚为时过早。不同文化传统的真正融合开始于相互理解,真正的相互理解产生于求同存异的对话。对话首先要求一种基本的心态,即求同存异的心态,即使在异大于同的情况下,也应坚持由大异而求更大之同。正是这种意义上的开放心态,才能够使得各种不同宗教和文化传统之间的有效对话成为可能。

从思想渊源上看,全球伦理的主张与基督教的普世宗教运动(ecumenical movement)有着直接的关系。孔汉思在被教廷解除了神学教授的职务之后,在图宾根大学担任普世宗教研究所所长职务。普世宗教运动开始时寻求的是基督教各大派,如天主教、新教和东正教之间的和解与对话,后来扩大到世界各主要宗教之间的对话,如基督教与伊斯兰教和佛教之间的对话。普世宗教的主要活动是宗教间对话(inter-faith dialogue)。早在1983年,《普世宗教研究杂志》主编斯威德勒(Leonaid Swidler)就公布了"跨宗教、跨意识形态对话的十项准则":

第一项准则：跨宗教、跨意识形态对话的首要目的是学习，即改变和增加对现实的看法和理解，并采取相应的行动。

第二项准则：跨宗教、跨意识形态对话必须做两方面的工作，即在各个宗教或意识形态团体内部，以及在宗教或意识形态团体之间同时进行。

第三项准则：对话的每一个参与者必须是完全真诚的。

第四项准则：在跨宗教、跨意识形态对话中，一方不要用自己的理想与对方的实践相比较，而用自己的理想与对方的理想相比较，用自己的实践与对方的实践相比较。

第五项准则：每一个参与者必须自我界定。比如，犹太人从内部界定犹太人意味着什么，其他人只能从外部描述他像什么。

第六项准则：每一个对话的参与者对不同点不可固执己见。

第七项准则：对话只能在平等者之间进行，用梵二大公会的话说，这是par cum pari（以平等对平等）。

第八项准则：对话只能在相互信任的基础上进行。

第九项准则：参加跨宗教、跨意识形态对话的人对自己以及自己所属的宗教或意识形态传统至少应有最低限度的自我批评。

第十项准则：每一个参与者最终要试图从内部去体验对方的宗教或意识形态。[1]

这10条可以说是关于对话的伦理规则。孔汉思和斯威德勒一起，由普世宗教发展出全球伦理。全球伦理也是对话的伦理，以上10条也是全球伦理的准则。追根求源，全球伦理的对话准则出自普世宗教的准则，两者最终来自基督教的伦理的一个价值取向——谦卑。

基督教之所以崇尚谦卑，那是因为它相信上帝创造一切，上帝是人世一切价值的源泉。与这样的信仰相对应的是"被造感"（creature-feeling），它使人认识到自己的有限和上帝的伟大，使人感到自己需要上帝的恩宠和拯救。谦卑的反面是骄傲，被造感的反面是人本主义的至上感、个人主义的中心感。《圣经》把"今生的

---

[1] L. Swidler, *Journal of Ecumenical Studies*, 20:1, Winter, 1983, pp. 1–4.

骄傲"与"肉体的情欲"和"眼目的情欲"并列,它们"都不是从父来的,而是从世界来的"(《约翰一书》,2:16)。"今生的骄傲"不独指狂妄无知,而更重要的是指因有德性而产生的"道德的骄傲"和因有知识而产生的"理性的骄傲"。耶稣基督曾以一个法利赛人和一个税吏在神面前的不同态度为例,说明了是"仗着自己是义人,蔑视别人"的"道德的骄傲"之不可取,发出了"凡自高的,必降为卑;自卑的,必升为高"的教导(《路加福音》,18:9—14)。"理性的骄傲"更为耶稣基督和使徒们所极力反对。当希腊化的知识分子和哲学家凭借着知识和智慧而把基督徒视为无知的愚氓时,使徒保罗引用经文说:"我要灭绝智慧人的智慧,废弃聪明人的聪明……世人凭借自己的智慧,既不认识神,神就乐意用人所当做愚拙的道理,拯救那些信的人,这就是神的智慧了。"(《哥林多前书》,1:19—21)

现代价值观的理论基础是人本主义,它的口号"人是万物的尺度""人是万物之灵"集中地表现了以人为中心的世俗价值观。人本主义的至上感和个人主义的中心感代替了人在上帝面前的被造感。法国的西蒙·威尔(Simone Weil)在《等待上帝》一书中说,以自身为中心的幻觉是人的一种本能的倾向,需要价值观上的根本转变才能培养被造感。她说:"每一个人都设想自己处于世界的中心,片面的虚幻把他置于宇宙的中心。这种幻觉同样使他产生了错误的时间观念;而另一种相似的幻觉在他周围形成了一整套价值等级制度。由于我们的价值观与存在观的密切联系,这种幻觉甚至扩展到我们的存在观。在我们看来,离我们越远的存在,似乎越不重要。我们生活在一个虚幻和空想的世界里。要想我们放弃想象的自我中心地位,要想在理智上和在心灵的想象中抛弃自我中心地位,这就要领悟真正实在和永恒的东西,要看到真正的光芒,体会真正的宁静,在我们最深的感受中,发生一种转变,使我们消除关于神的错误的观念,使我们否定自己,放弃想象中的世界中心地位,认清世界上所有的地方均是中心,而真正的中心在世界之外。"[1]

又据美国的卡洛琳·西蒙的解释,被造感和因此产生的谦卑有两个向度:纵

---

[1] Simone Weil, *Waiting for God*, quoted from Caroline Simon, "Dialogue, Discipline and Virtue", in the *Proceedings for the Sixth Sino-American Symposium of Philosophy and Religious Studies*, p. 187.

向涉及人与上帝的关系,横向涉及人际关系。[1] 这两个向度彼此相关:凡以谦卑态度崇尚上帝的人也能谦卑待人。同样,自我中心感和因此产生的骄傲也有这样两个彼此相关的向度:对上帝不恭敬的人也以骄傲的态度对待他人。正如《圣经·箴言》所说:"骄傲只启争竞,听劝言的,却有智慧"(13:10),现代社会的"争竞"所产生的人际关系的紧张状态,从根本上说出于自我中心的价值观。

"争竞"的反面是对话,对话即《圣经·箴言》所说的"听劝言"。从"争竞"到对话的转变是从骄傲到谦卑的态度上的根本转变,归根结底是从自我中心感到被造感的价值观的根本转变。只有在心目中培养起被造感,我们才能认识到自己在理智和道德上的有限,才能体会到真理离我们有多么遥远,才能认真地倾听别人的意见,才能友善地评价别人的行为;总而言之,才能平等地与别人对话。到此我们可以看出,全球伦理所要求、所实施的对话伦理准则并非无本之木、无源之水,相反,它们扎根于基督教的谦卑态度,同时也是基督教提倡的被造感在现代社会的一种价值转换。这一转换把被造感以纵向为主的关系转换为以横向为主的关系,培养起适应全球化趋势的平等的、善意对话的人际关系。

4

"爱"的普遍价值

孔汉思等人提出"全球伦理"的初衷是为了解决国际争端。按照他们的分析,"许多国家和平正受到来自各种各样宗教激进主义——基督宗教的、犹太教的、印度教的、佛教的威胁",正是这些不同的宗教支持并激发仇恨、敌意和战争。他们认为,解决国际争端不能治标不治本,这个"本"就是宗教信仰之间的冲突。孔汉思在《全球责任》一书中提出,并被1993年世界宗教会议采用的一个响亮口号是:

---

[1] Simone Weil, *Waiting for God*, quoted from Caroline Simon, "Dialogue, Discipline and Virtue", in the *Proceedings for the Sixth Sino-American Symposium of Philosophy and Religious Studies*, p. 187.

"没有各宗教间的和平就没有各民族间的和平,没有各宗教间的对话就没有各宗教间的和平。"[1]这一口号把宗教对话在全球化背景下的国际政治中的作用突显出来,也充分显示了"全球伦理"的宗教基础和政治抱负。这就是,通过宗教对话寻找冲突各方在价值观上的共识,通过价值观上的共识达成政治上的和解。

"全球伦理"的基本规则建立在世界各宗教在价值观上的基本共识之上,这就是"爱人"的教义。基督教有"爱人如己"的教义,耶稣提出:"你们愿意人怎样待你们,你们也要怎样待人"(《马太福音》,7:12);中国的儒教[2]以"仁"为根本,"仁"的一个意义是"泛爱众",并有"己所不欲,勿施于人""己欲立则立人,己欲达则达人"[3]这样一些被称作"金律"的伦理形式;其他宗教,如伊斯兰教、佛教、印度教也有类似的教导。

很多人曾经并在继续怀疑:这些古训在现代社会中究竟能告诉人们什么新东西,透露什么新信息,解决什么新问题?它们真有"化干戈为玉帛"的神奇效应吗?首先必须承认,越是普遍的规则越是抽象。在伦理学领域,最大程度的普遍性和绝对性就只能存在于伦理规范的最抽象的形式之中。康德是这种形式主义伦理学的典范,他的"绝对命令"只是"按所有人都遵守的原则行事"这样一条没有具体内容的规则。"全球伦理"既然要寻求各宗教文化传统的共同价值观,便只能选择最为普遍同时也只能是形式化的规则,这是必然之义、唯一选择。

但是,我们也应了解,"形式化的规则"和"普遍性的应用"应该是任何一个能够称得上道德律的规则的一体两面。形式化的规则能否应用于现实,关键在于它所体现的价值观能否为人们所接受,接受的人越多,则应用的范围越普遍。"全球伦理"提倡的"爱人"教义和伦理"金律"虽然在各大宗教和文化传统中都显而易见,但其在各自价值体系中的地位是不同的。比如,基督教的"爱"、儒家的"仁"和佛教的"慈悲"看起来大同小异,但如果把"爱""仁""慈悲"分别置于基督教、儒家和佛教的价值体系中全面考察,它们各自的内容要复杂、丰富得多,它们之间可以

---

[1] Hans Kung, *Global Responsibility*, Continuum, New York, 1991, p. 105.
[2] 孔汉思等人认定儒家是中国宗教之一。但儒家是否宗教,在国内尚有不同意见,详见任继愈主编《儒家问题争论集》,宗教文化出版社 2000 年版。
[3] 《论语·颜渊·雍也》。

有多种多样的关联,并非"人同此心,心同此理"一句话或"趋同"这一种方向所能概括的。基督教是以"爱"为"最大的诫命"的,但"泛爱"并不是"仁"的唯一的或主要的意义(这从先秦时期儒家和墨家之间的争论就已经表现出来),"爱人"也不是"慈悲"的真谛(这从宋明新儒家与佛老之间的争论也有表现)。至于"爱人"的教义在伊斯兰教和印度教等世界主要宗教中的地位,也不是至上的,其价值不是绝对的,而是受到以"神意""命运""正义""圣战"等名义发出的命令的限制。

与其他宗教和文化传统相比,基督教之"爱"的教义表达了一种绝对的、至上的价值观。耶稣基督说爱是最大的诫命(《马太福音》,22:37—40)。《圣经》中用希腊文 agape 表示爱。基督教之"爱"是对希腊人所说的 eros 所做的一次价值转换。尼格林曾说明两者的十大差别:eros 是欲求,自下而上的运动,人向往上帝之途,人的自我拯救的努力,是自我中心的爱,寻求永恒的神圣的生命收获,是占有的意志,人类之爱,由对象的性质(美和用途)所引起的,在对象中寻求价值。相反,agape 是牺牲的奉献,是自上而下的运动,上帝对人的关怀,上帝拯救人的恩宠,无私的忘我的爱,舍弃包括生命在内的一切,是自由的意志,上帝之爱,是对象的主宰,在对象中创造价值。[1]

通过对世俗之爱的历史性的价值转变,基督教以爱为纽带,建立了上帝与人以及人与人关系为中心的价值体系。在这一体系中,爱不仅仅是情感的需要和表达,而被上升到合约(Torch Covenant)的高度。人与神之间的神圣合约是人与人的契约(Contract)的样板,而且是保障。因此,上帝与以色列人之间的合约——"摩西十诫"包括人神关系(前四条)和人际关系(后六条)两部分。基督耶稣说他并不废除犹太人的戒律,而是成全戒律。耶稣所成全的首先是"爱"这一最大的戒律。耶稣的"登山宝训"以"虚心的人有福了"等一系列祝福,宣告了人与上帝的亲密关系的新开端。他把"爱人如己"作为神圣的戒律,作为"爱上帝"的体现。"爱上帝"不能只是崇拜仪式和祈祷,更重要的是体现于"爱你的邻居"的日常伦理行为。耶稣在回答"谁是我的邻居"问题时,用一个撒马利亚妇人为例,说明邻居没有性别、种族、宗教和国家的区别。耶稣特别强调对弱者之爱。他既不嫌弃罪人、

---

[1] Anders Nygren,*Agape and Eros*,2vols.,London,1932-1939.

妓女、税吏等被社会遗弃的人,也不敌视冒犯自己的人。他强调,对弱者的爱护就是对上帝的崇敬,对弱者的冷漠就是对上帝的损伤:"我饿了,你们给我吃;渴了,你们给我喝;我作客旅,你们留我住;我赤身露体,你们给我穿;我病了,你们看顾我;我在监里,你们来看我……我实在告诉你们,这些事你们既做在我这兄弟中一个最小的身上,就是做在我的身上了……这些事你们既不做在我这兄弟中一个最小的身上,就是不做在我的身上了。"(《马太福音》,25:35—45)

凡此种种,都显示了基督教之爱所具有的神圣的、至上的、核心的和绝对的价值。这是基督教教义和价值观的一个特殊之处。但不可否认,基督教的"爱"的价值观在历史上并没有完全实现。基督教史上也充满着宗教狂热、不宽容、宗教审判和迫害。直到宗教改革引起的宗教战争之后,一些思想家痛定思痛,重新发现基督教之爱的崇高价值,提出了宗教宽容的主张,并进而提出了以"自由、平等、博爱"为理想的现代价值观。这种价值观一经出现,就在世界各国广为流行,几乎成为全人类共同的价值观。但也有人清醒地认识到,这一价值观从根本上说是西方的。所谓西方,有两层含义:一是它产生于西方国家,二是它与西方传统价值观——基督教价值观,有着历史渊源关系。然而,这一西方的价值观同时也是现代的,是伴随着现代化的进程不可避免地出现的。如果说现代化是各国不可避免的道路,西方以外的国家还能把这一价值观拒于国门之外吗?

各国政治家都认识到,排拒、对抗是不明智、不现实之举,对话、和解才是正确的抉择。对话需要基础。"全球伦理"所能提供的,正是全球化时代的国际政治对话所需要的深层次的价值观基础。它以"爱人"教义和伦理"金律"为基本规则,看似肤浅而有深意,貌似公允而有侧重。这就是,按照基督教以"爱"为"最大的诫命"以及现代基督教伦理以"爱"为中心和标准而做出的一个选择。为了使这一事实上经过选择的价值标准被不同国家、不同传统的人们所接受,孔汉思等神学家一方面淡化"全球伦理"的西方价值观和基督教基础,强调其普遍性和全人类的传统性;另一方面也对传统基督教"爱"的戒律进行了现代价值转换,使其适用于全球化的国际政治的新形势。

5
尊重生命的政治伦理

孔汉思等人正是本着上述思路,把"全球伦理"的规则概括为两项基本原则和四项命令。两项基本原则是:第一,"每一个人必须得到人道的待遇";第二,"你想让人如何对待你,就如何待人"。四项命令是:第一,"尊重所有的生命!"第二,"诚实公平地交往!"第三,"讲诚实话,做诚实事!"第四,"彼此尊重,互相爱护!"孔汉思解释说,两项基本原则来自传统伦理的"金律",四项命令分别对应于各主要宗教和文化传统中都可见的普遍戒律:"不准杀人!""不准盗窃!""不可撒谎!""不可奸淫!"

"全球伦理"的各项原则和命令不是等量齐观的,孔汉思以基督教之"爱"的精神,把"人道待遇"和"尊重生命"置于各项原则和命令的核心地位,并加以新的解释。他把"人权"作为"全球伦理"的普遍要求,把"为联合国的人权宣言提供伦理支持"作为"全球伦理"的头条具体任务。他一方面强调人权宣言"不可忽视,不容违反,不能敷衍";另一方面也要求避免东方国家把"人权"指责为"西方的计谋"。[1]

以"人道待遇"和"尊重生命"的名义,制止世界任何地方任何违反人权、杀戮无辜的行为都是正义的。孔汉思用很大篇幅分析了海湾战争和前南斯拉夫的战争。他虽然也批评联合国、欧盟和西方国家在策略上的失误,没能及时制止战争,但他的立场是毫不含糊的。他认为,按照"全球伦理"的"人权"标准,西方国家以暴抑暴,采取战争手段制止战争的做法是正义的。他说:"绝对的和平主义认为和平是最高之善,其他一切都可为之而牺牲,这是不负责任的。联合国宪章第五十一条规定的自卫的合法权利即使在'登山宝训'中也没有被废止。非暴力的要求不要用名义的、教条的方式实行。和平主义不足以维护和平。我们需要的不是空洞的和平,而是作为正义事业的和平(正如奥古斯丁所说,opus iustitiae pax,为事

---

[1] 参见 Hans Kung, *A Global Ethic for Global Politics and Economics*, SCM, London, 1997, p. 106。

业暂停和平）。"[1]

对于那些被西方国家指控为战争罪犯的塞族领导人，孔汉思要求把他们送交国际法庭审判。面临着"人权能否高于主权""国际法能否管辖国家法律"等问题，孔汉思做出了肯定的论证。他的理由如下：

> 即使符合一国法律，不义也还是不义。不义并不是通过法律的宣判而成为不义的，那只是法律上的不义而已。
>
> 关于所有国家共有的人类价值和尊严的宣判和正义的基本要求高于成文法。
>
> 人的尊严和正义等伦理价值的应用独立于任何法律承认，在极端的情况下，表现出与正义之间存在着不可容忍的矛盾的法律规定，必定不能被人们所服从。
>
> "国家立法以全人类共有的伦理、人性的全球伦理为前提。全球法律社团关于所有国家共有的人类价值和尊严的宣判是规范性的，对于人类共同生活是不可缺少的，是法律不可动摇的核心的组成部分。[2]

迄今为止，"全球伦理"的政治规则只是得到了西方政治领袖，如德国前总理施密特，美国前总统卡特、前国务卿基辛格，英国前首相梅杰等人的支持。其理由不难理解，这就是，"全球伦理"的基本原则和规则主要来自基督教之爱的价值转换，因此与西方大国制定的全球化政治游戏规则十分契合。当然，这并不表明，"全球伦理"政治规则必不能被西方之外的国家所承认。在现代化已是大势所趋，"民主""人权"已成为普遍认可的价值的时代，孔汉思等人提出的全球政治伦理规则可以成为政治对话和谈判的一个最低限度的基础。但是，各个不同文化、宗教传统和不同社会制度的国家的政治家不大可能会接受孔汉思对他提出的那些形式化的伦理原则和规则的具体解释，国际政治过去是，将来仍然是分歧丛生、争议不断的舞台。

---

1 Hans Kung, *A Global Ethic for Global Politics and Economics*, SCM, London, 1997, p.128.
2 同上书，第131页。

6
经济"全球化"应遵循的伦理价值

全球化肇始于经济全球化。如果说全球化在文化和政治领域进展缓慢的话，那么经济全球化现在已成为不可阻挡的事实。从根本上说，经济全球化就是全球市场化，资本、人力、技术、信息在全球范围里的流动、积累和分配。西方国家是资本主义和市场经济的发源地，市场经济正是从西方国家推广到世界各地的。在一定意义上可以说，全球化的经济实际上是西方资本主义社会建立的自由市场经济的扩张，它不得不采用西方自由市场经济那些行之有效的规则为基本规范。也正是由于这一缘故，经济全球化虽然不可阻挡，但不时遭到各种力量的反对，不但发展中国家里有反对派，发达国家里也有强大的反对声音。

西方国家内反对经济全球化的意见与对西方资本主义自由经济的批评是分不开的，而这一批评的思想来源之一就是基督教传统价值观。自从韦伯出版《资本主义与新教伦理精神》以来，很多人接受了资本主义市场经济与基督教精神有着历史必然联系的观点。但20世纪初兴起的"社会福音派"对自由竞争的资本主义的强烈批评，使人们又看到了资本主义与基督教传统不相适应的一面。20世纪美国实施的罗斯福新政，西欧和北欧国家建设的福利社会，都有基督教的价值观在起作用。早期基督教"平等""博爱""均富"的理想和实践与社会主义的主张相结合，对资本主义的自由竞争和资本积累起到一定的限制作用。20世纪80年代之后，以里根和撒切尔为代表的保守主义成为资本主义的主流，福利社会被竞争社会所取代。在保守主义和福利社会主义交锋的环境中，基督教内部也开展了批评资本主义与维护资本主义的争论。[1]

批评资本主义的基督徒从《圣经》中找到思想根据。在《旧约》的摩西立法中，我们在《出埃及记》21：2—6，《申命记》15：12—18等处，可以读到释放奴隶的条文，在《出埃及记》23：10—11，《利未记》25：1—7等处，可以读到安息年的条文，在

---

[1] 关于最近争论的各种观点，详见 Craig M. Gay, *Which Liberty and Justice for Whom*? Eerdmans Publishing, Grand Rapids, 1991。

《申命记》15：1—11 可以看到定期取消债务的条文；尤为重要的是《利未记》25：8—17 关于禧年的规定：在第七个安息年之后的一年里，"在遍地给一切的居民宣告自由"，"各人要归自己的产业，各归本家"，"这年不可耕种……吃地中自出的土产"。另外，《箴言》8：10 有"不受白银，宁得知识，胜过黄金"，10：2 有"不义之财，毫无益处"的教诲。所有这些都表明了对经济竞争及其造成的不平等的限制，以及对个人财富膨胀的抑制。耶稣基督对贫富差别深感厌恶，他宣告："你们贫穷的人有福了……但你们富足的人有祸了。"（《路加福音》，6：20，24）三部"同观福音书"中都有耶稣与一位财主的交谈。财主问耶稣如何才能永生，耶稣劝他为善，财主说他一直遵守戒律，但当耶稣进一步要求他变卖所有财产来救济穷人时，他便变脸离开了。耶稣最后的结论是："骆驼穿过针的眼，比财主进神的国还容易呢。"（《马可福音》，10：17—31，《马太福音》，19：16—30，《路加福音》，18：18—30）在《路加福音》（14：33）里，耶稣告诉他的门徒："你们无论什么人，若不撇下一切所有的，就不能作我的门徒。"

在历史上，基督教思想家常常引经据典，根据早期基督教的理想和实践，谴责经济和社会的不平等。比如，中世纪"使徒贫困"论者就是这样做的。当代一些基督教思想家也以同样的态度谴责全球化的资本主义。美国福音派神学家西德的下述言论很有代表性："上帝一次又一次地特别要求他的子民在一个避免贫富两极分化的社会中共同生活……当前世界范围内信基督的实体之间的经济关系是非圣典式的，有罪的，阻碍福音的，是对基督的血肉的亵渎。世界上一小部分生活在北半球的基督徒一年比一年富裕，而第三世界的基督的兄弟姐妹却因缺乏起码的医疗、教育，缺乏仅仅能够维持生存的食物而受苦受难，这一事实使人感到负罪般的厌恶。"[1]

维护资本主义的阵营同样也从圣经寻找根据。他们辩解说，摩西立法中有关安息年、禧年的内容并不涉及私人财产，而只是要求给予人们平等参与的机会；耶稣基督和使徒对财富的态度不能被普遍化为对一种社会制度的谴责或对另一种社会制度的认可，因为社会经济政治制度都属于"恺撒之物"，不属于上帝王国。

---

[1] Ronald Sider, *Lifestyle in the Eighties*, Westminster Press, Philadalphia, 1982, p. 30.

相反,圣经提倡一种符合资本主义需要的"工作伦理"和"劳动态度"。上帝任命人类作为地球的"管家",赋予人开发和保护自然的权利,这也是在全球范围内发展经济的权利。使徒的教导是:"若有人不肯作工,就不可吃饭"(《帖撒罗尼迦后书》,3:6),这就是"不劳动者不得食"的原则。按照这一原则,勤奋地、创造性地工作的人有权获得更多的财富。至于为什么世界各国财富有如此悬殊的差别,那在圣经中也早有启示。《申命记》28 就已经对不信上帝的民族做出诅咒:他们的土地和财产会失去一切效用(15—21),会遭受瘟疫灾难(22—29),会受到政治上的压迫(30—44)。切尔顿在回击西德对全球化资本主义的批评时说:"上帝是这样控制异教徒的文化的:他们必须花费如此多的时间才能生存,因而不能对地球进行无神的控制。归根结底,这就是背弃上帝的每一种文化的历史。"[1]

以美国为代表的自由资本主义的成功也被归结为基督徒的劳动和创造,资本主义被誉为通向上帝王国的途径。基督教重建主义(Christian reconstructionism)的代表人物爱兹莫为美国资本主义唱了这样一首赞歌:"人民为了利润而生产,这就是自由企业制度,它造就了今天美国这样的繁荣国家。人民为了利润而寻找更好的工作方式,这就是自由企业制度,它产生了美国社会奇妙的技术。每一个人为自己而工作,这就是自由企业制度,它使所有阶级的美国人享受到一个世纪以前连国王也不能想象的奢侈。自由企业制度之所以如此成功是因为它建立在坚固的圣经原则的基础之上。"[2]

反对和维护资本主义的人都能够从基督教信仰和经典中找到根据,这似乎为孔汉思出了一道难题:经济全球化的伦理规则应该顾及哪一方的价值取向呢?孔汉思的解决方案是含蓄的。他首先从市场经济本身出发探讨适合于全球市场经济的规则,然后指出市场经济规则背后蕴涵的伦理规则,这些伦理规则不用说是以基督教价值观为基础的。

孔汉思总结了"二战"后西方国家市场经济的两个模式:美国模式和瑞典模式。美国模式是自由资本主义的、超级自由主义的、竞争性的模式;瑞典模式则是

---

[1] David Chilton, *Productive Christians in an Age of Guilt Manipulators*, Institute for Christian Economics, Tyler, TX, p. 92.
[2] John Eidsmore, *God and Caesar*, Crossway, Westchester, IL, 1984, p. 112.

社会民主主义的、福利型的模式。两者都有不可克服的缺陷。瑞典模式的缺陷是缺乏竞争力,国家财政不堪重负,福利制度难以为继;美国模式的缺陷是缺乏凝聚力,社会矛盾尖锐,问题重重,经济不能持续发展。孔汉思本人向人们推荐的是战后德国基督教民主联盟实行的社会经济政策,他称之为"社会市场经济"。正是这一经济政策造成了德国战后经济奇迹,它的成功之处在于克服了美国模式和瑞典模式的缺陷。美国模式的根本缺点在于极端的个人主义和利己主义,商业和经济活动缺乏公共道德;瑞典模式的根本缺点在于国家干预主义和福利主义,用社会和国家的责任代替个人的责任。"社会市场经济"的规则的伦理基础是社会公共道德与个人义务伦理的结合,因此能够有效地调和各方面的矛盾,同时又提高了效率和竞争力。可以说,这是经济与伦理相结合的模式。

传统观念认为经济与道德相分离,甚至义利对立。超级自由主义的代表人物主张"纯粹"的市场经济,除了"利润"的价值外,没有任何其他附加价值观的市场经济。弗里德曼说:"商业的社会责任就是增加商业利润。"这是商业活动的唯一的"道德义务"。但最近人们普遍认识到,经济是一种"自成体系",经济运行体系在内部生成包括伦理在内的价值观,调节各种利益冲突,以达到体系所需要的平衡状态。经济的伦理价值观是在体系内部为了经济自身的维持和发展而形成的。全球化时代的经济也是如此,它的普遍性和有效性对伦理价值观提出了更高、更明确的要求。

孔汉思把全球伦理规则的价值观归纳为六点:

——人的尊严和每一个人的价值的神圣性,人是目的,而不是其他目的的手段;

——为了共同的利益而共同生活工作,相互合作;

——公平;

——相互尊重;

——人是自然的管家;

——诚实,相互信任。[1]

---

[1] Hans Kung, *A Global Ethic for Global Politics and Economics*, SCM, London, 1997, pp. 253-254.

这些基本的价值观念是形式化的。我们已经在上一节指出,孔汉思对于它们的解释是具体的,符合并发挥了基督教"爱人"的教义,这里就不再赘述了。重要的是,它们的意义在于防止在经济全球化过程中出现的种种弊病,使全球化为各国人民带来福利和富裕,而不是片面地把资本主义"优胜劣汰"市场竞争的价值观推广到社会的方方面面、各个角落。这样只能毁灭人类文明的基本价值,包括"爱"的宗教和人道精神。我们应该理解全球伦理倡导者的良苦用心,并在对话的过程中实现全人类的共同理想和精神价值。

7

对全球伦理的批评性回应

我在过去写的一系列论文中,对孔汉思提出的全球伦理的基本观点提出了比较激烈的批评。但那些只是学理上的争论,我是按照严格的学术标准来做这些批评的。我现在必须承认,那些论文对全球伦理的现实意义评价不足,特别是没有积极地肯定其对基督教与儒家伦理对话交流的推动作用。写文章不可能面面俱到,如果说,我过去的批评文章只是顾及全球伦理在学理方面的不足,以上的那些文字对其现实意义和平等对话的开放态度表示理解和赞赏,也算是对过去一些片面和偏激观点的弥补。

全球伦理的思想虽然为基督教与儒家伦理的对话交流开辟了新的方向,但这还仅仅是开始,还有许多需要补充的方面。如前所述,全球伦理是对话伦理,从根本上说,是宗教与伦理的对话。根据我以前的批评意见,孔汉思在进行宗教与伦理对话时,仍然自觉或不自觉地以宗教(特别是基督教)为基础和准绳,以宗教和谐为目标。这种宗教意识为全球伦理的对话带来两方面的限制。

首先,宗教伦理与非宗教的伦理如何进行有效对话。一般说来,世界各大宗教都有伦理的效用,但世界上的主要伦理传统并非都以宗教信仰为基础。基督教可以说是伦理化宗教的一个典型,而儒家可以说是伦理化的哲学的一个典型,两者的平等对话显然不能在宗教的基础之上进行,否则两者的对话是不能维持的,

五、"全球伦理"和基督教价值的转换

其至引起儒家的反感和抵制。这是有历史教训的。当年利马窦虽然在主观上愿意与儒家平等对话,但他以天主教和经院哲学为原则,把儒家思想作为"天主实义"的类比,结果没有被大多数儒家知识分子心悦诚服地认可(这并不是政治因素造成的)。现在的孔汉思似乎也有类似的问题。他高度评价孔子说,"孔子的形象从全球的历史的角度来看,和'一部人类宗教史'及其杰出人物完全相合"。但当他比较孔子的"仁"与基督教的"爱人"的道德时却说:"孔子的人本主义比拿撒拉的耶稣的神本主义对爱人有更多的限制也让人瞠目。"孔子要求"以直抱怨,以德报德",耶稣要求:"恨你们的要待他好,诅咒你们的,要为他祝福,凌辱你们的要为他祷告"(《路加福音》,6)。[1] 他认为这是基督教之爱比儒家之爱的高明之处。其实,问题的关键不在于"爱"的基础是人本还是神本。孔子的"爱人"是"泛爱众",韩愈把"仁"说成"博爱",宋儒把"仁"发展成"民胞物与"的博大包容之爱,儒家之"爱"并不比基督教"有更多的限制"。相反,耶稣对法利赛人、文人发出"有祸了"的赌咒,谴责他们是"蛇类、毒蛇之种","充满着你们祖宗的恶贯",不能"逃脱地狱的刑罚",不但"世上所流义人的血,都归到你们身上",连他们的罪"都要归到这世代了"(《马太福音》,23:29—36)。这与孔子所说的"唯仁者能好人,能恶人"有什么不同呢?善恶对立、爱憎分明是所有道德的基本特征,关键在什么场合,如何报复,忍让或宽恕,这是区别儒家与基督教之处,要做深入、具体的分析,不能用"神本主义"的宗教与"人本主义"的伦理来解释。

其次,现代伦理学大部分都不以宗教为基础,而是以非信仰的理性和情感为基础。宗教伦理如何与非宗教甚至无神论伦理观对话?孔汉思关于宗教是全球伦理基础的观点包含着两个命题:(1)伦理必然导致宗教;(2)没有宗教基础的伦理没有普遍的价值。

关于第一点,孔汉思在《上帝存在吗?》中有比较详细的论证,这就是"关于上帝的伦理学证明"。他在论证结束时说:"应该承认,我们至此所说的上帝是非常、非常抽象的,以至于文化哲学家要用'我们所尊敬的一个更高存在者'这句讥讽语

---

[1] 秦家懿、孔汉思:《中国宗教与基督教》,吴华译,生活·读书·新知三联书店1997年版,第105、113页。

来代替上帝的称号。如果我们从哲学家们的上帝回到《圣经》的上帝,我们就可以用更具体的方式表达我们的观念。"[1] 所谓"更具体的方式"即与人们实际生活相关的方式。就是说,只有"回到《圣经》的上帝",伦理学的观念才能与人的生活相关。

关于第二点,孔汉思引用康德观点说,伦理价值是"无条件适用的,没有假言和但书"。与康德不同的是,孔汉思认为绝对命令不是人类理性的自律,而是神律(theonomy)。他说:"神律不是他律,而是人类自律的基础、保障和限制。"其理由是,只有相对于一个绝对者(unconditional),才有无条件(unconditioned)义务可言。只有这个完全的绝对者"才能为伦理要求的绝对性和普遍性提供基础,他是人类和世界的首要基础、首要支柱和首要目标,我们称之为上帝。"[2]

全球伦理虽然提出了宗教间伦理对话的新方向,但尚未解决宗教与伦理、有神论与无神论之间的对话的理论基础问题。以下我们提出一种新的理论模式,解决全球伦理遗留的问题。

---

[1] Hans Kung, *Does God Exist?* trans. by E. Quinn, Doubleday, New York, 1980, p. 583.
[2] Hans Kung, *Global Respossibility*, Continuum, New York, 1991, pp. 52—53.

六、三重对话的模式

孔汉思等人提出的全球伦理涉及三重对话:第一,宗教间对话;第二,有神论与无神论对话;第三,宗教与伦理的对话。但他并没有对这些不同对话的可能性条件做出理论上的论证。我曾在《关于普遍伦理的可能性条件的元伦理学考察》[1]一文中提出了必须进行这样的理论上的论证的必要性,但还没有提出这样的论证。本节拟建立一个三重对话的新模式,正面回答宗教间和意识形态间的对话何以可能这一根本的问题。

1

"宗教对象"概念的分析

宗教间之间的分歧主要表现在各宗教崇拜的对象不一样。所谓宗教对象(religious Gegenstand),指的是各种宗教活动,不管是社会的还是个人的,外在的还是心理的(诸如仪礼、祈祷、虔信、神秘体验等)所朝向的目标。没有这样一个或者一些目标,任何宗教活动都将是不可能的。《旧约》中"罪"的原义是希伯来文的"迷失目标"(chata / missing the goal),这不仅表达了犹太教、基督教对"原罪"的看法,而且有一定的普遍意义:失去崇拜的目标,对于任何宗教而言都是不可饶恕的罪恶。此种意义上的宗教对象通常用单数或复数名词"神"来表示,但我们宁可使用"宗教对象"这一概念,主要出于下面两个原因:

---

[1] 载《北京大学学报》2000 年第 3 期。

第一,有些宗教,比如佛教和不少原始宗教所崇拜的对象并不是神。佛教徒坚决否认佛是神。中国古代的鬼神崇拜的对象也不是与西文 god 相对应的"神",中国先秦古籍里"神"的意义与"鬼"可通用,都是指灵魂,"阳魂为神,阴魄为鬼"(《正字通·示部》);应该把"鬼"或"神"译成 spirit。这里要有一个分别:一切宗教都是有神论,但这并不意味着一切宗教所崇拜的对象都是神。"宗教对象"的概念比"神"的意义更加宽泛,它表示包括神在内的一切宗教崇拜对象。

第二,与"对象"相对应的外文是德文的 Gegenstand,而不是德文的 Objekt 或英文的 object。object 是一个与 subject 相对应的词,subject / object 是认识论的一对基本范畴,表示主客体之间的关系。Object 虽然有时也被译为"对象",但作为与主体相对应的客体,它并不一定要依赖于主体而存在,主体可以站在中立的立场上,用客观的观察和冷静的态度来认识客体。宗教对象与宗教信徒之间的关系不同于认识论中的主客体关系。正如马丁·伯布指出,这是"你—我"(I - Thou)的遭遇关系,而不是主体与客体关系。[1] 宗教对象与宗教信徒之间面对面的遭遇正是德文 Gegenstand 的意义:站在对面。宗教信仰和种种宗教情感都是面临着宗教对象而发生的;同样,如果宗教对象不面对信徒,不管他多么崇高,具有多么大的主宰力,那也不过是不问人间事务的"虚君",也不能成为宗教对象。比如,古希腊的伊壁鸠鲁派虽然承认神的存在,但又把神当做远离人事、不干涉自然、与我们的生活无关的独立存在;正是因为否定了宗教对象与人之间的遭遇关系,伊壁鸠鲁派在历史上才被视为"无神论"的代名词。

为什么要提出"宗教对象"这一概念呢?提出这一概念有两方面的用意:其一,这一概念有助于更好地理解马克思关于宗教本质的论断;其二,这一概念可以扩展为一些模式,这些模式之间的关系可为宗教间对话,乃至有神论与无神论之间对话提供一个理论基础。本文的第二部分将阐述前一方面的用意,第三、四部分将分别从认识和实践两个方面阐述后一方面的用意。

---

[1] 参见 M. Buber, *I and Thou*, trans. by A. Loos, etc. SCM London, 1964。

2
为什么说"宗教是人民的鸦片"

在堪称马克思主义产生标志的《黑格尔法哲学批判》"导言"[1]中,马克思言简意赅地揭示了宗教的本质,提出了"宗教是人民的鸦片"这一著名论断。赞成和不赞成马克思学说的人们都普遍把这一命题当做是马克思宗教观的精彩概括。马克思后来在其他地方关于宗教的论述与这一命题并无根本的不同。你可以不同意马克思的这一命题,却不能说这一命题不能代表马克思的宗教观,要"淡化"这一表达马克思宗教观核心的命题,更不能把这一命题歪曲为是对宗教的肯定。

当然,马克思对宗教的批判不是简单的否定,而是学理上的批判。马克思首先对宗教这一不合理现象为何存在的原因做出合理的解释("存在的是合理的"),在此基础上说明如何克服宗教不合理性的途径("合理的是存在的")。马克思是从认识根源和社会功能两方面来分析产生宗教的原因。

从认识论角度说,"宗教是那些还没有获得自己或再度丧失了自己的人的自我意识和自我感觉",是"颠倒了的世界观",是"这个世界的总的理论,是它的包罗万象的纲领"。但是,宗教之所以是颠倒了的世界观,那是因为"产生了宗教"的国家、社会"本身就是颠倒了的世界"。马克思对宗教的认识论根源所做的分析包含着这样一个道理:既然宗教是对颠倒了的世界的反映,而不是对真实世界的颠倒反映,那么批判宗教所针对的理应是它所反映的世界,而不是它对世界的反映。因此,马克思要求人们不要满足于对宗教的批判,而要进一步批判产生宗教的那个社会。所以,他说:"就德国来说,对宗教的批判实际上已经结束;而对宗教的批判是其他一切批判的前提。"

从宗教的社会功能看,"宗教是被压迫生灵的叹息,是无情世界的感情""宗教是人民的鸦片"。但是,宗教之所以是鸦片,那是因为人民生活在"无情的世界"之中,他们的苦难需要心灵的慰藉。"人民的鸦片"(das Opium des Volks)是人民自己制造、拥有和使用的麻醉品,而不是少数人为人民(für Volks)而制造的毒品。

---

[1]《马克思恩格斯选集》第一卷,人民出版社1997年版,第1—2页。

只要改变德文的一个介词(即把表示所有格的 des 变成表示目的性的 für),那么马克思的意思就全变了。宗教变成少数人为了欺骗、麻痹广大人民而炮制出来的统治压迫工具。事实上,激进的 18 世纪的无神论者就是这样批判宗教的,但马克思的宗教观超越了 18 世纪。马克思对宗教的社会功能的分析包含着这样一个意思:既然宗教是人民对待现实苦难的(消极的却是不可避免的)方式,那么首先应该消除的,就是人民在现实中的苦难,而不是人民对待苦难的方式。所以,他说:"反宗教的斗争间接地也就是反对以宗教为精神慰藉的那个世界的斗争。"

我们现在的一些人还是按照 18 世纪的眼光来看待马克思对宗教的批判,他们把宗教当做少数人恶意制造出来谎言和鸦片,予以鞭挞和抛弃。另一些人由于不同意马克思主义宗教观而对"宗教是人民的鸦片"的论点产生非议,如说它不是马克思的创造,只是重复了 18 世纪人的意见;这句话是只言片语,是不恰当的比喻,不能当真!共产党取得政权之后,就可以不讲这句话了。谁要讲这句话,就是坚持极左路线,是教条主义、本本主义等。其实,如果我们真正理解了马克思的上述论述,我们就会知道,"宗教是人民的鸦片"不是孤零零的一句话,马克思是在揭示了宗教的认识论根源和社会功能之后得出这一结论的,是马克思的创造性思想。

"宗教是人民的鸦片"是站在无神论立场上分析宗教本质的命题。宗教信徒们可以不同意马克思的这一论断,宗教学专家也可以说这一论断不能代表马克思的宗教观的全部,但必须承认,马克思的分析是理性的,也是相当客观的。即使是有神论者和宗教信徒,只要他们冷静地看待马克思的宗教观,就可以与马克思主义展开理性的对话。

马克思的宗教观当然需要与时俱进。我们相信,在对话的时代,马克思的宗教观应当而且能够参与无神论与有神论之间的对话。马克思的宗教观不仅是一种批判理论,它在新的时代也可以被发展为一种对话理论。我们可以从以下两个方面来说明马克思的宗教观在宗教间对话和无神论与有神论之间的对话可能起到的作用。

首先,马克思指出,无神论与有神论的区别在于:"人创造了宗教而不是宗教创造了人。"如果我们把这里的"宗教"变成"宗教对象",那么这句话也变成了无神论和有神论双方都可以接受的一个划界标准。事实上，在西方，有神论与无神论的争论始终都围绕着"究竟是上帝造人，还是人造上帝"这一焦点展开。

其次，马克思从认识论和社会功能两方面分析宗教的本质，这也为有神论者和无神论者讨论问题规定了范围和方法。无神论者固然可以像马克思那样说明人造上帝的理由，有神论者也可以从这两个方面说明上帝造人的理由。

卓有成效的对话需要共同的标准、范围和方法。我们按照马克思的宗教观所提供的标准、范围和方法，把无神论和有神论的这种观点概括为一些模式，通过这些模式的同异比较来探讨不同宗教之间以及有神论与无神论之间对话的可能性。

3
"宗教对象"是不是客观实在

我们在前面说到，宗教对象与宗教信徒的关系不是认识论的客体与主体关系，但是两者有类似之处。特别是在讨论宗教对象是否具有客观实在性的问题时，无论是有神论还是无神论，都要回答宗教信徒如何认识或接近宗教对象的问题。有神论者说，宗教对象对于宗教意识始终具有主导的、决定性的作用，宗教信徒的信仰是由宗教对象的某种冥冥的或昭昭的作用所产生的，这好比是康德所说的"主体围绕客体转"。另一方面，无神论者认为，宗教对象是由主体所决定的、所制造的，宗教信徒所相信的不过是颠倒（"异化"）了的人的世界，这好比是康德所说的"客体围绕主体转"。

在宗教对象客观性的问题上，有几种与认识论的基本立场相对应的宗教观，因此，我们可以把这些宗教观称作实在论、现象主义和主观主义的模式。

（1）宗教实在论的模式

实在论的认识论认为，知识对象的客观性决定知识的性质和内容。同样，宗教实在论模式（R）认为，宗教对象的客观实在决定宗教信仰的可靠性和宗教活动的有效性。与知识论的实在论一样，它也面临着主体何以确信或知道宗教对象的客观性的问题。这一问题显然不能诉诸主体性来解决，因为实在论已经预设了对象的客观存在作为主体性的前提,主体性不能反过来成为客观性的依据。因此,实在论必须围绕对象为中心来解决主体的确定性问题。

宗教实在论解决这一问题有两种方法:一种是正的方法,一种是负的方法。冯友兰说:"正的方法很自然地在西方哲学中占统治地位,负的方法很自然地在中国哲学中占统治地位",并说:"负的方法在实质上是神秘主义的方法。"[1]这是很有见地的。由此,宗教实在论又可被进一步分析为正的(R1)和负的(R2)两个模式。

在正的宗教实在论模式(R1)中,一切事物的实在性,包括主体自身的实在性都被归结为宗教对象的客观实在性。基督教关于上帝存在的种种证明遵循的实际上就是这样一条途径。

负的宗教实在论模式(R2)通过揭示一切事物,包括主体自身的实在性之虚假,来显示宗教对象实在之真实。虽然人们在基督教神秘主义中可以不时看到这种显示上帝的方法,但负的方法在佛教中的运用最为普遍、最为典型。佛教宣扬"法我皆空",意思是说世界的存在是虚假的,因此要破法我两执,认为只有破除对现世和自我的迷执,才能显示出真正的实在"真如"、真实的状态"涅槃"、真正的本性"佛性"和真正的智慧"般若"。

总之,不管正的模式还是负的模式,都以现实的事物为出发点,最后达到宗教对象。只不过正的模式在此基础上做加法,直至一个无以复加的最完满的实在;负的模式在此基础上做减法,直至一个不可否定的最坚实的实在。

(2) 宗教现象主义模式

认识论的现象主义认为,主体所能知的只是现象,现象后面还有本体,现象是主体在本体的作用下建构出来的,本体作用和主体建构是共同参与现象的因素。宗教现象主义(P)指这样一种模式,它把主体的宗教体验当做最重要的现象,把宗教体验的强度当做宗教对象存在的尺度。由于本体和主体是说明现象的两个维度,因此,对宗教现象可以从两个角度加以说明:一个是主观的角度,一个是客观的角度。由此形成了主观宗教现象主义(P1)和客观宗教现象主义(P2)两个模式。

---

[1] 冯友兰:《中国哲学简史》,北京大学出版社1996年版,第294页。

佛教禅宗和康德的宗教哲学可以说是主观宗教现象主义模式(P1)的两个典型。禅宗宣扬"明心见性""顿悟成佛",其宗旨是强调宗教对象(佛性)即他在人心的明晰的、即时的显现。比如,惠能说:"一切般若智,皆从自性而生,不从外入。"(《坛经·般若品》)康德把宗教归结为道德,把上帝归结为实践理性的预设;后来的自由派神学家把宗教现象等同于人的主观体验。比如,施莱尔马赫说:"在一切生存、运动、成长、变化中发现并找到无限的、永恒的因素,在直接的情感中拥有和认识生活本身,这就是宗教。"[1]他又说:"我们归诸上帝的一切属性,并不指示上帝的特殊性,只是指示我们对上帝的绝对依赖感的特殊情感。"[2]这一情感,即虔信(Gefuhl)。他把上帝的属性归结为宗教主体完全依赖上帝的情感表达,这是从主观的角度,用宗教情感说明宗教现象的本质。

另一方面,基督新教和佛教唯识宗可以说是客观宗教现象主义模式的两个代表。基督新教对"因信称义"的解释遵循的是自上而下的途径,即用上帝的恩典来说明信徒的内心体验,这是一种客观现象主义的解释。佛教唯识宗提出"唯识无境",说明一切都是现象,可感事物被归结为前六识(眼、耳、鼻、舌、身、意),自我被归结为第七"末那识"(Manas),一切现象都由第八识"阿赖耶识"(Alaya)所统摄,这可谓是完全、彻底的现象主义;但现象的客观性归根结底要由阿赖耶识所藏的种子来说明,并用"无漏种子"的增长来说明宗教对象的实现("转识成智")。这一"种子说"代表了对宗教现象的客观说明。

总之,不论主观的模式还是客观的模式,都认为只有现象才能联系宗教对象与信徒。差别在于,从主观的观点看,宗教对象与信徒之间的距离越来越小,比如禅宗甚至否认人心之外还有佛的存在,如《坛经·般若品》中说:"佛知见者,只汝自心,更无别佛";从客观的角度看,两者的差距越来越大,比如克尔凯郭尔坚持人与上帝之间不可逾越的鸿沟,他提出"主观真理说"[3],用信仰的"跳跃"来说明人

---

[1] F. Schleiermacher, *On Religion*, trans. by T. N. Tice, Richmond: John Knox, 1969, p. 79.
[2] Schleiermacher, *On Christian Faith*, 2nd ed. Fortress, Philadelphia, 1928, p. 76.
[3] S. Kierkegaard, *Conchiding Unscientific Postcript*, trans. by D. F. Swenson, Princeton, 1941, p. 182.

面对上帝存在的有限性和荒谬性。[1]

(3) 宗教主观主义模式

主观主义的认识论把外在对象看做主观的建构。无神论完全把宗教对象当做主体的心理建构,这可以说是一种宗教观上的主观主义模式(S)。但是无神论者对于外在实在一般持客观主义立场,为了协调宗教观上的主观主义与实在论上的客观主义之间的鸿沟,无神论者承认宗教主体的主观建构有着客观根源。他们与宗教现象主义的差别在于,后者认为主观建构的客观根源是宗教对象,无神论者却完全否定宗教对象的客观存在,他们只承认感性对象的客观性。但感性对象对人的作用,在一定的条件下却使人自觉或不自觉地建构出宗教对象,可以说,宗教对象是感性对象的幻象。依据对产生宗教对象的感性对象的不同理解,主观主义模式可被进一步分成两个模式:自然主义的主观模式(S_1)和人本主义的主观模式(S_2)。

S_1 是这样一种解释,它把宗教对象看做是自然物的人格化。比如,18世纪的一些启蒙学者把宗教的根源视为童年时代的人类对自然界的恐惧和希望,神是自然力量的化身。

S_2 是这样一种解释,它把宗教对象当做人性的折射。比如,费尔巴哈说上帝是人把自身完美化的产物,尼采说基督教是源于奴隶们反对强力意志的道德说教,弗洛伊德说犹太教和基督教是下意识的"俄狄浦斯情结"的外化。

马克思强调宗教根源的社会性,但他在对希腊神话的分析时,也把神的形象理解为自然物的人格化。马克思主义的宗教观可以说是 S_1 和 S_2 的结合。

4
以上各种模式之间的联系

我们把对宗教对象的各种观点概括为实在论、现象主义和主观主义三种模

---

[1] 参见 S. Kierkegaard, *Fear and Trembling*, trans. by R. Payne, London, 1939, p.174。

式,为的是找出它们之间的交汇点和接触面。不难看出,这三者都同意宗教主体的信仰是由某种外在的客观实在所造成的。实在论把这种客观实在等同于宗教对象本身,现象主义则强调宗教对象必须与主体共同起作用,主观主义把这种客观实在等同于感性对象,并强调感性对象与主体的共同作用。

宗教对象对主体的作用不是单向的决定和被决定的关系,而是双向的交流和接应关系。正是由于这种特殊的关系,才会产生出宗教对象的客观性这一特殊的问题。如果一个宗教信徒相信,他的一切都受他所崇拜的对象的支配,以至于他对宗教对象的接受和对象对他的赐予可以完全合一,那么对他而言,宗教对象的客观性是不言而喻的,无须讨论的。另一方面,如果一个无神论者相信,宗教对象完全是宗教主体的建构,以至于宗教对象的每一个特征都被还原为主体性,那么宗教对象的客观性也就完全被消解了,当然也无须加以认真对待。除去这两种极端之外,人们会一方面承认某种对象以不以人的意愿为转移的方式作用于宗教主体,另一方面也承认宗教主体总是在自身所处的社会、历史、文化、心理等条件的限制下来接受和回应对象的作用。只有在对这两方面的权衡的过程中,人们才会提出这样的问题:宗教对象对宗教主体的作用在多大程度上出自对象的客观性?主体接受宗教对象在多大程度上出自主体性?不同的宗教派别,乃至无神论,都是对这两个"多大程度"问题的不同程度的把握。越是强调宗教对象客观性的程度之大,则宗教性越强;反之,越是强调宗教主体的主观性程度之大,则世俗性越强。信仰与理性的张力也是如此产生的。一般来说,主张信仰超越理性的人尽量减少宗教对象对主体性条件的依赖程度;反之,主张理性高于信仰的人尽量减少宗教主体对对象的客观性的依赖程度。

宗教实在论模式认为宗教对象与宗教经验之间有最大程度的相似性,主观主义模式认为两者之间只有最小程度的相似性,宗教现象主义模式介于这两种立场之间,认为宗教对象与宗教经验在某些方面相似,在某些方面不相似。

大家都可以承认,相似性只是一个程度上的标准,任何两个东西不可能绝对相似,也不可能绝对不相似。庄子机智地揭示了把相似性或差异性绝对化的荒谬性:"自其异者视之,肝胆楚越也,自其同者视之,万物皆一也。"(《庄子·德充符》)

持主观主义模式的无神论和持宗教实在论模式的有神论可以利用对方的观

点来平衡自己对相似性程度的把握:主观主义可以利用实在论的观点增加宗教对象客观性的权重,实在论可以利用主观主义增加宗教对象主体性的权重。现象主义用宗教现象作为对象与主体的中介,在一定程度上解决了上述的相似性问题,但他们也面临着宗教现象与宗教对象是否相似的问题。如前所述,从主观的角度看,两者趋向于等同;从客观的角度看,两者不断分离。按照同样的道理,主观的现象主义可以利用主观主义来拉大宗教现象与宗教对象的距离,客观的现象主义可以利用实在论来缩小两者之间的差距。

总之,我们的结论是,围绕着宗教对象客观性的问题而形成的各种宗教信仰,以及有神论和无神论的不同宗教观,至少在理论上并不是完全排斥、无法沟通的,宗教间对话以及有神论与无神论的对话,不但对于相互理解,而且对于不断健全自身,都是有益和有效的。当然,这些对话有赖于具体的社会和文化条件才能实施,而且不能指望各种立场会在对话中趋于同一和融合。

5

宗教的道德性与伦理的宗教性

有一种观点认为,宗教与伦理有天然的联系,人类最早的道德都是以宗教的形式存在的。撇开史前宗教不论,最初有文字记载的宗教活动,如中国殷商时期的上帝和祖宗崇拜、古希腊的奥林匹斯诸神崇拜似乎还没有明显的道德意识。因此,雅斯贝尔斯所说的标志人类精神重大突破的"轴心时代"发生稍晚。"轴心时代"既是宗教朝着伦理化的方向改革的时期,也是伦理朝着超越者升华的时期。前者如印度的耆那教、佛教,波斯的琐罗亚斯德教,犹太教的先知运动,后者的典型例子则是苏格拉底和柏拉图的哲学和中国儒家学说。只是从那时起,宗教和伦理才以不可分割的联系呈现在人类文明的进程中。即使如此,不是每一个宗教派别或教义都有社会道德功能,也不是每一种伦理学说都需要神圣价值取向。我们需要区别不同的宗教和伦理的模式,分析其中的共同之处,这样才能确切地肯定,哪些宗教模式具有道德属性,哪些伦理模式具有宗教性。

6
宗教的基本模式

宗教是人与崇拜对象的关系,宗教崇拜的对象超越个人和社会,因此宗教是一种纵向关系,无论是自下而上的祈祷、崇拜,还是自上而下的启示、戒令,都是人与宗教对象之间的纵向交流。

基于对这种上下之间纵向关系的性质的判断,形成了对于宗教本质的这种不同观点。这些观点可以分成无神论和有神论两大阵营。无神论 A 的立场是:宗教崇拜的超越对象是人自己制造出来的,是人的化身;超越对象的性质是人自己的性质,下有所求而上有所好。有神论 T 的立场是:上有所好而下有所求,人是按照宗教对象的形象制造出来的,或应该按照宗教对象的形象来改变人。

对于宗教信徒的"求"和宗教对象的"好",无神论阵营有消极的和积极的两种解释,有神论阵营也有神秘的和合理的两种解释,由此形成了下面两类四种模式。

消极的无神论模式 A_1 认为:宗教对象是为了满足人类的私欲,或反映人类的弱点,或安慰现实的苦难,而被创造出来的。

积极的无神论模式 A_2 认为:宗教对象是为了满足有序的、合理的、公正的社会需要,或为了改善人自身,或反映了人性和人的本质,而被创造出来的。

神秘的有神论模式 T_1 认为:宗教对象超越了人的意识(理性、意志和情感、欲望),人只能通过启示和神秘的体验,直接或(通过某种中介)间接地与之交往。

合理的有神论模式 T_2 认为:宗教对象与人性和人的意识有相似共通之处,人能够通过合理的意识和行为,理解和实行宗教对象的要求。

在上述立场中,A_2 和 T_2 虽然分属不同的阵营,却有相同之处,A_2 承认宗教具有道德属性和积极的社会功能,T_2 把宗教活动归结为合理的认识和实践,包括道德理性和实践。另一方面,A_1 与 T_1 则是对立的。A_1 所要反对的宗教迷信、无知和狂热,恰恰是 T_1 所要坚持的信仰的神圣、纯洁和出世精神。T_1 是不调和的宗教,它不但激烈地反对无神论,而且反对 T_2 的理性化和世俗化的倾向;它与文化和道德相脱离,是非道德的宗教。

以上四种模式仅仅是理想模式,它们在实际中彼此交叉重叠,一个宗教派别或一个理论有时不止一种模式。比如,理查德·尼布尔在《基督与文化》[1]一书中描述的基督教的五种类型,其中:"基督反对文化"和"基督与文化相悖"属于T1,"文化中的基督"属于T_2和A_2的结合,而"基督高于文化"和"基督改造文化"则是T_1和T_2的结合。只是后三种类型具有道德属性和功能,前两种是非道德的甚至是反世俗道德。

7

伦理的基本模式

伦理是合理的、良好的人际关系,是人在社会中的横向联系。即使在人有上下之分的等级社会,道德的学说和实践也要求赋予不同等级的人以平等的伦理价值。正因为伦理是一种以平等价值为基础的横向关系,"金律"("欲人施诸己,亦施于人")和"银律"("己所不欲,勿施于人")才被普遍地视为道德律。

基于对伦理价值的性质的判断,形成了关于道德本质的各种判断,这些观点可分成内在论和超越论两大阵营。内在论Im的立场是:伦理价值是由人的主观意识(理性、意志或情感)所赋予的,道德律、准则和德性都是人的自主规定性。超越论Tr的立场是:伦理价值来自人以外的超越者,超越者规定了与人的道德意识以及与之相适应的道德律、准则和德性。内在论对于人的主观意识和超越论对于外在超越者各有一般的和个别的两种解释,由此形成了以下两类四种模式:

一般的内在论的模式Im_1认为:赋予伦理价值的主观性是一般人性或类意识,它们以必然或绝对的方式规定了普遍的道德规范、责任和义务。

个别的内在论的模式Im_2认为:赋予伦理价值的主观意识是个别的、变化的,没有普遍的道德本性和规范,道德行为、责任和义务是个人的自由选择和对具体情境的自发反应。

一般的超越论的模式Tr_1认为:宇宙或形而上的实体或原则决定人的伦理价

---

[1] Richard Niebuhr, *Christ and Culture*, Harper Torchbooks, 1951.

值和道德本性,以及与之相适应的目的、义务和准则。

个别的超越论的模式 Tr_2 认为:有人格的宗教对象决定人的本性,同时制定道德律和规范。

在上述四种模式中,Im_1 与 Tr_1 和 Tr_2 虽然分属两个不同阵营,但有相通之处,两者都承认道德规范的普遍必然性,并且两者是可以相互补充的。Im_1 需要用一个外在的、客观的原则来解释主观意识或人性何以有普遍性,为什么与人的道德有必然联系;反过来,Tr_1 和 Tr_2 也需要用发自人心的回应来解释外在的超越者何以能够影响人的日常行为,为什么使人行善避恶,而不是相反。Im_1 与 Tr_1 和 Tr_2 之间的差别和联系好比是认识论里主观与客观的关系,两者的对应和统一才是终结的解释原则。认识论是如此,伦理学似乎也是如此。

以上四种模式仅仅是理想模式,各种立场在实际中彼此交叉重叠,一个伦理学说或道德哲学有时不止有一种模式。以西方伦理史为例,亚里士多德的幸福主义可归属于 Im_1,但他的目的论同时也属于 Tr_1;康德的义务论既有属于 Im_1 的善良意志论,又有属于 Tr_1 的纯粹理性和自由观,他的道德公设和宗教哲学还可被归属于 Tr_2;功利主义既可以是 Im_2 类型(个人情感型)的,也可以是 Im_1 类型(原则型)的;既有 Im_2 型的存在主义(无神论的),也有 Tr_2 型的存在主义(有神论的)。

8

以上各种模式之间的联系

我们已经分别在宗教和伦理两个领域分析了各自的四个模式以及它们之间的联系。我们现在的问题是,这些模式是否有跨领域的联系呢?比较明显的联系存在于宗教的两个密切联系的模式 A_2 和 T_2 与伦理的两个密切联系的模式 Im_1 和 Tr_1 之间。因为这些模式都承认普遍的人性和类意识,并把它们作为合理的、健康的社会生活和个人精神生活的必不可少前提和基础。它们之间的差异只是在于,A_2 和 Im_1 把普遍的人性和类意识作为终结的解释原则,而 T_2 和 Tr_1 则要进一步解释主观原则的客观依据和来源,最终追溯到宗教对象或有人格的超越者那里为止。到最后这一步,Tr_2 也加入了这一跨领域的联系。这五个模式之间的相互联系构成了宗教与道德关系的理论基础。从思想史上看,宗教与道德之间的对话和交融也是在这些模式之间发生和开展的。

至于另外两个模式 T_1 和 Im_2,它们分别从宗教绝对主义和道德相对主义的极端否定了宗教的伦理或超越的道德。T_1 导致的宗教极端主义否认宗教的伦理价值,也就摧毁了各种不同的宗教间对话的基础。Im_2 导致的价值虚无主义否认了神圣和世俗价值的普遍性和绝对性,也就摧毁了不同宗教之间以及有神论与无神论对话的基础。从实践的角度看,T_1 和 Im_2 也会产生一些非道德甚至反道德的后果。